"十一五"国家重点图书出版规划

环 境 经 济 核 算 丛 书

绿色国民经济核算研究文集

A Proceeding for Green National Accounting Study

过孝民　王金南　於　方　编著

中国环境科学出版社·北京

图书在版编目（CIP）数据

绿色国民经济核算研究文集/过孝民，王金南，於方编
著．—北京：中国环境科学出版社，2009.7
（"十一五"国家重点图书出版规划　环境经济核算丛书）
ISBN 978-7-5111-0041-2

Ⅰ．绿…　Ⅱ．①过…②王…③於…　Ⅲ．国民经济计算
体系—文集　Ⅳ．F222.33-53

中国版本图书馆 CIP 数据核字（2009）第 122210 号

策　　划	陈金华	
责任编辑	陈金华　杨　洁	
责任校对	刘凤霞	
封面设计	龙文视觉	

出版发行	中国环境科学出版社
	（100062　北京崇文区广渠门内大街 16 号）
	网　　址：http://www.cesp.com.cn
	联系电话：010-67112765（总编室）
	发行热线：010-67125803
印　　刷	北京中科印刷有限公司
经　　销	各地新华书店
版　　次	2009 年 7 月第 1 版
印　　次	2009 年 7 月第 1 次印刷
开　　本	787×960　1/16
印　　张	20.75　彩插 16
字　　数	325 千字
定　　价	60.00 元

以科学和宽容的态度对待"绿色 GDP"核算

(代总序)

自 1978 年中国改革开放 30 年来，中国的 GDP 以平均每年 9.8% 的高速度增长，中国创造了现代世界经济发展的奇迹。但是，西方近 200 年工业化产生的环境问题也在中国近 20 年期间集中爆发了出来，环境污染正在损耗中国经济社会赖以发展的环境资源家底，社会经济的可持续发展面临着前所未有的压力。严峻的生态环境形势给我们敲起了警钟：模仿西方工业化的模式，靠拼资源、牺牲环境发展经济的老路是走不通的。在这种形势下，中国政府高屋建瓴、审时度势，提出了坚持以人为本、全面、协调、可持续的科学发展观，以科学发展观统领社会经济发展，走可持续发展道路。

(一)

实施科学发展亟待解决的一个关键问题是，如何从科学发展观的角度，对人类社会经济发展的历史轨迹、经济增长的本质及其质量做出科学的评价？国内生产总值（GDP）作为国民经济核算体系（SNA）中最重要的总量指标，被世界各国普遍采用以衡量国家或地区经济发展总体水平，然而传统的国民经济核算体系，特别是作为主要指标的 GDP 已经不能如实、全面地反映人类社会经济活动对自然资源的消耗和生态环境的恶化状况，这样必然会导致经济发展陷入高耗能、高污染、高浪费的粗放型发展误区，从而对人类社会的可持续发展产生负面影响。为此，1970 年代以来，一些国外学者开始研究修改传统的国民经济核算体系，提出了绿色 GDP 核算、绿色国民经济核算、综合环境经济核算。一些国家和政府组织逐步开展了绿色 GDP 账户体系的研究和试算工作，并取得了一定的进展。在这期间，中国学者也作了一些开拓性的基础性研究。

中国在政府层面上开展绿色 GDP 核算有其强烈的政治需求。这也是中国独特的社会政治制度、干部考核制度和经济发展模式所决定的。胡锦涛总书记在 2004 年中央人口资源环境工作座谈会上就指出："要研究绿色国民经济核算方法，探索将发展过程中的资源消耗、环境损失和环境效益纳入经济发展水平的评价体系，建立和维护人与自然相对平衡的关系。"2005 年，国务院《关于落实科学发展观加强环境保护的决定》中也强调指出："要加快推进绿色国民经济核算体系的研究，建立科学评价发展与环境保护成果的机制，完善经济发展评价体系，将环境保护纳入地方政府和领导干部考核的重要内容。"2007年，胡锦涛总书记在中国共产党的十七大报告中又指出，我国社会经济发展中面临的突出问题就是"经济增长的资源环境代价过大"。所有这些都说明了开展绿色 GDP 核算的现实需求，要求有关部门和研究机构从区域和行业出发，从定量货币化的角度去核算发展的资源环境代价，告诉政府和老百姓"过大"资源环境代价究竟有多大。

在这样一个历史背景下，原国家环保总局和国家统计局于 2004年联合开展了"综合环境与经济核算（绿色 GDP）研究"项目。由环境保护部环境规划院、中国人民大学、环境保护部环境与经济政策研究中心、中国环境监测总站等单位组成的研究队伍承担了这一研究项目。2004 年 6 月 24 日，原国家环保总局和国家统计局在杭州联合召开了"建立中国绿色国民经济核算体系"国际研讨会，国内外近 200 位官员和专家参加了研讨会，这是中国绿色 GDP 核算研究的一个重要里程碑。2005 年，原国家环保总局和国家统计局启动并开展了 10 个省市区的绿色 GDP 核算研究试点和环境污染损失的调查。此后，绿色 GDP 成了当时中国媒体一个脍炙人口的新词和热点议题。如果你用谷歌和百度引擎搜索"Green GDP"和"绿色 GDP"，就可以迅速分别找到 106 万篇和 207 万篇相关网页。这些数字足以证明社会各界对绿色 GDP 的关注和期望。

（二）

2006 年 9 月 7 日，原国家环保总局和国家统计局两个部门首次发布了中国第一份《中国绿色国民经济核算研究报告 2004》，这也是国际上第一个由政府部门发布的绿色 GDP 核算报告，标志着中国的绿色国民经济核算研究取得了阶段性和突破性的成果。2006 年 9月 19 日，全国人大环境与资源委员会还专门听取了项目组关于绿色GDP 核算成果的汇报。目前，以环境保护部环境规划院为代表的技术组已经完成了 2004 年到 2007 年期间共四年的全国环境经济核算研究报告。在这期间，世界银行援助中国开展了"建立中国绿色国民经济核算体系"项目，加拿大和挪威等国家相继与国家统计局开展了中国资源环境经济核算合作项目。中国的许多学者、研究机构、高等学校也开展了相应的研究，新闻媒体也对绿色 GDP 倍加关注，出现了大量有关绿色 GDP 的研究论文和评论，成为了近几年的一个社会焦点和环境经济热点，但也有一些媒体对绿色 GDP 核算给予了过度的炒作和过高的期望。总体来看，在有关政府部门和研究机构的共同努力下，中国绿色国民经济核算研究取得了可喜的成果，同时，这项开创性的研究实践也得到了国际社会的高度评价。在第一份《中国绿色国民经济核算研究报告 2004》发布之际，国外主要报刊都对中国绿色 GDP 核算报告发布进行了报道。国际社会普遍认为，中国开展绿色 GDP 核算试点是最大发展中国家在这个领域进行的有益尝试，也表现了中国敢于承担环境责任的大国形象，敢于面对问题、解决问题的勇气和决心。

但是，2004 年度中国绿色 GDP 核算研究报告的成功发布以及后续 2005 年度研究报告的发布"流产"激起了国内外对中国绿色 GDP 项目的热烈喝彩，也受到了一些官员和专家的质疑。一些官员对绿色 GDP 避而不谈甚至"谈绿色变"，认为绿色 GDP 的说法很不科学，也没有国际标准和通用的方法。特别是 2007 年年初环境保护部门与统计部门的纷争似乎表明，中国绿色 GDP 核算项目已经"寿终正寝"。但是，现实的情况是绿色 GDP 核算研究没有"夭折"，国家统计局正在尝试建立中国资源环境核算体系，在短期，可以填补绿色核算的缺位，在长期，则可以为未来实施绿色核算奠定基础。

从概念的角度看，绿色 GDP 的确是媒体、社会的一种简化称呼。绿色 GDP 核算不等于绿色国民经济核算。绿色国民经济核算提供的政策信息要远多于绿色 GDP 本身包涵的信息。科学的、专业的说法应该称作"绿色国民经济核算"或者国际上所称的"综合环境与经济核算"。但我们对公众没有必要去苛求这种概念的差异，公众喜欢叫"绿色 GDP"没有什么不好。这就像老百姓一般都习惯叫 GDP 一样，而没有必要让老百姓去理解"国民经济核算体系"。在国际层面，联合国统计署分别于 1993 年、2000 年和 2003 年发布了《综合环境与经济核算（简称 SEEA）》三个版本。这些指南专门讨论了绿色 GDP 的问题。因此，《环境经济核算丛书》（以下简称《丛书》）也没有严格区分绿色 GDP 核算、绿色国民经济核算、资源环境经济核算的概念差异。

绿色 GDP 的定义不是唯一的。根据我们的理解，本《丛书》所指的绿色 GDP 核算或绿色国民经济核算是一种在现有国民核算体系基础上，扣除资源消耗和环境成本后的 GDP 核算这样一种新的核算体系。绿色 GDP 可以一定程度上反映一个国家或者地区真实经济福利水平，也能比较全面地反映经济活动的资源和环境代价。我们的绿色 GDP 核算项目提出的中国绿色国民经济核算框架，包括资源经济核算、环境经济核算两大部分。资源经济核算包括矿物资源、水资源、森林资源、耕地资源、草地资源等等。环境核算主要是环境污染和生态破坏成本核算。这两个部分在传统的 GDP 里扣除之后，就得到我们所称的绿色 GDP。很显然，我们目前所做的核算仅仅是环境污染经济核算，而且是一个非常狭义的、附加很多条件的绿色 GDP 核算。即使这样，它在反映经济活动的资源和环境代价方面，仍然发挥着重要作用。很显然，这种狭义的绿色 GDP 是 GDP 的补充，是依附于现实中的 GDP 指标的。因此，如果有一天，全国都实现了绿色经济和可持续发展，地方政府政绩考核也不再使用 GDP，那么即使这种非常狭义的绿色 GDP 也都将失去其现实意义。那时，绿色 GDP 将是真正地"寿终正寝"，离开我们的 GDP 而去。

（三）

从科学的意义上讲，我们目前开展的绿色 GDP 核算研究最后得到的仅仅是一个"经环境污染调整后的 GDP"，是一个局部的、有诸多限制条件的绿色 GDP，是一个仅考虑环境污染扣减的绿色 GDP，与完整的绿色 GDP 还有相当的距离。严格意义上，现有的绿色 GDP 核算只是提出了两个主要指标：一是经虚拟治理成本扣减的 GDP，或者是 GDP 的污染扣减指数；二是环境污染损失占 GDP 的比例。而且，我们第一步核算出来的环境污染损失还不完整，还未包括生态破坏损失、地下水污染损失、土壤污染损失等内容。完全意义上的绿色 GDP 是一项全新的、涉及多部门的工作，既包括资源核算，又包括环境核算，只能由国家统计局组织有关资源和环保部门经过长期的努力才能得到，是一个理想的、长期的核算目标。因此，我们要用一种宽容的、发展的眼光去看待绿色 GDP 核算，也希望大家以宽容的态度对待我们的"绿色 GDP"概念。

由于环境统计数据的可得性、时间的限制、剂量反应关系的缺乏等原因，目前发布的 2004 年度的狭义绿色 GDP 核算和环境污染经济核算还没有包括多项损失核算，如生态破坏损失、土壤和地下水污染损失、噪声和辐射等物理污染损失成本、污染造成的休闲娱乐损失、室内空气污染对人体健康造成的损失、臭氧对人体健康的影响损失、大气污染造成的林业损失，水污染对人体健康造成的损失技术方法有缺陷，基础数据也不支持等。这些缺项需要在下一步的研究工作中继续完善。这也是一种我们应该遵循的不断探索研究和不断进步完善的科学态度。但是，即使有这样多的损失缺项核算，已有的非常狭窄的绿色 GDP 核算结果已经展示给我们一个发人深省的环境代价图景，2004 年狭义的环境污染损失已经达到 5118 亿元，占到全国 GDP 的 3.05%。尽管 2004－2007 年环境污染损失占 GDP 的比例在 3%左右，但环境污染经济损失绝对量依然在逐年上升，表明全国环境污染恶化的趋势没有得到根本控制。

作为新的核算体系来说，中国的绿色 GDP 核算体系建立还刚刚开始。除环境污染核算、森林资源核算和水资源核算取得一定成果外，其他部门核算研究还相对滞后，环境核算中的生态破坏核算也刚刚起步。但需要强调的是，这只是一个探索性的研究项目。既然是研究项目，本身就决定它是探索性的，没有必要非得等到国际上设立一个明确的标准，我们再来开展完整的绿色 GDP 核算。如果有了国际标准，我们就不需要研究了，而是实施操作的问题了。绿色 GDP 核算的启动实施，虽面临着许多技术、观念和制度方面的障碍，但没有这样的核算指标，我们就无法全面衡量我们的真实发展水平，我们就无法用科学的基础数据来支撑可持续发展的战略决策，我们就无法实现对整个社会的综合统筹与协调发展。因此，无论有多少困难和阻力，我们都应当继续研究探索，逐步建立起符合中国国情的绿色 GDP 核算体系。

（四）

《中国绿色国民经济核算研究报告 2004》是迄今为止唯一一次以政府部门名义公开发布的绿色 GDP 核算研究报告。考虑到目前开展的核算研究与完整的绿色 GDP 核算还有相当的差距，为了科学客观和正确引导起见，从 2005 年开始我们把报告名称调整为《中国环境经济核算研究报告》。到目前为止，2005 年、2006 年、2007 年度《中国环境经济核算研究报告》都已经完成，但我们都没有公开发表。这一点也证明了，尽管在制度层面上建立绿色 GDP 核算是一个非常艰巨的任务，但从技术层面看，狭义的绿色 GDP 是可以核算的，至少从研究层面看是可以计算的。之所以至今未能公布最新的研究报告，很大原因在于环境保护部门和统计部门在发布内容、发布方式乃至话语权方面都存在着较大分歧，同时也遇到一些地方的阻力。目前开展的绿色 GDP 核算中有两个重要概念，一个是"虚拟治理成本"，一个是"环境污染损失"。这两个概念与 SEEA 关于绿色 GDP 的核算思路是一致的。虚拟治理成本是指把排放到环境中的污染假设"全部"进行治理所需的成本，这些成本可以用产品市场价格给予货币化，可以作为中间消耗从 GDP 中扣减，因此我们称虚拟治理成本占 GDP 的百分点为 GDP 的污染扣减指数。这是统计部门和环保部门都能够接受的一个概念。而环境污染损失是指排放到环境中的所有污染造成环境质量下降所带来的人体健康、经济活动和生态质量等方面的损失，然后通过环境价值特定核算方法得到的货币化损失值，通常要比虚拟治理成本高。由于对环境损失核算方法的认识存在分歧，我们就没有在 GDP 中扣减污染损失，我们叫它为污染损失占 GDP 的比例。这是一种相对比较科学的、认真的做法，也是一种技术方法上的权衡。

中国绿色 GDP 核算研究报告发布的历程证明，在中国真正全面落实科学发展观并非易事。这样一个政府部门指导下的绿色 GDP 核算研究报告的发布都遇到了来自地方政府的阻力。2006 年第一次发布的绿色 GDP 核算研究报告中，并没有提供全国 31 个分省核算数据，而只是概括性地列出了东、中、西部的核算情况。这种做法对引导地方充分认识经济发展的资源环境代价起不到什么作用。但是，我们的绿色 GDP 核算是一种自下而上的核算，有各地区和各行业的核算结果。地方对公布全国 31 个省市区的研究核算结果比较敏感。2006 年底，参加绿色 GDP 核算试点的 10 个省市的核算试点工作全部通过了两个部门的验收，但只有两个省市公布了绿色 GDP 核算的研究成果，个别试点省市还曾向原国家环保总局和统计局正式发函，要求不要公布分省的核算结果。地方政府的这种态度变化以及部门的意见分歧使得绿色 GDP 核算研究报告的发布最终陷入了僵局。目前，许多地方仍然唯 GDP 至上，在这种观念支配下，要在政府层面上继续开展绿色 GDP 核算，甚至建立绿色 GDP 考核指标体系，其阻力之大是可想而知的。

（五）

中国有自己的国情，现在开展的绿色 GDP 核算研究则恰恰是符合中国目前的国情的。尽管目前的绿色 GDP 核算研究，无论在核算框架、技术方法还是核算数据支持和制度安排方面，都存在这样和那样的众多问题，但是要特别强调的是这是新生事物，因此请大家要以包容的、宽容的、科学的态度去对待绿色 GDP 核算研究。尽管我们受到了一些压力，但我们依然在继续探索绿色 GDP 的核算，到目前为止也没有停止过研究。更让我们欣慰的是，这项研究在得到了全社会关注的同时，也得到了社会的认可和肯定。绿色 GDP 核算研究小组获得了 2006 年绿色中国年度人物特别奖，"中国绿色国民经济核算体系研究"项目成果也获得了 2008 度国家环境科学技术二等奖。近几年，一些省市（如四川、深圳等）也继续开展了绿色 GDP 和环境经济核算研究。社会层面上还依然有许多官员和学者在继续呼唤绿色 GDP。

开展绿色国民经济核算研究工作是一项得民心、顺民意、合潮流的系统工程。我们不能认为国际上没有核算标准，我们就裹足不前了。不能认为绿色 GDP 核算会影响地方政府的形象，我们就不公开绿色 GDP 核算的报告。我们应该鼓励大胆探索研究，让中国在建立绿色国民经济核算"国际标准"方面做出贡献。2007 年 7 月，中国青年报社会调查中心与腾讯网新闻中心联合实施的一项公众调查表明：96.4%的公众仍坚持认为"我国有必要进行绿色 GDP 核算"，85.2%的人表示自己所在地"牺牲环境换取 GDP 增长"的现象普遍，79.6%的人认为"绿色 GDP 核算有助于扭转地方政府'唯 GDP'的政绩观"。调查对于"国际上还没有政府公布绿色 GDP 核算数据的先例，中国也不宜公布"和"绿色 GDP 核算理论和方法都尚不成熟，不宜对外发布"的说法，分别仅有 4.4%和 6.7%的人表示认同。2008 年《小康》杂志开展的一项调查表明，90%的公众认为为了制约地方政府用环境换取 GDP 的冲动，应该公开发布绿色 GDP 核算报告。

但是，无论从绿色 GDP 核算制度和体系角度看，还是从核算方法和基础角度看，近期把绿色 GDP 指标作为地方政府政绩考核指标都是不可能的，而且以政府平台发布核算报告也具有一定的局限性。如果把绿色 GDP 核算交给地方政府部门核算，与一些地方的虚假 GDP 核算一样，也会出现虚假的绿色 GDP 核算。因此，建议下一步的绿色 GDP 核算或环境经济核算研究报告以研究单位的研究报告方式出版发行，这既能起到一定的补充作用，也是一种比较稳妥、严谨客观、相对科学的做法。这样既可以排除地方政府部门的干扰，保证研究核算结果的公平公正，也能在一定程度上减轻地方政府部门的压力。经过一定时间的研究探索和全面的试点完善，再把绿色 GDP 核算纳入地方政府的官员政绩考核体系中。大家知道，现有的国民经济核算体系也是经过 20 多年摸索才建立起来的，GDP 核算结果也经常受到质疑，仍处于不断的继续完善之中。同样，绿色 GDP 核算体系的建立也需要一个很长的时间，或许是 20 年甚至 30 年更长的时间。总之，我们都要以科学的、宽容的态度去对待绿色 GDP 核算研究。

（六）

开展绿色 GDP 核算的意义和作用是一个具有争议性的话题。不管如何，绿色 GDP 核算报告发布造成这么大的震动，成为当年地方政府如此敏感的话题，本身就证明绿色 GDP 核算是有用的。绿色 GDP 核算触及到了一些地方官员的痛处，让他们有所顾忌他们的发展模式，这样我们的目的实际上就达到了一半。有触痛说明绿色 GDP 核算研究就还有点用。绿色 GDP 意味着观念的深刻转变，意味着科学发展观的一种衡量尺度。如果一旦能够真正实施绿色 GDP 考核，人们心中的发展内涵与衡量标准就要随之改变，同时由于扣除环境损失成本，也会使一些地区的经济增长"业绩"大大下降。我们认为，通过发布这样的年度绿色 GDP 核算报告，必定会激励各级领导干部在发展经济的同时顾及到环境问题、生态问题和资源问题。不论他们是主动顾忌，还是被动顾忌，只要有所顾忌就好。而且，我们相信随着研究工作的持续开展，他们的观念会从被动顾忌转向主动顾忌，从主动顾忌到主动选择，从而最终促进资源节约和环境友好型社会的发展。

全国以及 10 个省市的核算试点表明，开展绿色 GDP 核算和环境经济核算对于落实科学发展观、促进环境与经济的科学决策具有重要的意义，具体表现在：一是通过核算引导树立科学发展观。通过绿色 GDP 核算，促使地方政府充分认识经济增长的巨大环境代价，引导地方政府部门从追求短期利益向追求社会经济长远利益发展。根据环境保护部环境规划院 2007 年对全国近 100 个市长的调查，有 95.6%的官员认为建立绿色 GDP 核算体系能够促进地方政府落实科学发展观，有 67.6%的官员认为绿色 GDP 可以作为地方政府的绩效考核指标。二是通过核算展示污染经济全景，了解经济增长的资源环境代价。通过实物量核算展示环境污染全景图，让政府找出环境污染的"主要制造者"和污染排放的"重灾区"，对未来环境污染治理重点、污染物总量控制和重点污染源监测体系建设给予确认；通过环境污染价值量核算衡量各行业和地区的虚拟治理成本，明确各部门和地区的环境污染治理缺口和环保投资需求。三是为制定环境政策提供依据。通过各部门和地区的虚拟治理成本核算得到不同污染物的治理费用，通过各地区的污染损失核算揭示经济发展造成的环境污染代价，对于开展环境污染费用效益分析、建立环境与经济综合决策支持系统具有积极的现实意义。核算的衍生成果可以为环境税收、生态补偿、区域发展定位、产业结构调整、产业污染控制政策制定以及公众环境权益的维护等提供科学依据。

正因为如此，绿色 GDP 的研究核算工作才更有坚持的必要。任何重大改革创新，倘若遇有这样那样执行的困难，就放弃正确的大方向而改弦更张，甚至削足适履，那么，整个经济社会发展非但不能进步，相反还会因循守旧而倒退。因此，我们不能以一种功利的态度对待绿色 GDP 核算，不能对绿色 GDP 核算的应用操之过急，更不能简单地认为绿色 GDP 考核就等同于体现科学发展观的政绩考核制度。为了更加科学起见，我们从 2007 年开始，环境经济核算课题组扩展了核算内容，把森林、草地、湿地、土地荒漠化和矿产开发等生态破坏损失的核算纳入环境经济核算体系，把环境主题下的狭义绿色 GDP 核算称为环境经济核算。可能的情况下，准备陆续出版年度《中国环境经济核算研究报告》。同时，国家发改委与环境保护部、国家林业局等部门，从 2009 年开始着手建立中国资源环境统计指标体系。我们也开始探索环境绩效管理和评估制度，运用多种手段来评价国家和地方的社会经济与环境发展的可持续性。

（七）

绿色 GDP 核算是一项繁杂的系统工程，涉及国土资源、水利、林业、环境、海洋、农业、卫生、建设、统计等多个部门，部门之间的协调合作机制亟待建立。多个部门共同开展工作，合作得好，可以发挥各部门的优势；合作不好，难免相互掣肘，工作就难以开展，甚至阻碍这项工作的开展。环境核算需要环保部门与统计部门的合作，森林资源核算需要林业部门与统计部门的合作，矿产资源核算则需国土资源部门与统计部门合作。

绿色 GDP 是具有探索性和创新性的难事，需要统计部门对资源环境核算体系框架的把关，建立相应的核算制度和统计体系。因此，在推进中国的绿色 GDP 核算以及资源环境经济核算领域，统计部门是责无旁贷的"总设计师"。统计部门应在资源、环境部门的支持下，在现有 GDP 核算的基础上设立卫星账户，勇敢地在传统 GDP 上做"减法"，核算出传统发展模式和经济增长的资源环境代价，用资源环境核算去展示和衡量科学发展观的落实度。我们欣喜地看到，尽管国家统计部门对绿色 GDP 核算有不同的看法，但没有放弃建立资源环境核算体系的目标，一直致力于建立中国的资源环境经济核算体系。特别是最近两年，国家统计局与国家林业局、水利部、国土资源部联合开展了森林资源核算、水资源核算、矿产资源核算等项目，取得了一些资源部门核算的阶段性成果。目前，水利部门和林业部门已经分别完成了水资源和森林资源核算研究，取得了很好的核算成果。

中国资源环境核算体系制定工作也在进展之中。正如国家统计局马建堂局长在一次《中国资源环境核算体系》专家咨询会议上指出的那样，国家统计局高度重视资源环境核算工作，认为建立资源环境核算是国家从以经济建设为中心转向科学发展的必然选择，统计部门要把资源环境核算作为统计部门学习实践科学发展观的切入点，把资源环境核算作为统计部门落实科学发展观的重要举措，把资源环境核算作为统计部门实践科学发展观的重要标尺，尽快出台《中国资源环境核算体系》和资源环境评价指标体系，逐步规范资源环境核算工作，把资源环境核算最终纳入地方党政领导科学发展的考核体系中。马建堂局长还指出，建立资源环境核算体系是一项非常困难和艰巨的工作，是一项前无古人之事，是一项具有挑战性的工作，不能因为困难而不往前推，不能因为困难而不抓紧做，要边干边发现边试算，要试中搞、干中学。国家统计局正在牵头建立中国资源环境核算体系，根据"通行、开放"的原则，与联合国的 SEEA 接轨，与政府部门的需求和国家科学发展观的需求接轨。建议国家统计局责无旁贷地组织牵头开展这项工作，必要时在统计部门的机构设置方面做出调整，以适应全面落实科学发展观和建立资源环境核算体系的需要。

（八）

绿色 GDP 核算研究是一项复杂的系统政策工程。在取得目前已有成果的过程中，许多官员和专家做出了积极的贡献。通常的做法是，出版这样一套《丛书》要邀请那些对该项研究做出贡献的官员和专家组成一个丛书指导委员会和顾问委员会。限于观点分歧、责任分担、操作程序等限制原因，我们不得不放弃这样一种传统的做法。但是，我们依然十分感谢这些官员和专家的贡献。在这些官员中，前国家统计局李德水局长和国家统计局现任马建堂局长和许宪春副局长对推动绿色 GDP 核算研究做出了积极的贡献。环境保护部潘岳副部长是绿色 GDP 的倡议者，对传播绿色 GDP 理念和推动核算研究做出了独特的贡献。毫无疑问，没有这些政府部门的领导、指导和支持，中国的绿色 GDP 核算研究就不可能取得目前的进展。正是由于国家统计局的不懈努力，中国的资源环境核算研究才得以继续前进。在此，我们要特别感谢原国家环保总局王玉庆副局长，原国家环保局张坤民副局长，环境保护部周建副部长、万本太总工程师、舒庆司长、赵英民司长、杨朝飞司长、赵建中副巡视员、刘启风巡视员、陈斌巡视员、洪亚雄副司长、尤艳馨副司长、罗毅副司长、刘志全副司长、岳瑞生副司长、陈尚芹副司长、房志处长、李春红处长、贾金虎处长、孙荣庆调研员、刘春艳女士、陈默女士、陈超先生，环境保护部环境规划院邹首民院长，中国环境监测总站魏山峰站长、朱建平副站长，环境保护部外经办庄国泰主任、宋小智副主任、罗高来副主任、王新处长、谢永明高工等做出的贡献。我们要特别感谢国家统计局对绿色国民经济核算研究的有力支持，感谢彭志龙司长、魏贵祥司长、吴优处长、王益煊处长、曹克瑜处长、李锁强处长等对绿色国民经济核算项目的指导和支持。我们要特别感谢国家发改委解振华副主任、朱之鑫副主任、韩永文司长、年勇副司长和丛亮处长等对绿色国民经济核算项目的指导和支持。我们要特别感谢全国人大环境与资源委员会前主任委员毛如柏、叶如棠副主任委员、张文台副主任委员、冯之俊副主任委员以及许建民、陈宜瑜、姜云宝、倪岳峰等委员对绿色 GDP 核算项目的支持和关注。我们要感谢科技、国土资源、林业和水利等部门负责资源核算的官员，特别是科学技术部毕建忠处长、国土资源部唐正国处长和董北平处长、国家林业局徐信俭处长的指导。这些部门的资源核算工作给予了我们绿色 GDP 核算研究小组很大的精神鼓励和技术咨询。

我要特别感谢绿色 GDP 核算的研究小组，其中包括来自 10 个试点省市的研究人员。我们庆幸有这样一支跨部门、跨专业、跨思想的研究队伍，在前后近四年的时间开展了真实而富有效率的调查和研究。尽管我们有时相互也为核算技术问题争论得面红耳赤，但我们大家一起克服种种困难和压力，圆满完成了绿色 GDP 核算研究任务。我们要特别感谢参加绿色 GDP 核算试点研究的北京、天津、重庆、广东、浙江、安徽、四川、海南、辽宁、河北等 10 个省市区以及湖北省神农架林区的环保和统计部门的所有参加人员。他们与我们一样经历过欣喜、压力、辛酸和无奈。他们是中国开展绿色 GDP 核算研究的第一批勇敢的实践者和贡献者。尽管在此不能一一列出他们的名字，但正是他们出色的试点工作和创新贡献才使得中国的绿色 GDP 核算取得了这样丰富多彩的成果，为全国的绿色 GDP 核算提供了坚实的基础和技术方法的验证。

在绿色 GDP 核算研究项目过程中，始终有一批专家学者对绿色 GDP 核算研究给予了高度的关注和支持，他（她）们积极参与了核算体系框架、核算技术方法、核算研究报告等咨询、论证和指导工作，对我们的核算研究工作也给予了极大的鼓励。有些专家对绿色 GDP 核算提出了不同的、有益的、反对的意见，而且正是这些不同意见使得我们更加认真谨慎和保持头脑清醒，更加客观科学地去看待绿色 GDP 核算问题。毫无疑问，这些专家对绿色 GDP 核算的贡献不亚于那些完全支持绿色 GDP 核算的专家所给予的贡献。这两方面的专家主要有中国科学院牛文元教授、李文华院士和冯宗炜院士，中国环境科学研究院刘鸿亮院士和王文兴院士，环境保护部金鉴明院士，中国环境监测总站魏复盛院士和景立新研究员，中国林业科学研究院王涛院士，天则经济研究所茅于轼教授，中国社会科学院郑易生教授、齐建国研究员和潘家华教授，中共中央政策研究室郑新立研究员、谢义亚研究员和潘盛洲研究员，中共中央党校杨秋宝教授，国务院研究室宁吉喆教授和唐元研究员，国务院发展研究中心周宏春研究员和林家彬研究员，中国海洋石油总公司邱晓华研究员，中国人民大学环境学院马中教授和邹骥教授，北京大学萧灼基教授、叶文虎教授、刘伟教授、潘小川教授和张世秋教授，清华大学胡鞍钢教授、魏杰教授、齐晔教授和张天柱教授，国家宏观经济研究院曾澜研究员、张庆杰研究员和解三明研究员，环境保护部政策研究中心夏光研究员、任勇研究员和胡涛研究员，中国农业科学院姜文来研究员，中国科学院王毅研究员和石敏俊研究员，北京林业大学张颖教授，中国环境科学研究院曹洪法研究员、孙启宏研究员和韩明霞博士，中国林业科学研究院江泽慧教授、卢崎研究员和李智勇研究员，卫生部疾病预防控制中心白雪涛研究员，国家统计局统计科学研究所文兼武研究员，农业部环境监测科研所张耀民研究员，国家发改委国际合作中心杜平研究员，国家林业局经济发展研究中心戴广翠研究员，中国水利水电科学研究院甘泓研究员和陈韶君研究员，中国地质环境监测院董颖研究员，中华经济研究院萧代基教授，同济大学褚大建教授和蒋大和教授，北京师范大学杨志峰教授和毛显强教授，北京科技大学袁怀雨教授，北京市宣武区疾病预防控制中心蒋金花等。在此，我们要特别感谢这些专家的智慧点拨、专业指导以及中肯的意见。

中国绿色 GDP 核算研究得到了国际社会的高度关注。世界银行、联合国统计署、联合国环境署、联合国亚太经社会、经济合作与发展组织、欧洲环境局、亚洲开发银行、美国未来资源研究所、世界资源研究所等都积极支持中国绿色 GDP 核算的工作，核算技术组与加拿大、德国、挪威、日本、韩国、菲律宾、印度、巴西等国家的统计部门和环境部门开展了很好的交流与合作。在此，我们要特别感谢联合国统计署 Alfieri Alessandra 处长、联合国环境署 Abaza Hussein 处长和盛馥来博士、世界银行高级副行长林毅夫博士、世界银行谢剑博士、前世界银行驻中国代表处 Andres Liebenthal 主任、经济合作与发展组织 Brendan Gillespie 处长、欧洲环境局 Weber Jean-Louis 处长、挪威经济研究中心 Haakon Vennemo 研究员，美国未来资源研究所 Alan Krupnick 研究员、加拿大联邦统计署 Robert Smith 处长、联合国亚太统计研究所 A. C. Kulshreshtha 先生、2001 年诺贝尔经济学奖得主哥伦比亚大学 JosephE Stiglitz 教授、美国哥伦比亚大学 Perter Bartelmus 教授、加拿大阿尔伯特大学 Mark Anielski 教授、意大利 FEEM 研究中心 Giorgio Vicini 研究员、世界银行亚太地区部 Magda Lavei 主任、亚洲开发银行 Zhuang Jian 博士、美国环保协会杜丹德博士和张建宇博士等官员和专家的独特贡献。

中国环境科学出版社的陈金华女士对本《丛书》的出版付出了很大的心血，精心组织《丛书》选题和编辑工作，该《丛书》已选入《"十一五"国家重点图书出版规划》。同时，本《丛书》的出版得到了环境保护部环境规划院承担的国家"十五"科技攻关"中国绿色国民经济核算体系框架研究"课题、世界银行"建立中国绿色国民经济核算体系"项目以及财政部预算"中国环境经济核算与环境污染损失调查"等项目的资助。在此，对环境保护部环境规划院和中国环境科学出版社的支持表示感谢。最后，对本《丛书》中引用参考文献的所有作者表示感谢。

（九）

中国绿色 GDP 核算的研究和试点在规模和深度上是前所没有的。虽然许多国家在绿色核算领域已经做了不少工作，但是由于绿色核算在理论和技术上仍有不少问题没有解决，至今没有一个国家和地区建立了完整的绿色国民经济核算体系，只是个别国家和地区开展了案例性、局部性、阶段性的研究。本《丛书》是中国绿色 GDP 核算项目理论方法和试点实践的总结，不论在绿色核算的技术方法上，还是指导绿色核算实际操作上在国内都填补了空白，在国际层面上也具有一定的参考价值。

然而，我们必须清醒地认识到，绿色国民经济核算体系是一个十分复杂而崭新的系统工程，目前我们取得的成绩仅是绿色核算"万里长征"的第一步，在理论上、方法上和制度上还存在许多不足和难点需要我们去不断攻克。我们必须充分认识建立绿色国民经济核算体系的难度，科学严谨、脚踏实地、坚持不懈地去研究建立环境经济核算的核算体系和制度，最终为全面落实和贯彻科学发展观提供环境经济评价工具，为建立世界的绿色国民经济核算体系做出中国的贡献。

为了使得本《丛书》更加科学、客观、独立地反映绿色 GDP 核算研究成果，本《丛书》编辑时没有要求《丛书》每册的选题目标、概念术语、技术方法保持完全的一致性，而是允许《丛书》各册的具有相对独立性和相对可读性。下一步把环境经济核算的最新研究成果陆续加入到本《丛书》中，让更多的人了解并加入到探索中国环境经济核算的队伍中。由于时间限制和水平有限，本《丛书》难免有各种错误或不当之处，我们欢迎读者与我们联系（邮箱 wangjn@caep.org.cn），提出批评、给予指正。我们期望与大家一起以一种科学和宽容的态度去对待绿色 GDP 核算，与大家一起继续探索中国的绿色 GDP 核算体系，早日看到绿色 GDP 核算真正成为科学发展观的度量，早日看到体现科学发展观的绿色经济时代的到来。

王金南

2009 年 2 月 1 日

前　言

　　在《中国绿色国民经济核算体系研究》项目之初，原国家环保总局与国家统计局于 2004 年 6 月在杭州召开了建立中国绿色国民经济核算体系国际研讨会，并出版了《建立中国绿色国民经济核算体系国际研讨会论文集》。应该说，这次研讨会是中国绿色国民经济核算体系研究的一个里程碑，表征着政府部门支持的中国绿色 GDP 核算研究项目的正式启动。在《环境经济核算丛书》出版之际，我们再次将 2004 年以来发表、比较有价值的关于绿色国民经济核算研究的论文编辑成册，以供读者全面了解这一领域的最新发展以及存在的争议。

　　建立绿色国民经济核算体系是一项庞大而复杂的系统工程，至今没有一个国家建立了完整的绿色国民经济核算体系，在理论和技术上仍有不少问题有待解决。中国开展的绿色国民经济核算的研究和试点，在研究规模、范围和深度上就我国而言都是前所未有的。因此，这一项目的开展引起了国内外的高度关注，掀起了一场关于科学发展观与绿色 GDP 核算的大讨论。通过百度搜索和科技文献查询，大约有 257 万篇网页涉及绿色 GDP，有关论文超过 6000 篇。经过认真筛选，本文集共收集了 25 篇论文，分为综述篇、研究篇和经验篇陈列读者。通过综述性论文，说明不同政府部门和学术界在理论观念上存在的争议；通过研究性论文，说明现有方法体系的不足和有待提高之处；通过经验介绍论文，展示不同地区的核算特点以及不同核算方法得到的结果。

　　本文集的出版得到了相关作者和学者的大力支持。在此，感谢本文集有关作者的大力鼎助和智慧。感谢中国环境科学出版社陈金华女士和北京科技大学阎璐同学为文集的编辑所付出的辛勤劳动。

编　者

目　录

综　述　篇

研　究　篇

经 验 篇

综述篇

谈谈绿色 GDP[①]

潘 岳

（环境保护部 北京 100035）

什么是绿色 GDP

GDP 代表着目前世界通行的国民经济核算体系。它的发明与产生来之不易，是三百多年来诸多经济学家、统计学家共同努力的结果，1953 年才初步成型。由于 GDP 核算体系仍然存在着一些统计上的技术缺陷，在联合国的主持下，又经过 1968 年和 1993 年两次重大修改。由于世界各国都普遍采用 GDP 核算体系，GDP 作为核心指标，成为衡量一个国家发展程度的统一标准。

天下没有免费的午餐。经济产出总量增加的过程，必然是自然资源消耗增加的过程，也是环境污染和生态破坏的过程。我们从 GDP 中，只能看出经济产出总量或经济总收入的情况，却看不出这背后的环境污染和生态破坏。经济发展中的生态成本有多大呢？目前世界各国还没有一个准确的核算体系，没有一个数据使我们能一目了然地看出环境污染和生态破坏的情况。环境和生态是一个国家综合经济的一部分，由于没有将环境和生态因素纳入其中，GDP 核算法就不能全面反映国家的真实经济情况，核算出来的一些数据有时会很荒谬，因为环境污染和生态破坏也能增加 GDP。例如，发生了洪灾，就要修堤坝，这就造成投资的增加和堤坝修建人员收入的增加，GDP 数据也随之增加。再例如，环境污染使病人增多，这明摆着是痛苦和损失，但同时医疗产业大发展，GDP 也跟着大发展。中国 20 多年来是世界上经济增长最快的国家，但这"增长"又是通过多少

---

① 摘自《中国经济时报》，2004 年 4 月 6 日。

自然资本损失和生态赤字换来的呢？不说环境与资源，即便从社会学角度看，GDP 也不能反映社会贫富差距，不能反映社会分配不公，不能反映国民生活的真实质量。总之，GDP 统计存在着一系列明显的缺陷，长期以来被人们所批评，但长期以来没有得到修正。

20 世纪中叶开始，随着环境保护运动的发展和可持续发展理念的兴起，一些经济学家和统计学家们，尝试将环境要素纳入国民经济核算体系，以发展新的国民经济核算体系，这便是绿色 GDP。绿色 GDP 是指绿色国内生产总值，它是对 GDP 指标的一种调整，是扣除经济活动中投入的环境成本后的国内生产总值。国内外许多专家多年来致力于此项研究，虽取得了重大进展，却也存在着不少争论。目前，有些国家已开始试行绿色 GDP，但迄今为止，全世界还没有一套公认的绿色 GDP 核算模式，也没有一个国家以政府的名义发布绿色 GDP 结果。

绿色 GDP 面临着什么困难

实施绿色 GDP 核算体系，面临着技术和观念上的两大难点。

先说说技术难点。GDP 通常以市场交易为前提，产品和劳务一进入市场，其价值就由市场供求关系来决定，它传达出来的是以货币为手段的市场价格信号。一个产品值多少钱，得在市场销售中才能确认。这就是说，市场供求规律所决定的自由市场价格，是 GDP 权威性的唯一来源。但我们如何来衡量环境要素的价值呢？环境要素并没有进入市场买卖。例如砍伐一片森林，卖掉原木，原木的销售价，即可表现出价格，即可以纳入 GDP 统计。但因为森林砍伐而导致依赖森林生存的许多哺乳动物、鸟类或微生物的灭绝，这个损失是多大呢？再因为森林砍伐而造成的大面积水土流失，这个账又该如何核算呢？这些野生的鸟类、哺乳动物、微生物与流失的水土并没有市场价格，也没有货币符号，我们确不知用什么数据来确定它们的价值。专家们提出过许多办法，其中一个是倒算法，按市场成本来估算一个专题。例如，使黄河变清要花多少钱？恢复一片原始森林要花多少钱？如果做不到，那就是价值无限，不准砍伐，不准破坏。另外，按市场价格，有的具体项目的环境成本也可以科学推测。例如，昆明的滇池近几十年来严重污染，周围的农田、化工厂是主要污染源，如果将这些农田和化工厂几十年来的利润汇总，有几十个亿，虽然带动了当地的就业，创造了物质财富，但同时造成了严重的环境污染。如果现在要使滇池水变清，将劣五类水变回到二类水，最起码要投入几百个亿。这样一笔账算下来，即便不包括滇池内许多原有的鱼类和微生物的灭绝，也不包括昆明气候变化所造成的影响成本，滇池周围几十年来的经济活动可就亏大了！如今，各方面的专家们已研究出了不少测算模型与方法，各有优点，各有侧重，也各有缺陷，这只能在实践中逐步补充完善。

再说说观念上的难点。绿色 GDP 意味着观念的深刻转变，意味着全新的发展观与政绩观。GDP 是单纯的经济增长观念，它只反映出国民经济收入总量，它不统计环境污染，不统计生态破坏，不反映经济增长的可持续性。绿色 GDP 则力求将经济增长与环境保护统一起来，综合性地反映国民的经济活动的成果与代价，包括生活环境的变化。绿色 GDP 建立在以人为本、协调统筹、可持续发展的观念之上。一旦实施绿色 GDP，人们心中的发展内涵与衡量标准就变了，扣除了环境损失成本，当然会使一些地区的经济增长数据大大下降。一旦实施绿色 GDP，必将带来干部考核体系的重大变革。过去各地区干部的政绩观，皆以单纯的 GDP 增长为业绩衡量标准，现在要将经济增长与社会发展、环境保护放在一起综合考评，这会使很多干部想不通，会因此形成诸多阻力。但任何观念的转变都有一个艰难渐进的过程，因为这是一项改革，是使公平与效率"双赢"的一个创新，更是我们社会主义市场经济理论的一次重大升华。可以想见，随着绿色 GDP 的研究和实施，环境的保护或破坏，必成为选拔干部的一项重要标准。

绿色 GDP 的启动实施，虽面临着许多技术、观念和制度方面的障碍。但没有这样的指标体系，我们就无法衡量我们的真实发展水平，我们就无法用科学的基础数据来支撑可持续发展的战略决策，我们就无法实现对整个社会的综合统筹与平衡发展。因此，无论有多少困难，我们都应当立即开始进行探索，立即开始从具体项目到局部地区进行不断的试验，逐步建设起符合中国国情的绿色 GDP，为全世界的绿色 GDP 核算体系的发展作出较大的贡献。

绿色 GDP 在国外的实践

绿色 GDP 的环境核算虽然困难，但在发达国家还是取得了很大成绩。

挪威 1978 年就开始了资源环境的核算。重点是矿物资源、生物资源、流动性资源（水力），环境资源，还有土地、空气污染以及两类水污染物（氮和磷）。为此，挪威建立起了包括能源核算、鱼类存量核算、森林存量核算，以及空气排放、水排泄物（主要人口和农业的排泄物）、废旧物品再生利用、环境费用支出等项目的详尽统计制度，为绿色 GDP 核算体系奠定了重要基础。

芬兰学着挪威，也建立起了自然资源核算框架体系。其资源环境核算的内容有三项：森林资源核算，环境保护支出费用统计和空气排放调查。其中最重要的是森林资源核算。森林资源和空气排放的核算，采用实物量核算法；而环境保护支出费用的核算，则采用价值量核算法。

实施绿色 GDP 的国家还有很多，主要是欧美发达国家，如法国、美国等。

特别值得一说的是墨西哥。墨西哥可是发展中国家，居然也率先实行了绿色 GDP。1990 年，在联合国支持下，墨西哥将石油、各种用地、水、空气、土壤和森林列入环境经济核算范围，再将这些自然资产及其变化编制成实物指标数据，最后通过估价将各种自然资产的实物量数据转化为货币数据。这便在传统国内生产净产出（NDP）基础上，得出了石油、木材、地下水的耗减成本和土地转移引起的损失成本。然后，又进一步得出了环境退化成本。与此同时，在资本形成概念基础上还产生了两个净积累概念：经济资产净积累和环境资产净积累。这些方法，印度尼西亚、泰国、巴布亚新几内亚等国纷纷仿效，并也立即开始实施。

1995 年，世界银行首次公布了用"扩展的财富"指标作为衡量全球或区域发展的新指标。扩展的财富概念中包含了"自然资本"、"生产资本"、"人力资本"、"社会资本"四大组要素。"财富"的内涵更为丰富了。

2003 年开始，我国国家统计局对全国的自然资源进行了实物核算。物质流核算是绿色 GDP 核算的重要基础。2004 年开始，国家统计局和国家环保总局已成立了绿色 GDP 联合课题小组，正在组织力量积极进行研究和试验。

绿色 GDP 与公众参与

公众参与和绿色 GDP 有什么关系？这是因为，许多环境因素很难纳入货币核算，国外就发明出了一种可称为公众评估的办法。例如，某些规模巨大的公共工程项目，要核算它的生态影响，不同的核算法有时会产生出不同的结果。所以，环境专家们便诉诸于公众的主观评价。围绕这些公共项目，要允许相关的专业部门与较独立的专家机构，在较大的范围内进行公众咨询与调查。将支持和反对的意见都写清楚，最后请公众根据自己的价值判断来进行选择。老百姓讲话，人心本是一杆秤。公众对关系到自己身心健康的事情，都会有真实的表述。因此，实施绿色 GDP，要有一个公众参与的社会氛围。要认真收集与了解公众对经济收入和环境破坏的主观评价，这种主观评价的数据应成为绿色 GDP 的重要补充。

环境保护的公众参与，直接表现了社会主义民主的发育程度，也直接体现着一个国家公民素质的高低水平。人民既需要经济的增长，也需要一个良好的生态环境，更需要一个公正和谐的社会。可持续发展的目标，本身就包含着经济增长、社会发展和环境保护三个方面的内涵。建设一个以人为本的社会，就必须实现这三者的平衡。公众参与，是社会发展的重要内容，也是经济增长与环境保护的平衡杠杆。

建立绿色 GDP 核算体系，不能过于迷信技术手段，因为技术手段总是在不断完善的。科学的绿色 GDP 数据有助于科学决策，公众参与和民主法治，才能保证每项决策能真正服务于大多数人的利益。从世界环境保护的发展历程看，没有公众参与就没有环境保护。所以，在强调下大力气建立绿色 GDP 核算体系的同时，一定要强调公众参与。否则，环境保护与建立绿色 GDP 就变成少数人的事而最终一事无成。

用绿色 GDP 支撑科学发展

——访国家环境保护总局副局长潘岳①

步雪琳

（中国环境报　北京　100062）

国家环保总局和国家统计局向媒体联合发布的《中国绿色国民经济核算研究报告 2004》引起了国内外的高度关注。就绿色国民经济核算的研究和实践等问题，记者采访了国家环保总局副局长潘岳。

绿色国民经济核算把经济活动过程中的资源环境因素反映在国民经济核算体系中，将资源耗减成本、环境退化成本、生态破坏成本以及污染治理成本从 GDP 中加以扣除，同时加上环境保护的效益。这是一种新的国民经济核算体系，是社会经济发展的必然需要。

记者：中国绿色国民经济核算研究报告是一项开拓创新的工作，请您谈谈提出并开展该项研究的有关背景情况？

潘岳：胡锦涛总书记在 2004 年中央人口资源环境工作座谈会上指出，要研究绿色国民经济核算方法，探索将发展过程中的资源消耗、环境损失和环境效益纳入经济发展水平的评价体系，建立和维护人与自然相对平衡的关系。国务院在《国务院关于落实科学发展观　加强环境保护的决定》中也强调指出，要加快推进绿色国民经济核算体系的研究，建立科学评价发展与环境保护成果的机制，完善经济发展评价体系。将环境保护纳入地方政府和领导干部考核的重要内容，定期公布考核结果，严格责任追究。

为了更好地贯彻落实党中央、国务院的指示精神，国家环保总局和国家统计局决定在 2004 年联合开展全国绿色国民经济核算体系研究和试点省市绿色 GDP 核算与环境污染经济损失评估调查工作。

---

① 摘自《中国环境报》，2006 年 9 月 8 日。

　　绿色国民经济核算的概念是从生态需求指标、净国民福利指标、可持续经济福利指标和真实储蓄率等指标发展演变出来的一个能够综合反映一个国家和区域可持续发展能力的指标体系。它把经济活动过程中的资源环境因素反映在国民经济核算体系中，将资源耗减成本、环境退化成本、生态破坏成本以及污染治理成本（或环境保护成本）从 GDP 中加以扣除，同时加上环境保护的效益，是一种新的国民经济核算体系。它在我国的正式提出并不是某一个偶然事件使然，而是整个社会经济发展的必然需要。

　　就社会背景而言，传统 GDP 只记录可以价格化的劳务，非市场经济行为以及管理体制、社会心态等社会发展指标没有纳入其中。目前，我国的经济增长与社会事业的发展，与人们的收入分配、就业形势、城乡和区域之间的全面发展等都存在相对失衡的不协调问题。低收入人群既没有能力选择生活环境，由环境恶化带来的健康损害也难以得到医疗保健补偿，由此带来的社会问题不容小视。社会发展最终是要实现个人的基本福利和社会的协调运转。广义的绿色 GDP 可以用来衡量一个国家和区域包括自然环境和人文社会的真实发展和进步。

　　就经济背景而言，在过去 20 多年改革开放的发展历程中，中国经济取得了令全世界瞩目和值得中国人骄傲的成绩。但单纯追求经济增长，利用单一的 GDP 指标来衡量经济发展速度和规模，所带来的负面效应也同样显著。自然资源的高度耗竭正在成为制约经济发展的"瓶颈"问题，良好生态环境的高度短缺已经成为制约经济增长的重大结构问题。多年计算的平均结果显示，中国经济增长的 GDP 中，至少有 18% 是靠资源和生态环境的"透支"实现的。我国目前已经基本进入了工业化 4 个阶段中的第三阶段，即工业化加速时期。预计未来一个时期内，国内投资和消费都将对重化工产业形成强大的需求拉力，我国的生态环境压力将会日益加大。如何有效控制污染，减轻环境压力，解决经济增长与原来"外部条件"之间的结构性失衡问题，是事关我国可持续发展目标能否实现的重大问题。

　　就政治背景而言，科学发展观的提出凸显了实行绿色 GDP 的重要性和迫切性。以 GDP 为主要指标的国民经济核算体系中，自然资源和生态环境都是"免费商品"，这样的 GDP 就给决策者提供了错误的信息，使得决策者通过对自然资源的过度消耗来获得经济的高速增长。在 GDP 核算存在种种缺陷的情况下，单纯地用 GDP 来评估一个地区的发展成果，考核领导班子的政绩，必然有失偏颇，容易导致一些地方不惜代价片面追求增长速度，忽视结构、质量、效益，忽视生态建设和环境保护。因此，要使科学发展观不流于一句口号，要想扭转地方干部的政绩观，就必须有一套坚实的制度去支撑。绿色 GDP 就是这种制度之一。

绿色国民经济核算的根本意义在于为综合环境与经济决策提供参考依据，有助于从根本上改变党政领导的政绩观，推动粗放型增长模式向集约型模式转变。

记者：请您谈谈绿色经济核算对经济社会发展将会产生哪些积极影响，就是谈谈它的重要意义表现在哪些方面？

潘岳：绿色 GDP 核算的根本意义在于，通过核算过程和对结果中有关数据、信息的分析，为综合环境与经济决策提供参考依据，并有助于从根本上改变党政领导的政绩观，推动粗放型增长模式向低消耗、低排放、高利用的集约型模式转变。

绿色 GDP 核算的实际应用意义主要表现在：

第一，绿色 GDP 是人们在经济活动中处理经济增长、资源利用和环境保护三者关系的一个综合、全面的指标，具有引导社会经济发展不但注重眼前效益、更追求长远利益的导向作用，是改革政府政绩和干部考核指标不可缺少的技术工具。

第二，通过绿色 GDP 核算，可以让我们了解哪些部门、哪些地区是资源消耗"高强度区"，哪些部门、哪些地区是环境污染和生态破坏"重灾区"，这样，我们就可以衡量各个部门和各个地区的环境退化成本和资源消耗成本，以此制定科学的政绩考核制度，促进地方经济可持续发展。

第三，绿色 GDP 核算为环保投资规模的确定提供了科学依据。从核算报告来看，虚拟治理成本 1.8%换算为环保投资大约为当年 GDP 的 6.5%，也就是说如果 2004 年我们投入 1 万亿元，就能基本解决工业和生活点源污染的问题。

第四，根据核算结果，可以为区域发展定位、产业结构调整、产业污染控制和环境保护治理提供政策建议。同时，分部门和分地区的核算结果对未来环境污染治理重点、污染物总量控制和加强重点源监控体系建设给予了进一步的确认。

第五，通过核算结果，可以看出环境污染对人类生活和生命健康的危害程度，从而制定出"以人为本"的环境保护政策。经保守核算，2004 年污染损失为 5 118.2 亿元，占到了当年 GDP 的 3.05%，而环境污染造成的健康损失占到了整个污染损失的 33%。

绿色国民经济核算结果反映出我国当前环保投资严重不足、面源污染治理迫在眉睫、污染治理任重道远、环保部门自身能力建设有待加强等问题。环保部门将有的放矢地调整污染治理政策，协助地方完善产业布局规划。

记者：根据此次通报，2004 年全国因环境污染造成的经济损失为 5 118.2 亿元，占 GDP 的比例为 3.05%——但正如您强调的，这只是部分数据，如果按照全部指标计算的话，这个数字还更大。国家环保总局在未来将要进行的工作是什么？有什么机制保障？

潘岳：核算结果给我们带来几点启示：

第一，环保投资严重不足。虚拟治理成本 1.8%换算为环保投资大约为当年 GDP 的 6.5%，也就是说如果 2004 年我们投入 1 万亿元，就能基本解决工业和生活点源污染的问题，但 2004 年我们的实际投入的污染治理投资仅为 1 900 亿元，不到应投入资金的 20%。

第二，面源污染治理迫在眉睫。这次我们核算了统计范围以外的第一产业，面源污染压力巨大。目前工业和城市生活两大污染源尚未得到有效治理，畜禽养殖、农业生产和农村生活污染向我们提出了更大的挑战。而解决面源污染的问题远比工业等点源问题复杂困难得多，如果说点源污染是三分在治，七分在管，那面源污染就是一分在治，九分在管。

第三，污染治理任重道远。比如，目前我们在制定空气污染控制政策时往往以达到二级空气质量天数的比例为评价指标，认为达到二级标准以后就可以高枕无忧了，但这次大气污染造成的健康损失核算结果表明，健康效益更多地体现在二级标准以下，在空气质量达到二级标准之后，绝对不能盲目乐观，要继续向更清洁、更安全的目标努力。再比如，我们国家经济年均增长速度达到 9%甚至 10%，但目前仍有约 3.2 亿农民喝不到安全饮用水，两亿城市居民呼吸不到新鲜空气，经济发展的效益体现在什么地方？

第四，环保部门自身能力建设有待加强。缺乏臭氧、PM_{10} 等污染物的监测能力，我们就无法测算污染物对人体健康的损害；缺乏对沟塘渠池的监测能力，我们就无从知晓有多少农民受到不安全饮用水的威胁、有多少农作物受到污染；缺乏充足的人员队伍，我们就无法得到质量可靠的基础统计数据。

根据这几点启示，我们应该而且抓紧做几件事：一是争取国务院和相关部门的支持，加大环保投资；二是加强基础工作，做好全国地下水污染、土壤污染和污染源调查；三是深入挖掘核算结果，制定积极有效的环境经济和管理政策服务，提出有效的农村环境治理干预政策；四是全面提升环保部门的管理能力。下一步，国家环保总局的各部门将各司其职，积极争取财政支持，有的放矢地调整污染治理政策、协助地方完善产业布局规划。同时，我们课题组在继续完善绿色国民经济核算方法、完成年度核算报告的同时，还将深入挖掘核算结果，陆续开展环境税收、生态补偿等环境经济政策方面的研究，为科学环境决策服务。

绿色 GDP 核算是一个巨大的系统工程，建立中国绿色 GDP 核算体系是一个长期的目标，是一个长期的过程，需要统计、环境、资源等多个部门以及社会公众的共同努力才能实现。

记者：您在通报中说，"绿色 GDP 可能永远都是一个理想化的指标，但我们追求理想的脚步永远都不会停止"，这能否说明此次核算数据的出台比预想中的难度更大？在中国可否会在将来真正使用绿色 GDP 来核算国民经济？

潘岳：由于建立绿色国民经济核算体系是一项开创性的工作，在世界上也没有成功经验可以借鉴，项目一开始就受到了国际国内社会的广泛关注，而且这项工作确实也面临着许多技术和方法上的挑战。

一是技术方法需要逐步摸索。综合环境经济核算是一个复杂的体系，既涉及复杂的经济系统，又涉及各种不同的自然资源和环境要素，面临着许多技术上的难点。主要表现在环境价值量核算方面，比如污染物单位治理成本的确定、剂量-反应关系的确定等。针对这些难点我们进行了深入的研究，提出了不少测算模型与方法。尽管提出了一套完整的技术方法体系，但仍有一些技术难点有待完善和解决。

二是基础数据不能很好地支持。在核算中，我们发现，与核算相关的基础性工作尚显薄弱，包括：环境监测能力不足，监测指标和范围难以满足计算需求，某些技术参数和基础数据不够规范、标准，甚至难以获得，需要重新开展调查和研究。

三是核算的制度安排还一片空白。资源环境统计对绿色 GDP 核算至关重要，但当前的资源环境统计数据无论在质量上还是统计范围上都不能满足绿色 GDP 核算的需要；还有绿色 GDP 核算方法和标准的统一规范问题、核算过程的监督管理问题、核算结果发布制度、核算的奖惩制度等问题；开展绿色 GDP 核算的工作制度问题，包括搭建统一的工作平台，各部门职责分工问题等。

另外，在核算和调查过程中，观念落后、资金筹集、部门协调、数据调查、进度安排等方面的许多困难都是未曾预料到的。顺便介绍一下，两年来的课题研究，国家没给一分钱，所有经费全是我们自筹的，其中辛苦可想而知。

绿色 GDP 核算是一个巨大的系统工程，建立中国绿色 GDP 核算体系是一个长期的目标，是一个长期的过程。中国能否在将来真正建立绿色 GDP 核算制度，能否真正使用绿色 GDP 指标反映国民经济的真实增长质量，关系到中国在国际社会中的形象，也关系到能否为全球发展中国家树立可持续发展的榜样，更关系到我国未来综合国力的全面发展。因此，需要我们统计、环境、资源等多个部门以及社会公众的共同努力才能实现。

绿色国民经济核算结果必定会成为各地综合业绩的评价指标，必定会激励各级领导干部在发展经济的同时顾及环境问题、生态问题和资源问题。

记者：外界更关心的是，这个数据是否能够真正起到作用，来促进环境友好型社会的发展，在您领导这个小组推行的过程中，您觉得它最终成为一项政绩考核的硬性指标的可能性存在吗？它面临的压力和挑战是什么？

潘岳：如果起不到作用，当初我们就不搞了。在公布结果前，就有人提出如果地方政府对核算结果和排序存在异议，我们怎么办？甚至有的地方已要求不要公布核算结果，这就很说明问题。有所顾忌，我们的目的就达到了一半，我相信通过发布这样的年度核算报告，必定会成为各地综合业绩的评价指标，必定会激励各级领导干部在发展经济的同时顾及到环境问题、生态问题和资源问题。不论他们是主动顾及，还是被动顾及，只要有所顾及就好，而且，我相信随着这项工作的持续开展，他们的观念自然会从被动顾及转向主动顾及、从主动顾及到主动选择，从而促进环境友好型社会的发展。

我难以回答绿色 GDP 最终是否能作为一项政绩考核的硬性指标。但作为环保局的官员，我认为，将污染扣减指数或经环境污染调整的 GDP 作为一项政绩考核指标的可能性还是完全存在的。至于我们在推进过程中可能面临的压力和挑战，资金、技术、方法和数据都还存在一定的困难，但这并不是最大的挑战。最大的挑战一是配套的资源环境统计制度、核算结果发布制度和核算监督管理制度是否能很好地建立起来，因为统计数据不准确，核算结果必然遭到质疑，发布和监督管理制度存在漏洞，考核效果必然不理想，成为一项流于形式的指标。第二个挑战是，即使技术上相对成熟，这套核算体制能不能真正予以实施，或者至少被用作重要参考。这一步需要克服相当部分的地方官员们错误的政绩观和固化的利益结构。总而言之，路很长，但我们正在一步步实实在在地走。

科学发展观下绿色 GDP 核算[①]

雷明

（北京大学光华管理学院　北京　100871）

摘　要: 基于科学发展观、构建和谐社会的基本思想, 本文通过详细分析绿色 GDP 与绿色核算的概念和意义, 深刻地阐述了现今绿色 GDP 核算面临的主要问题与不足以及今后的发展趋势, 并在此基础上对绿色 GDP 体系提出了建议。

关键词: 和谐社会　绿色 GDP　绿色 GDP 核算

（一）

2006 年 9 月 7 日, 由中国国家环保总局和国家统计局首次正式联合对外发布了《中国绿色国民经济核算研究报告》, 这是中国第一份由官方正式发布的考虑环境损害绿色 GDP 核算研究报告, 标志着我国绿色国民经济核算工作进入到了一个崭新的阶段。

自 2004 年, 胡锦涛主席在中央人口资源环境工作座谈会上基于科学发展观, 提出要研究绿色国民经济核算方法, 探索将发展过程中的资源消耗、环境损失和环境效益纳入经济发展水平的评价体系, 建立和维护人与自然相对平衡的关系以来, 国家环保总局和国家统计局在经过 2003 年广泛深入的可行性调查分析之后, 于 2004 年正式联合启动了构建中国绿色核算体系国家级项目, 这标志着以国家行为主导在中国全国范围内实施绿色核算工作的开始, 同时标志着绿色国民经济核算在绿色 GDP 等概念的引领下, 走出象牙塔走向民众、走向政府实际决策层面的开始。

自项目正式启动以来, 在短短的两年多的时间里, 绿色国民经济核算特别是它的代名词绿色 GDP 核算, 迅速在全国传播开来, 上

[①] 摘自《环境保护》, 2006 年第 18 期。

至国家政府高级官员，下至普通民众，举国上下对绿色核算特别是绿色 GDP 给予了空前的关注和热烈的讨论。一时间绿色 GDP 以及绿色 GDP 核算成为人们谈论话题中出现频率最高的用词之一。这在世界绿色核算史上绝无仅有。随后，在环保总局和统计局国家两大职能部门的强力推动下，在各级政府和广大民众广泛而积极的参与下，在项目组克服各种意想不到的困难而共同努力下，终于有了今天的成果。虽然这一成果还远远不是最终成果，还只是阶段性、部分性的；虽然对此还有这样或那样争论，但如同一切新生事物一样，绿色 GDP 核算的成长也有一个由不完善到完善、由不成熟到成熟的过程，而在这一过程中，存在这样或那样争论、质疑乃至批评也是在所难免的。然而在中国绿色核算史上，这一工作依然是具有重要标志性的，它标志着绿色 GDP 核算在中国由研究走向实用、走向参与实际决策、提供决策支持所迈进的关键性一步，同时这在世界绿色核算史上也写下了具有中国特色的又一重要一笔。

我们知道，自 2003 年我国人均 GDP 突破 1 000 美元大关，我国社会经济的发展就进入到了全新的阶段。我们在为我国经济取得如此伟大成就而欢欣鼓舞的同时，还必须清醒地认识到，传统工业化阶段粗放型增长模式始终伴随着我国经济的发展。高消耗、低效率、高排放依旧是我国经济的显著特征。同时也应充分意识到我们正进入国际上通称的人均 GDP 1 000 美元至 3 000 美元矛盾多发期。面对新的问题、新的挑战，中国的发展道路如何更好地走下去，科学发展观的提出和构建和谐社会特别是"加快建设资源节约型社会和环境友好型社会"战略的确立，适时为我们指明了方向。

然而构建社会主义和谐社会是一个新的世界性重大课题，许多重大问题还需要在实践中进一步探索。这其中既包括社会关系的和谐问题，同时也包括人与自然关系的和谐问题。如何解决、尽快找到有效的解决方案，一个十分重要并亟待解决的关键基础性问题是：如何从科学发展观与和谐社会的理念的角度，对人类社会经济发展的历史轨迹、当前运行状况以及未来发展趋势做出科学评价和判断，绿色核算体系的提出，正是为解决这一关键基础性问题，而向世人展示的一条可行且有效的途径。这次国家环保总局和国家统计局联合进行绿色 GDP 核算工作，不仅作为中国绿色核算史上由政府主导和公众广泛参与的一项具有开创性的工作，而且为当前正在中国大地相继开展的。由国家各职能部门主导进行的自然资源环境各类核算，起到了一个示范作用；不仅为自 2003 年进入人类发展史上矛盾多发阶段的中国社会经济体，提供了一个用于分析和解决各类矛盾特别是人与自然矛盾的利器，而且更可以看作是贯彻和落实科学发展观，实现构建社会主义和谐社会伟大战略的一次重要实践。

（二）

在谈到绿色 GDP 核算时，首先就不得不谈到绿色 GDP 和绿色核算。所谓绿色 GDP 是指用以衡量各国扣除了自然资产（包括资源环境）损失之后的新创造真实国民财富的总量核算指标，按可持续发展的概念，实际绿色 GDP 核算可在 GDP 核算的基础上，通过相应的环境调整而得到：① 当期自然资源耗减和环境退化货币价值的估计，这一项目的调整主要指传统 GDP 中未计入的自然资源耗减和环境退化部分；② 当期环境损害预防费用支出（预防支出）；③ 当期资源环境恢复费用支出（恢复支出）；④ 当期由于非优化利用资源而进行调整计算的部分。从广义上讲，绿色 GDP 是指在不减少现有资本资产水平的前提下，一国或一个地区所有常住单位在一定时期所生产的全部最终产品和劳务的价值总额，或者说是在不减少现有资本资产水平的前提下，所有常住单位的增加值之和。这里，资本资产包括人造资本资产（厂房、机器及运输工具等）、人力资本资产（知识和技术等）以及自然资本资产（矿产、森林、土地、水及大气等）、社会资本资产（经济体制、社会制度、民俗、文化等）。我们这里所指的绿色 GDP 还主要限于狭义的范围。绿色 GDP 是人们在经济活动中处理经济增长、资源利用和环境保护三者关系的一个综合、全面的指标，具有引导社会经济发展不但注重眼前效益、更追求长远利益的导向作用，是改革政府政绩和干部考核指标不可缺少的技术工具。

而所谓绿色核算则包含两层含义：一是面向微观经济单位（企业等）的绿色会计核算，其主要功能和目的是从可持续发展角度，在充分考虑经济外部性的基础之上，对微观经济单位（企业等）个体行为进行记账；二是面向宏观单位（国家、地区等）的绿色国民核算，其主要功能和目的是从可持续发展角度，在充分考虑经济外部性的基础之上，对宏观单位（国家、地区等）总体行为进行记账，从这个意义上讲，绿色国民核算又可称做绿色国家/地区会计。

从本意上讲，绿色 GDP 核算是绿色核算中的一项总量核算，是绿色核算的处于最高层次、最为核心的部分，可以说，绿色核算是对传统核算进一步完善的那样，绿色 GDP 是对国民经济核算中传统总量核算指标 GDP 的进一步完善，是 GDP 的绿化。然而，正如我们在前文中所指出的那样，随着绿色核算特别是绿色 GDP 核算在国内的普及和深入，随着绿色核算特别是绿色 GDP 核算研究和实践的深入展开，特别是这次国家环保总局和国家统计局联合进行绿色 GDP 核算工作深入展开和报告的发布，目前在中国，绿色 GDP 核算更多演化为绿色核算的全部，成了整个绿色核算的代名词。因此，我们这里所提到的绿色 GDP 核算，指的也就并非狭义的绿色核算中的一项总量核算，而是整个绿色核算的代名词。

总体上讲，绿色 GDP 核算作为将经济增长和自然资源环境[损害（耗减和破坏）同保护和建设]有机结合起来，充分考虑二者互动的经济发展核算形式，充分体现了科学发展观的特点和要求。可以说，绿色 GDP 核算是生产不断发展与资源环境容量有限的矛盾运动的必然产物，是实现可持续发展的基础和保证。绿色 GDP 核算强调自然资本在经济建设中的投入效益，自然资源环境既是经济活动的载体，又是生产要素，建设和保护自然资源环境也是发展生产力。绿色 GDP 核算强调自然资源环境利用同自然资源环境保护和建设并重，在利用时突出保护，确保经济社会发展与自然资源环境保护和建设在发展中动态平衡，确保自然资源环境保护和建设作为经济社会发展计划的重要内容和支撑点，并把当前利益和长远利益、整体利益和局部利益综合考虑，实现和谐的可持续发展。总之，绿色 GDP 核算体现了自然和经济并重、"双赢"的发展形式，而不仅仅以其中之一为目标。

通过绿色 GDP 核算，不仅可以确定出国民经济运行中环境退化成本和资源消耗成本，而且可以让我们了解哪些部门、哪些地区是资源消耗"高强度区"，哪些部门、哪些地区是环境污染和生态破坏"重灾区"？给出各个部门和各个地区的具体环境退化成本和资源消耗成本，并以此制定科学的政绩考核制度，促进地方经济可持续发展；通过绿色 GDP 核算，可以为区域发展定位、产业结构调整、产业污染控制和环境保护治理提供政策建议。同时，分部门和分地区的核算结果为未来环境污染治理重点、污染物总量控制、环保投资规模的确定和加强重点源监控体系建设提供了科学依据；通过绿色 GDP 核算，可以看出环境污染对人类生活和生命健康的危害程度，从而制定出"以人为本"的环境保护政策。

从现代环境经济学来看，绿色 GDP 核算实际上体现了对追求经济与环境帕累托改进经济形态的客观公正的测度。在同等经济收益的经济形态中，我们选择绿色 GDP 高的就可以得到良好的生存环境，同理，在同等生态环境质量下，我们选择绿色 GDP 增长快的经济形式就可以得到更多的物质财富。从这里我们不难看出，如果一个国家或地区经济增长不符合帕累托原则，无论是高增长低环保，还是高环保低增长，其绿色 GDP 肯定无法高起来。

当然，为系统全面测度和衡量人类经济社会发展态势，仅仅依靠绿色 GDP 是远远不够的，还需要类似反映收入分配状况的指标如吉尼系数指标，反映效率状况的指标如全要素生产率指标，反映就业状况的指标如失业率指标，反映经济运行状况的指标如通胀率指标，以致反映人自身健康、教育、文化、娱乐状况的指标如人类发展指标乃至幸福指数等做进一步补充；但如同传统 GDP 在传统工业文明中测度和评判人类经济增长一样，无论从全面性还是可操作性方面，其他指标都无法取代绿色 GDP 作为测度和评判绿色文明中人类社会经济发展进程的中心总量指标的地位和作用。

（三）

自 1980 年代以来，众多国家就绿色核算体系的构建特别是绿色 GDP 核算进行了多方位研究，提出了许多有益的方法和建议。挪威是最早开始进行自然资源核算的国家，1981 年挪威政府首次公布并出版了"自然资源核算"数据、报告和刊物，1987 年公布了"挪威自然资源核算"的研究报告。联合国统计署于 1989 年和 1993 年会同世界银行和国际货币基金组织在归纳总结各国实践的基础上，先后发布了绿色核算体系——"环境经济综合核算体系（SEEA）"，并将其纳入到联合国新国民经济核算体系中，为建立绿色国民经济核算总量、自然资源账户和污染账户提供了一个共同的初步框架。随即以美国为代表的发达国家（如日本、加拿大）及欧盟许多国家（如法国、德国、荷兰、芬兰、瑞典等）根据联合国及世界银行的基本思路、在相关研究的基础上，初步提出了本国的绿色 GDP 核算体系框架，并展开相应的绿色 GDP 核算。其中美国在 1991 年对国家基本资源进行了核算，并在 2000 年前后相继完成对本国地下矿产资源和森林资源的初步核算。日本从 1993 年起对本国的环境经济综合核算体系进行了系统的构造性研究，估计出较为完整的环境经济综合核算实例体系，给出了 1985—1990 年日本的"绿色 GDP"。在发展中国家，SEEA 不同部分也已作为个案在许多国家如墨西哥、印度尼西亚、巴布亚新几内亚、泰国等国进行了试点。随后，为了进一步规范各国绿色核算体系和可持续发展综合评价指标体系提供了可靠指南和保障，联合国会同世界银行和国际货币基金组织在总结 1993 年版本试点经验和世界各国理论和实践经验的基础上，对原有绿色核算体系框架进行了进一步充实和完善，分别于 2000 年和 2003 年，推出了绿色核算体系框架和绿色 GDP 核算体系——"环境经济综合核算体系（SEEA）"两个修订版本，使得 SEEA 在实用和可操作方面迈出了坚实的一步。随之世界各国纷纷在 2000 年和 2003 年 SEEA 版本的基础上，将本国的绿色核算工作进一步深化，如澳大利亚 2002 年完成本国的绿色 GDP 核算，丹麦 2003 年的工作，日本 2004 年开展的工作以及我国于 2004 年由政府职能部门主导相继开展的中国绿色 GDP 核算等。另外，一大发展趋势是，各国在进行绿色 GDP 核算的同时，更加注重尝试将核算结果和数据直接作为国家宏观政策（如能源政策、资源分配政策、环境政策、财政政策等）制定的参考依据。实践表明，绿色 GDP 核算在科学评估社会经济环境和谐和可持续发展进程、为宏观决策和政策制定提供参考依据、为构建和谐社会、实现可持续发展战略提供信息系统支持以及国际比较等方面，具有无可比拟的优势。虽说直至目前国际上对绿色 GDP 核算进行了大量的工作，取得大量成果，但这些工作和成果大多还停留在研究阶段，尚未形成真正的绿色核算制度。但各国的经验表明绿色 GDP 核算正以不可阻挡的态势，逐步成为世界各国制定和实施可持续发展战略的重要依据。

绿色 GDP 核算的实施与一个国家的基本国情密切相关。中国作为一个发展中国家，正值经济迅猛增长之际。由于中国地域辽阔，人口众多，自然资源相对不足，同时由于中国处于经济腾飞时节，对自然资源的开发和利用也正迅猛增长，经济的快速增长主要是靠拼资源、拼环境、拼投资，环境污染和生态破坏前所未有，这样的基本国情与国外许多国家是不同的。这次核算工作建立的资源环境经济核算体系框架和环境经济核算体系框架，以及开展的经环境污染调整的 GDP 核算（狭义的绿色 GDP 核算）均是建立在中国国情的基础之上，从中国经济发展状况和资源环境特点的基础上进行考虑，将总量核算和结构核算（31 个省市和 42 个行业）有机地结合起来，并辅之 10 个地方试点核算，这在世界绿色核算史上是前所未有的。从这个角度上说，这次由国家环保总局和国家统计局主导联合进行的绿色 GDP 核算工作和报告的发布，表明中国在环境污染经济绿色 GDP 核算方面已经走在了世界前列。

（四）

据国家环境保护总局和国家统计局初步统计提供的信息，上半年全国单位 GDP 能耗同比仍上升 0.8%。上半年我国环境污染形势仍然严峻。主要污染物排放继续上升，据对 17 个省（区、市）有关数据的综合分析，上半年这些地区的化学需氧量、二氧化硫排放量同比分别增长 4.2%、5.8%。环境污染事故增多。对照改革 20 多年来，伴随经济指标的超额完成，环保指标折扣不断，特别是刚刚过去的"十五计划"期间，二氧化硫排放量和 COD（化学需氧量）排放量均未完成目标控制要求，其中二氧化硫排放总量和工业二氧化硫排放量两项指标不仅没有下降，反而有所反弹的不争事实，可以说，中国国民经济依然处于伴随巨大人口压力下传统工业化阶段的粗放型增长阶段，资源环境问题已经到了不容轻视的地步，人口控制、人民生活水平提高任务依然艰巨。

正如我们在前文中所指出的那样，环境问题错综复杂，涉及经济社会的方方面面，贯穿于国民经济再生产的全过程。环境问题表面上是人类社会经济活动的副产品，实际上反映的是人与人、人与自然经济利益和环境利益矛盾冲突的结果。因此，要正确认识当前环境形势，从根本上解决环境问题，必须全面观察、科学分析、准确判断。

绿色核算体系和绿色 GDP 核算与数据发布制度的建立，对于客观公正地评价中国社会经济增长进程，促进"十五"乃至更远的将来中国社会经济发展与自然环境和谐统一，最终实现以人为本的经济增长、社会进步和环境保护三位一体的可持续发展战略目标，具有广泛而深远的理论和实践意义。

如何借这次国家环保总局和国家统计局联合对外发布《中国绿色国民经济核算研究报告》之机，将我国绿色 GDP 核算工作推向一个新的水平，最终建立科学实用、系统完备的中国绿色 GDP 核算体系和绿色 GDP 核算数据发布制度，这是摆在我们面前的一项重要任务。

首先我们必须充分地认识到，绿色 GDP 核算的根本意义在于：通过核算过程和结果有关数据、信息的分析，揭示出有关的问题，为综合环境与经济决策提供参考依据，从而制定出有利于环境保护和经济发展"双赢"的发展战略和政策；绿色 GDP 核算是坚持以人为本，树立全面、和谐、可持续发展观的重要实践，有助于从根本上改变党政领导的政绩观，推动粗放型增长模式向低消耗、低排放、高利用的集约型模式转变。

同时我们必须清醒地看到，绿色 GDP 核算是一个庞大的系统工程，建立中国绿色 GDP 核算体系是一个长期的目标，是一个长期的过程。中国能否在将来真正建立绿色 GDP 核算制度，能否真正使用绿色 GDP 指标反映国民经济的真实增长质量，有赖于统计、环境、资源等部门以及社会公众的共同努力才能实现。

其次，我们知道，构建绿色 GDP 核算体系包括 3 个主要目标层次：① 建立绿色核算制度，确立绿色统计核算标准和规范，确立绿色核算方法，构建绿色核算体系；② 进行实际绿色核算，提供绿色（资源、经济、环境、人口等）综合核算结果，形成可持续发展综合基础数据库；③ 在绿色核算数据库基础上，为实现可持续发展提供决策政策制定的有效支持，在这一层次，除了需要绿色核算数据库所提供的基础数据之外，还需要其他相关经济社会等相关政策分析工具的支持。如何围绕这三个层次，将中国绿色 GDP 核算工作深入而持久地进行下去，我们还应从以下几个方面入手：

（1）进一步规范现有自然资源环境统计体系，完善绿色 GDP 核算的核算标准和规范，完善绿色 GDP 核算体系框架和技术方法体系。

（2）进一步扩大核算范围，在自然资源核算方面，有水资源核算、森林资源核算、矿产资源核算等，在环境核算方面，有生态破坏损失核算以及本次核算未包括的环境污染损失核算等内容。

（3）进一步做好试点省市的绿色 GDP 核算试点和推广工作。

（4）建立绿色国民经济核算的长效机制，并逐步形成中国环境经济核算报告制度，完善核算过程的监督管理制度、核算结果发布制度。

（5）深入挖掘绿色 GDP 核算的政策含义，包括重点研究如何利用绿色 GDP 核算结果来制定相关的污染治理、环境税收、生态补偿等环境经济和管理政策。

（6）研究如何利用绿色 GDP 核算结果来进一步完善相关领导干部绩效考核制度。

（7）以绿色 GDP 核算为核心，建立对在实现可持续发展过程中，受环境损害影响最大的弱势承担者的合理补偿机制。

（8）适时建立企业绿色会计准则和规范，推行与国际接轨的企业绿色会计和审计制度，为全面实施绿色 GDP 核算奠定雄厚的微观基础。

（9）大力宣传和普及教育，培养和树立绿色 GDP 核算的公众参与意识。

（10）加强立法，同时加强执法和立法的协调配合，从法律上为开展绿色 GDP 核算提供坚强保障和支持。

另外，由于构建全面完善的绿色 GDP 核算体系是一项长期的工作，要将绿色 GDP 纳入干部政绩考核，除了绿色 GDP 核算工作外，还须建立相应的考核制度，而这一过程可能需要较长时间。因此，在近期内,绿色 GDP 核算与干部考核挂钩可分步实施,通过绿色 GDP 核算过程与结果的数据分析，建立一系列与绿色 GDP 相关联的指标，纳入干部政绩考核中。这些指标可以是：万元 GDP 的能源消耗，万元 GDP 的水资源消耗，万元 GDP 的土地资源消耗，万元 GDP 的废水、COD、SO_2、CO_2 的排放强度等。

核算中国特色的绿色 GDP 任重道远[①]

张佳菲　姜志敏

（西南财经大学统计学院　成都　610074）

摘　要：国内生产总值（GDP）作为政府对国家经济运行进行宏观计量与诊断的一项重要指标，随着全球性的资源短缺、生态环境恶化等问题给人类带来空前的挑战。过度开采资源造成的环境问题已成为全面建设小康社会的极其严峻的问题。因此，我国核算绿色 GDP 势在必行。本文从绿色 GDP 的概念入手，比较国外的实践经验，根据国情提出我国实施绿色 GDP 面临着四方面的困难：① 核算理论上的困难；② 可操作性上的困难；③ 实际核算过程中的困难；④ 人们对绿色 GDP 的认知程度还有限。因此，笔者得出最终结论——核算中国特色的绿色 GDP 任重道远！

关键词：GDP　绿色 GDP

1 问题的提出

国内生产总值（GDP）作为政府对国家经济运行进行宏观计量与诊断的一项重要指标，曾被一代经济学大师凯恩斯推崇有加，特别是在战后全球经济普遍复苏的背景之下，GDP 逐渐演化成为衡量一个国家经济社会是否真正进步的最重要的指标。

但是，在 1960 年代之后，随着全球性的资源短缺、生态环境恶化等问题给人类带来空前的挑战。过度开采资源，造成环境恶化，势必使经济失去可持续发展后劲。据世界银行统计，中国 1980 年代和 1990 年代平均 GDP 增长率为 10.1% 和 10.7%，在世界上 206 个国家和地区之中分别居第二位和第一位。但与此同时，世界银行数据

---

① 摘自《管理科学文摘》，2006 年第 1 期。

库刚刚公布的中国自然资源损失占 GDP 的比重也是十分惊人。1970
年代，随着大规模的石油、煤炭开发，中国能源占自然资源损失的
比例迅速上升，到 1980 年代初期达到最高点，接近 GDP 的 1/4，而
后有所下降，在 1980 年代末期，大约占 GDP 的 10%，1990 年代上
半期占 GDP 的 5%以上，近年来迅速下降，1998 年已不足 1.5%。世
界环境组织就中国环境污染对经济建设造成的损失所作的研究表
明，在 1995 年水和空气污染带来的经济损失，大体上占当年 GDP
的 6%～7%。世界银行数据库资料显示，1998—2002 年，我国在环
境保护和生态建设方面的投入占同期 GDP 的 1.29%，是 1950—1997
年 47 年投入总和的 1.8 倍，这表明，我们今天的努力是用"经济账"
来还"生态账"。世界银行组织有关专家从生态经济的角度，对我
国水土流失严重、水资源危机、矿物资源枯竭等问题进行了深入分
析，并提出我国人口密度是世界平均值的 3 倍，而单位产值资源能
源消耗为世界的 3 倍，污染总量增长率为总产值增长率的数倍，环
境问题已成为全面建设小康社会的极其严峻的问题。由此我们可以
看到，对绿色 GDP 进行核算势在必行。

2 绿色 GDP 的概念

GDP，即国内生产总值是指用来衡量一国（或地区）在一定时
期内运用全部生产要素所生产的全部最终产品和劳务的市场价值总
和。当然，几乎任何一个通用的经济指标都有某种程度的内在缺陷
性，GDP 也不例外。GDP 是衡量经济交易过程中，通过交易的产品
与服务之总和，至于交易过程中是增加社会财富（正作用）还是减
少社会财富（逆作用），并不加以辨识。因而，GDP 中包括有损害
发展的"虚数"。GDP 的本质认为任何货币交易都"增加"社会福
利，它实际上变成了把收入、支出、资产、负债一律抛开其正号和
负号，统统以"绝对值"状况累加在一起，造成了它在反映发展上
的不实表达（2000 年中国可持续发展战略报告）。为解决这一缺陷，
在可持续发展的评估中，正在尝试着引入"绿色 GDP"概念，它是
一种兼顾经济增长与环境保护的指标。所谓"绿色 GDP"是指国内
生产总值中扣除资产消耗，计算出由净生产值（NDP）以后，再减
去水质、大气以及生态环境受到破坏所造成的经济损失得出的。可
简单地表达为：绿色 GDP＝现行 GDP－自然部分的虚数－人文部分

的虚数。也就是说，现在对国民收入的计算只重视经济实绩，反映不出环境污染造成的福利水平下降和环境破坏造成的财富再生产能力降低，甚至把治理环境污染的费用也包含在国民收入里，而"绿色 GDP"则解决了这些问题。

3 绿色 GDP 在国外的实践

最早将资源环境纳入核算体系的国家是挪威。1978 年挪威就开始了资源环境的核算。重点是矿物资源、生物资源、流动性资源（水力），环境资源，还有土地、空气污染以及两类水污染物（氮和磷）。为此，挪威建立起了包括能源核算、鱼类存量核算、森林存量核算，以及空气排放、水排泄物（主要人口和农业的排泄物）、废旧物品再生利用、环境费用支出等项目的详尽统计制度，为绿色 GDP 核算体系奠定了重要基础。芬兰向挪威学习，也建立起了自然资源核算框架体系。其资源环境核算的内容有三项：森林资源核算，环境保护支出费用统计和空气排放调查。其中最重要的是森林资源核算。森林资源和空气排放的核算，采用实物量核算法；而环境保护支出费用的核算，则采用价值量核算法。

实施绿色 GDP 的国家还有很多，主要是欧美发达国家，如法国、美国等。

特别值得一说的是墨西哥。墨西哥是发展中国家，也率先实行了绿色 GDP。1990 年，在联合国支持下，墨西哥将石油、各种用地、水、空气、土壤和森林列入环境经济核算范围，再将这些自然资产及其变化编制成实物指标数据，最后通过估价将各种自然资产的实物量数据转化为货币数据。这便在传统国内生产净产出（NDP）基础上，得出了石油、木材、地下水的耗减成本和土地转移引起的损失成本。然后，又进一步得出了环境退化成本。与此同时，在资本形成概念基础上还产生了两个净积累概念：经济资产净积累和环境资产净积累。这些方法，印度尼西亚、泰国、巴布亚新几内亚等国纷纷仿效，并也立即开始实施。发展中国家的经验相对我国而言，参考价值更为重大。

4 实施绿色 GDP 在我国面临的困难

4.1 核算理论上的困难

我国国民经济核算是从 1951 年开始的，迄今为止，主要分为 4 个阶段：

第一阶段（1951—1981 年）　我国的国民经济核算体系制度基本上属于 MPS，即实行的是物质产品平衡表体系，这一体制是与高度集中统一的计划经济体制相适应的。

第二阶段（1982—1991 年）　我国国民经济核算体系制度的转型阶段，两种核算制度 MPS 与 SNA 并存，它与我国从计划经济向市场经济转型相适应的。

第三阶段（1992—1995 年）　1992 年我国正式启用 SNA 核算体系（1968 年修订），该 SNA 国民经济核算体系在实质内容上，与当时国际上大多数国家的核算体制基本相同，与国际统计口径相接轨的。但是由于 SNA 核算体系所固有的缺陷性，即它不能全面反映经济、社会、科技和资源环境状况及其内在的、本质的相互关系，因此，以 SNA 为基础进行改革，构建以"绿色 GDP"（GGDP）为核心，充分体现可持续发展这一核算体系，是学术界和各国政府面临的一项紧迫的任务。

第四阶段（1995 年至今）　SNA 国民核算体系的改革和向联合国新的国民核算体系（1992 年修订）与 SEEA 体系（环境经济综合核算体系）过渡。从总体来说，SEEA 与 SNA 在概念上是一致的，其本质不同在于 SEEA 在资本使用概念上对 SNA 做了拓展，即将资源和环境作为资本使用的一部分考虑进去。就在中国政府开始研制自己的 SNA 体系时，由联合国、世界银行等五个国际组织组成的联合工作组，开始组织有关国际组织和各国（地区）国民核算专家对旧 SNA 体系进行修订。从 1995 年开始，中国政府一直在跟踪和吸收国际上国民核算体系发展的最新成果，以力求保持中国 SNA 核算体系与国际上大多数国家的 SNA 核算体系同步接轨。

由此观之，我国现行的国民经济核算体系仅仅是与世界同步接轨而已，笔者认为国民经济核算既要与国际接轨又要具有中国特色，适应我国现阶段的国情。它本身是否与我国社会主义市场经济体制相适应是个有待于考察的问题，那么有中国特色的 SNA 又从何谈起呢？而绿色 GDP 的构建是在有中国特色的 SNA 基础之上，虽然我们上文中提到墨西哥在构建绿色 GDP 上给予我们很多的启示，但是我们不能不加改进地进行"拿来主义"。

4.2 可操作性上的困难

绿色 GDP 核算的关键就是环境成本的估算。所谓环境成本，从经济过程看，是指被经济过程所利用消耗的资源环境价值，它代表了获得经济产出的必要投入（或代价）并包含在经济产出的价值之中；从环境角度定义，环境成本则是指由于经济过程的利用消耗而使资源环境存量得以减少的价值，体现为资源环境存量的数量减少或功能质量下降。

确定环境成本的概念比较容易，而实现环境成本的计量却是非常困难的事情。原因在于：

（1）关于资源环境与经济活动之间的对应关系，并不是一目了然的。尽管我们已经观察到多种现象，认为某些环境变化应该由某些经济活动负责，某些经济活动可能会形成对某些环境要素的影响后果，但是，如何在资源环境变化和经济活动发生之间建立起明确的对应关系，却远远没有形成系统认识。资源环境对于经济活动具有哪些功能？哪些资源环境要素会受到经济活动的影响？哪些经济活动会对资源环境产生影响？多大规模、强度的经济活动超出了资源环境自身的恢复能力而导致资源环境发生变化？资源环境在何种条件下会形成不可恢复、不可逆转的变化？这些问题会因为二者之间的时空错位而更趋复杂：某一地区的经济活动可能会在其他地区显现出环境影响后果，某一时期的环境变化可能与以往其他时期的经济活动直接相关。

（2）统计上还无法就资源环境和经济活动及其对应关系提供全面的计量。一般来说，针对经济管理本身而言，经济统计已经相对比较成熟，但这样的经济统计并不是针对描述资源环境与经济活动的关系而建立的；资源环境的计量和记录有了长足的发展，但仍然无法全面地描述资源环境的现状及其变化；如果从资源环境与经济活动的对应关系来考虑，统计计量的完成程度就更加有限，或许存在特定场景下的个案记录，但这些基于个案记录的微观数据并不能满足一个宏观总体（比如一个国家）的计量需求。

（3）估算环境成本的技术方法问题还远远没有解决。要估算环境成本，必须对资源环境进行货币估价，但是，由于现实中资源环境问题产生于经济活动的外部效应，是在市场之外发生的，资源环境要素在很大程度上并未内化为经济活动成本的实际组成部分，也就是说，资源环境并没有明确的市场价格，这就极大地影响了环境成本估算的可操作性。为了克服没有现实价格的困难，环境成本估算不得不采取各种虚拟的方法，以间接方式予以估算，这就不可避免地使估算结果附带假定条件。

4.3 实际核算过程中的困难

中国是一个转型国家，所以经济增长也在转型之中，而这种经济增长的转型又反映在 GDP 上。

保持经济的稳定增长已经成为中国的一个政治问题，有研究表明，只有经济的年增长率保持在 7%～8%，才能够化解由于人口增长导致的就业压力加大，以及由此引发的一系列社会问题。而对于地方官员，当地的经济增长与政绩考核、升迁关系非常密切，所以维持一个高速的经济增长率是地方官员最为关心的事。在市场化进程中，"行政压力"并没有渐行渐远，特别是以 GDP 为导向的政绩考核标准在很大程度上扭曲了资源配置行为，从而使得中国的投资效率乃至经济效率低下。

4.4 人们对绿色 GDP 的认知程度还有限

中国存在地区经济发展不均衡的特点，这也给绿色 GDP 的实施带来了很大的困难。国家环境保护总局副局长潘岳指出公众的参与成为绿色 GDP 的重要补充。他谈道："环境保护的公众参与，直接表现了社会主义民主的发育程度，也直接体现着一个国家公民素质的高低水平。"但问题是就目前来讲我国公民的素质水平还比较低下，他们对问题的认知程度还达不到这个要求。

总之，具有中国特色的社会主义市场经济要求绿色 GDP 既要和国际接轨又要适合现阶段我国的国情。因此，我国构建有中国特色的绿色 GDP 任重道远！

中国：绿色发展与绿色 GDP
（1970—2001 年度）[①]

胡鞍钢[②]

（清华大学公共管理学院　北京　100084）

摘　要: 1995 年世界银行开始利用绿色 GDP 国民经济核算体系来衡量一国或地区的真实国民财富。它是指在扣除了自然资源（特别是不可再生资源）枯竭以及环境污染损失之后的一个国家真实储蓄率。作者利用世界银行数据库分析了 1970—2001 年我国真实国民储蓄与自然资产损失之间的定量关系。1985 年自然资产损失占 GDP 比重接近 20%，直到 1990 年代以来由于大规模经济调整特别是能源结构调整，这一损失占 GDP 比重迅速下降，到 1998 年降为 4.5%，但是此后经济增长模式逆转，2001 年又上升为 6.3%。这表明，中国在过去 20 多年经历了"先破坏、后保护；先污染、后治理；先耗竭、后节约；先砍林、后种树"，造成我国真实国民财富的极大损失。这是"生态赤字"不断扩大的经济高速增长，是典型的"黑色发展"模式。作者提出，绿色发展是今后中国发展的必选之路，既不能沿袭传统的高能耗、高污染、低效率的前苏联式的重工业化模式，也不能模仿和采用高消费、高消耗、高排放的发达国家的现代化模式，必须独辟蹊径，寻求非传统的适合中国国情的社会主义现代化道路。

关键词: 中国　绿色发展　绿色 GDP

1 回顾

在过去的 20 年，中国是世界上经济增长率最快的国家之一，也是世界上国内储蓄率（指国内储蓄额占 GDP 比重）和国内投资率（指

---

① 摘自《中国科学基金》，2005 年第 19 卷第 2 期。
② 1994 年度国家杰出青年科学基金获得者。
本文为作者在 2004 年 10 月 19 日在国家杰出科学基金实施 10 周年学术报告会上所做的演讲稿。

国内投资额占 GDP 比重）水平最高的国家之一。据世界银行（2000a）统计，中国 1980 年代和 1990 年代年平均 GDP 增长率为 10.1%和 10.7%，在世界上 206 个国家和地区之中分别居第二位（仅次于中非资源国博茨瓦纳）和第一位；1999 年中国国内储蓄率和国内投资率分别为 42%和 40%，居世界前列，比世界同期水平高出近 20 个百分点。但与此同时，世界银行数据库（2000b）刚刚公布的中国自然资产损失也是十分惊人的，在很大程度上抵消了名义上的国内储蓄率和国内投资率，至少使真实国内储蓄率在 1985 年减少了 20 个百分点，到 1998 年下降为近 5 个百分点。

现行的基于名义 GDP 的国民经济核算体系存在严重缺陷，不仅没有扣除自然资产损失，而且将其中过度开采资源和能源，特别是不可再生资源，按照附加值统计计算在 GDP 总量之中。这就人为地夸大了经济收益，它是以资源的急剧消耗和环境的严重退化为代价的，必将导致真实的国民福利大为减少，因而必须要对现有的国民核算体系进行校正。

国内外学者用不同的估算方法计算了空气污染造成的经济损失。Smail（1996）估计中国空气污染损失占 GDP 比重为 0.6%～1.1%（基准年为 1990 年），这包括发病率、死亡率、作物森林损失、材料腐蚀和生活中脏物、衣物清洗等损失。世界银行（1997）中国空气污染带来的损失——包括提前死亡、患病、生产资料及城市建筑的损失，按人力资源的算法估计占 GDP 的 2.9%，而按支付意愿法计算则为 GDP 的 6.4%（基准年为 1995）。徐嵩龄（1998）计算了各种污染损失和生态损失，包括直接、间接损失和不可预料损失，他的结论是空气污染损失为 1993 年国内生产总值 GDP 的 1.1%。孙炳彦（1997）做出的空气污染损失代价估计为 GDP 的 2.5%。

1995 年以来，世界银行组织有关专家开始重新定义和衡量世界及各国的财富，提出了绿色 GDP 国民经济核算（green national accounts）体系来衡量国民财富（World Bank，1997）。所谓财富具有广泛的含义，它包括：生产性资源（produced assets）、自然资本（natural capital）和人力资源（human resources），其中生产性资产是传统意义上的国民经济核算体系所衡量的国民财富，而自然资本和人力资源则是新型综合国民经济核算体系中的国民财富的重要组成部分。

绿色 GDP 是一种新的国民财富或收入的估算。其中人力资源是各国真实国民财富最重要的组成部分，约占国民财富总量的 40%～

80%，一般而言，发达国家这一比重更高，而自然资源丰富的国家这一比重相对就低。生产性资产是第二要素，占总财富比重的 15%～30%。自然资本是第三位要素，占总财富的 2%～40%，其中中东和西非地区自然资本占第二位。世界银行（1997）首次提出了真实国内储蓄（genuine domestic savings）的概念与计算方法，它是指在扣除了自然资源（特别是不可再生资源）的枯竭以及环境污染损失之后的一个国家真实的储蓄率。

计算真实国民储蓄率公式为（Hamilton and Clemens，1999）：

$$G = GNP - C - \delta K - n(R-g) - \sigma(e-d) + m$$

式中：G——真实国民储蓄率；

GNP－C——传统的国民储蓄率，它包括外国储蓄率；

GNP－C－δK——传统净国民储蓄率；

δ——生产性资产折旧；

$-n(R-g)$——自然资源枯竭损失，n 为净边际资产租金率，R 为可利用资源，g 为开采量，－$(R-g)$ 相当于资源存量变化率；

$\sigma(e-d)$——污染损失量，σ 为污染的边际社会成本，当 $r>g$ 则出现资源耗竭；

$-(e-d)$——污染排放累积量变化率，e 为污染排放量，d 指污染排放累积量的自然净化量；

m——人力资本投资，由于人力资本不具有折旧，同时也被视为知识的资本，例如教育支出占 GDP 比重。

如何估算各种自然资源耗竭和污染损失，这是一个在学术上争论较大的问题。令人惊喜的是，国内外学者用不同的方法计算了中国的环境经济损失，如过孝民、张慧勤（1990）、夏光、赵毅红（1995）、Smail（1996）、郑毅生等（1997 和 1999）、世界银行（1997）、孙炳彦（1997）、徐嵩龄（1998）。这些估计对我们分析各类污染所造成的经济损失做了有意义的探讨，并提供了极其重要的参考价值。但是，由于不同的学者采用的估算方法不同，所计算的结果差异较大，也由于计算所包含损失项目不同会造成不同的估算结果，另外这些研究还不能进行历史纵向比较，也不能进行横向国际比较。实际上中国在过去 20 年高速经济发展是不断向自然资产拼命索取和透支的过程，这不仅包括各类污染的损失，而且包括各类自然资源的损失，自然资源耗竭，矿产资源耗竭，森林资源耗竭，水资源耗竭。过孝民、张慧勤（1990）首先对 1980 年代中期环境污染和生态破坏的经济损失作了初步估算，中国社会科学院环境与发展研究中心在 1995 年对 1990 年代初期（1993）中国环境污染损失的估算为，占 GNP 比重 3%以上，而后又以 1995 年价格为基准估计的环境污染损失为 1 875 亿元，占 GDP 的 3.27%。

上述研究对于我们分析各类污染经济损失提供了不同时期的计算结果，是有其重要的参考价值。但由于各自的方法不同，其结果也不同，既不便于作历史纵向比较，又不便于作横向国际比较。

所谓自然资源枯竭（depletion）是按开采和获得自然资源的租金来度量的，该租金是以世界价格计算的生产价格同总生产成本之间的差值，该成本包括固定资产的折旧和资本的回报（return）。需要指出的是，合理地开发资源对于促进经济发展是必要的，但是如果资源租金过低会导致对资源的过度开采，如果资源租金不能用于再投资（如人力资本投资），而是用于消费也被视为是"不合理的"。污染损失主要是针对 CO_2，并按每排放 1 吨 CO_2 造成的全球边际损失计算，Fankhauser（1995）建议按 20 美元计算。这一计算并没有包括空气污染、水污染和其他方面污染的损失。世界银行的计算表明，中东地区总财富 39%来源于自然资本，几乎全部来源于石油和天然气，在扣除了资源枯竭之后，这些国家的真实储蓄率都是负值（见表 1）。哈佛大学的 Sachs 和 Warner（1996）发现，从 1970 年代以来，资源丰富或资源密集型国家经济增长率反而要比自然资源匮乏国家要慢得多。世界银行的研究也表明，那些资源依赖性大的国家自然资产损失大，真实国内储蓄水平相当低下或者为负值。

世界银行（2000b）估算了各国 1970 年以来的各种自然资产损失。这里我们列出中国、美国和日本的数据，有如下结论：

（1）能源耗竭（energy depletion）所占自然资产损失最大，占 GDP 的损失经历了一个先上升后下降的过程。在 1970 年代随着大规模的石油、煤炭开发，这一比例迅速上升，到 1980 年代初期达到最高点，接近 GDP 的 1/4，而后有所下降；在 1980 年代末期，大约占 GDP 的 10%左右；1990 年代上半期约占 GDP 的 5%以上；近年来迅速下降，1998 年已不足 1.5%，接近美国水平，但是此后开始上升，2001 年占 GDP 比重上升到 2.8%。这一变化说明，"九五"期间产业结构调整、特别是能源消费结构调整是使能源耗竭占 GDP 比重大幅度下降的主要原因之一。由于能源耗竭占自然资产损失比重最大，对这一时期自然资产损失占 GDP 比重大幅度下降具有举足轻重的作用。但是进入"十五"期间，中国经济增长不是依靠技术进步和改善效率来实现高增长，而是由高资本投入和高资源消耗驱动，重新走入低质量、高增长的路径。根据英国石油公司 2004 年最新统计，2003 年中国煤炭总产量占世界总量的 33.5%（美国为 21.9%）、中国煤炭消费量占世界总量的 31.0%（美国为 22.3%），这都大大地超过中国人口占世界总量的比重和 GDP 占世界总量的比重。由此可知，中国是世界上最大的肮脏能源的生产国和消费国，不仅使本国人民成为最大的受害者，而且也极大地影响全球的环境和人类的安全。

（2）CO_2 污染损失占 GDP 比重排第二位。在 1970 年代，这一损失在 4%以上，1980 年代在 4%左右，1990 年代出现了下降趋势，其中 1990 年代下半期明显下降，1998 年为 2.33%，2001 年进一步与国际作比较，中国这一比重远远高于美国和日本水平。需要说明的是这一计算尚未包括水污染的损失、SO_2 的污染排放和其他有害、有毒物质的损失，如果加上这些污染损失的话，估计总的污染损失应在 3.5%左右。世界银行（1997b）曾用人力资本方法计算中国的大气污染和水污染的损失约占 GDP 的 3.8%~7.8%。随着 1990 年代下半期 CO_2 排放损失占 GDP 比重下降，也有助于自然资源损失占 GDP 比重进一步下降。我们发现单位 GDP CO_2 排放量从 1960 年代中期经历了先上升后下降的过程，其中 1990 年代下半期呈明显下降的趋势。这反映了经济增长速度高于 CO_2 排放速度，二者差距拉大意味着污染排放强度在减小。但是由于"十五"期间的能源高增长，尤其是煤炭消费的大幅增长，2003 年 CO_2 排放污染损失可能已经回复到 1990 年代中期的水平。

（3）资源矿产消耗或耗竭（mineral depletion）在自然资产损失中居第三位，近 20 年来曾先后出现两次开采耗竭时期，第一次是在 1970 年代末期和 1980 年代初期，其损失占 GDP 比重的 1.2%，第二次是 1980 年代末期 1990 年代初期，其损失占 GDP 比重 0.8%~1.2%；1990 年代以来，这一损失占 GDP 比重明显下降，到 2001 年只有 0.2%。美国是矿产资源生产大国，但是矿产耗竭损失占 GDP 比重远低于中国。

（4）森林耗竭损失占 GDP 的比重相对最小，但从改革开放以来一直呈上升趋势，由占 GDP 比重不足 0.2%一直上升到 1990 年代中期的 0.8%。"九五"期间这一比重大幅下降，1998 年这一比重已降到 0.43%，2000 年更是下降到 0.07%，2001 年上升为 1.0%。需要指出的是改革开放以来，木材生产量一直呈上升趋势，1995 年达最高峰，为 6 767 万 m³，而后中央实行保护天然林工程，严禁砍伐森林，削减木材生产指标，增加木材进口量，到 2002 年木材生产量降到为 4 436 万 m³，比 1995 年减少了 1/3（34.4%）。如果继续实行现行森林保护政策，大量利用国际木材资源，今后森林耗竭损失占 GDP 的比重还可以进一步降低。在过去的 50 年中国林业政策的基本点就是"砍大木头"，林业部是"砍木头部"，林业国有企业是破坏森林生态的"砍木头企业"，经历了开采规模最大、耗竭森林资源速度最快的过程，直到 1990 年代下半期才开始根本转变，进入一个限制砍伐、大力保护森林资源的过程。这说明我们对中国基本国情缺乏深刻认识，走了一条"先破坏、后保护"的道路。根据世界银行（1997）提供的数据，我国虽然人均自然资本略高于日本人均自然资本，但是日本人均森林资源资本却是中国的 2.4 倍，森林覆盖率高达 65%，尽管如此日本还大量进口世界木材资源，1998 年占世界总量的 22.4%，而中国仅占世界总量的 4.7%。加拿大、俄罗斯、美国三大森林出口国占世界出口市场比重的 45.0%（日本《世界状况》，2000/2001）。这些表明中国需要进一步削减木材及其加工产品和相关产品（如纸或纸浆）的进口关税税率，甚至实行零关税，扩大利用世界森林资源的能力，保护本国森林资源 50 年。

（5）我国自然资产损失占 GDP 的比重十分惊人，经历了一个先上升后下降的过程。1970 年代初期这一损失占 GDP 的比重为 6%～7%。1970 年代末期到 1980 年代初期这一经济损失达到最高峰，高达 GDP 的 30%；而后逐渐下降，在 1980 年代后半期，这一比重约为 15% 左右，正如作者在《生存与发展》国情报告（1989）所指出的，改革初期的经济发展是以自然资源和生态环境"透支"为其代价的，现在看来这一代价远比我们当时估计的高得多；1990 年代开始下降，到 1995 年下降了约一半，为 7.80%；1990 年代下半期明显下降，到 1998 年已降至 4.53%（表 1）。反映在真实国内储蓄率呈先大幅度下降而后逐渐上升的趋势，即由于净国内储蓄率在扣除了各种自然资本损失之后的国民财富在 1990 年代以后呈现上升趋势，出现了两条曲线趋同的趋势。另外值得关注的是，进入"十五"期间，真实国内储蓄率又出现了下降趋势，这一方面是因为净国内储蓄率下降，另一方面也是因为能源耗竭和 CO_2 污染损失上升所致，经过绿色 GDP 账户调整后，净自然资产损失比重上升为 6.3%，这说明经济增长的质量有所下降，经济增长模式的逆转现象值得我们警惕。

表 1　我国自然资产和真实国内储蓄率（占 GDP 比重）

	1980 年	1985 年	1990 年	1995 年	1998 年	2000 年	2001 年
国内投资率/%	35.19	37.77	34.74	40.83	38.28	38.34	—
国内储蓄率/%	35.19	33.48	37.95	43.13	42.63	39.94	40.9
净国内储蓄率/%	29.32	27.69	31.73	35.18	34.5	30.21	30.9
能源耗竭比率/%	22.53	13.66	10.28	4.19	1.48	3.17	2.8
矿物耗竭比率/%	0.96	0.48	0.84	0.58	0.29	0.21	0.2
净森林耗竭比率/%	0.21	0.70	0.62	0.53	0.43	0.07	0.1
二氧化碳损失比率/%	2.34	3.48	3.69	2.50	2.33	2.36	2.2
自然资产损失比率/%	26.03	19.83	15.43	7.80	4.53	5.80	6.3
教育支出比率/%	2.27	2.21	2.18	1.98	2.00	2.00	2.00
真实国内储蓄率/%	4.86	11.87	18.47	29.36	31.98	26.40	26.6

注：2001 年自然资产损失还考虑颗粒物污染损失比率。

资料来源：World Bank，2002，2003。

国民储蓄率比名义国内储蓄率要小得多。从国际比较看，资源丰富的地区这一差额大，如中东及北非地区，资源比较短缺的地区这一差额比较小。2001 年中国这一差额为 −13.5%，在各国中，都是比较高的（表 2）。

表 2　初步调整后的储蓄净额（占 GDP 百分比）（1999 年）

按收入与地区划分	国内储蓄总量/%	固定资本消耗量/%	能源枯竭/%	矿藏枯竭/%	森林净存量枯竭/%	二氧化碳损害/%	教育支出/%	调整后的净储蓄/%	净差额/%
按收入划分									
低收入国家	8.3	3.8	0.3	1.5	1.4	2.9	7.8	−12.5	
中等收入国家	26.1	9.6	4.2	0.3	0.1	1.1	3.5	14.3	−11.8
低收入及中等收入国家	25.2	9.4	4.1	0.3	0.4	1.2	3.4	13.3	−11.9
高收入国家	22.7	13.1	0.5	0.0			4.8	13.5	−9.2
按地区划分									
东亚及太平洋地区	36.1	9.0	1.3	0.2	0.4	1.7	1.7	25.2	−10.9
欧洲及中亚地区	24.6	9.1	6.0	0.0	0.0	1.7	4.1	11.9	−12.7
拉美及加勒比地区	19.2	10.0	2.8	1.4	0.0	0.4	4.1	9.6	−9.6
中东及北非地区	24.2	9.3	19.7a	0.1	0.0	1.1	4.7	−1.3	−25.5
南亚	18.3	8.8	1.0	0.2	1.8	1.3	3.1	8.3	−10.0
撒哈拉以南非洲地区	15.3	9.3	4.2	0.6	1.1	0.9	4.7	3.0	−12.3
中国	40.1	9.2	2.8	0.2	0.1	2.2	2.0	26.6	−13.5

注：调整后的储蓄净额等于国内储蓄净额（根据国内储蓄总额与固定资本消耗量之间的差异计算），加上教育支出，减去能源消耗量、矿产枯竭、森林净存量枯竭及二氧化碳的损害。请注意本表出现的能源消耗数字是从 GDP 的角度列示的。它的含义为：大约 1% 的探明储量的年枯竭率。

资料来源：世界银行（2001h）；有关此表所采用方法的详细介绍，见 Hamliton（2000）。引自：世界银行：《2003 年世界发展指标》，第 174-175 页。

综上可知，在传统的国民经济核算体系中，无论是高经济增长率还是高国内储蓄率，都无法真正地识别真实国民财富以及各种自然资源损失的情况，只有在绿色 GDP 的新国民经济核算体系下才能如实反映上述情形，尽管世界银行的估算还存在着一定的缺陷，但是已经为我们清晰地描述了中国过去 20 多年环境与发展的历史轨迹。中国的各类自然资产损失占 GDP 的变化趋势反映了过去 20 年中国确实经历了一个发展的大弯路，即"先破坏、后保护；先污染、后治理；先耗竭、后节约；先砍林、后种树"。这一变化说明，尽管资源消耗量随着经济增长上升，但是自然资产损失占 GDP 的比重却可能下降，通过经济增长模式的转变，可以扩大真实国民财富，提高真实国内储蓄率。

2 实施绿色发展战略是中国的必由之路

对自然资源环境国情研究表明，人口与资源、经济发展与生态环境之间的矛盾更加突出，成为中国未来发展的最严重的"瓶颈"因素。中国各类人均资源占有量不同程度低于世界人均水平，但却是世界上自然资产损失最大的国家之一，是世界耗水量第一大国（占世界用水总量的 15.4%），污水排放量居世界第一（相当于美国的 3 倍），能源消耗和 CO_2 排放居世界第二位，到 2020 年有可能超过美国，居世界第一位。由于中国已经成为世界上最大的实物经济体和制造业国家，随着工业化的加速，中国自然资源和原材料的需求大幅度上升，资源供需矛盾，尤其是对土地、水资源、优质能源和大宗矿产品的需求压力尤为突出。

中国正以历史上最脆弱的生态环境承载着历史上最多的人口，担负着历史上最空前的资源消耗和经济活动，面临着历史上最为突出的生态环境挑战：土地资源大规模严重退化；水生态环境恶化；草原退化情况相当严重；森林赤字扩大；生物多样性受到严重威胁；城市空气污染依然突出；自然灾害受灾率、成灾率和经济损失继续上升。这迫使中国必须摆脱和抛弃黑色发展之路，既不能沿袭传统的高能耗、高污染、低效率的前苏联式的重工业化模式，也不能模仿和采用高消费、高消耗、高排放的发达国家的现代化模式，必须独辟蹊径，寻求绿色发展之路。

纵观已经或者大体工业化的国家的传统现代化道路，无论是欧美还是日本，都是靠以资源（特别是不可再生资源）的高消耗和生活资料的高消费来支撑和刺激其经济高增长的。面对中国发展的挑战，我们提出不同于西方国家的非传统模式的现代化发展模式。其核心思想就是实行低度消耗资源的生产体系；适度消费的生活体系；使经济持续稳定增长、经济效益不断提高的经济体系；保证社会效益与社会公平的社会体系；不断创新，充分吸收新技术、新工艺、新方法的使用技术体系；促进与世界市场紧密联系的，更加开放的贸易与非贸易的国际经济体系；合理开发利用资源，防止污染，保护生态平衡。该发展模式的资源消耗和生活消费特点是，在 21 世纪上半叶，中国人均各类主要资源消费水平大体保持目前的水平或略有提高，并在上述消费数量的约束下调整结构，提高质量。在积累与消费水平的长期选择上，应保持较高的积累和适度的消费。

中国"绿色发展"的主要影响因素表现在以下 4 个方面：

2.1 人口增长

1978 年全国总人口为 9.6 亿人，到 2001 年提高到 12.76 亿人，净增了 3.16 亿人，估计到 2015 年约 14 亿人，2030 年超过 14 亿人。

2.2 人口迁移与城市化

1978 年中国城镇人口为 1.7 亿人，到 2001 年上升为 4.8 亿人，净增了 3.1 亿人，平均年增长率为 4.6%；未来时期是中国城市化加速时期，到 2015 年可能超过 6.5 亿人或达到 7 亿人，即使如此中国城市化比例仍低于世界平均水平。

2.3 经济增长

到 2001 年底中国 GDP 总量相当于 1978 年的 7.9 倍，年平均增长率为 9.4%，今后 10 年中国的经济增长率仍在 7%～8%，GDP 总量将翻一番。在传统的经济增长过程中是以大量消耗资源能源发展污染型产业，2001 年我国原煤产量是 1978 年的 1.79 倍，发电量为 5.76 倍，其中火力发电为 5.85 倍，生铁为 4.18 倍，钢为 4.80 倍，焦炭为 2.14 倍，水泥为 9.8 倍，硫酸为 4.15 倍，农用化肥为 3.91 倍，乙烯为 12.65 倍。若将全社会货运量作为物质消耗量的替代指标的话，2001 年相当于 1978 年的 5.6 倍。

2.4 不平等和贫困造成环境退化，环境退化又助长了贫困和不平等

与此同时，中国走绿色发展道路面临着诸多有利条件：

（1）经济结构调整，特别是能源结构的调整，有利于提高能源效率，降低单位产出的能耗和污染排放物，发展节能型或非能源密集型的服务业和信息产业。

（2）市场化改革，放开能源价格引入竞争机制，有助于提高使用能源效率，减少政府对能源生产、运输、储藏等环节亏损企业的补贴，减少政府对城市居民能源消费的补贴。

（3）城市化发展，使更多的农民进入城市，缓解了农村生态环境的压力，有效地、密集地利用城市规模效益，降低生产与消费成本，集中供热、供暖、供气、供水、供电、污水处理等城市基础设施的规模效益。

（4）技术发展，有效利用各类节能技术，各类环保技术，各类 IT 技术，各类生物技术，各类新式交通运输技术。

（5）经济全球化，充分利用两种资源和两个市场，积极吸引外国直接投资。开放贸易既可以对提供新的技术的激励，又可以对提供采用清洁技术和绿色方法生产更多产品的激励。上述信息都表明发展中国家可以在他们达到发达国家收入水平之前，同样可以实现较高水平的经济增长和较高的环保质量。

（6）改善治理结构，提高环境治理能力。例如实行中央集权与地方分权的混合模式；建立法治，取代人治；建立立法、执法、监管三位一体的体制；建立市场友好的环保激励制度；改革环保管理体制，提高管理效益，鼓励公共广泛参与；披露各类环保信息与公共政策；消除贫困，寻求社会公正和社会公平。

中国需要大幅减少不可再生能源、矿产资源和森林资源的耗竭，从主要利用本国紧缺资源、高度"自给自足"的传统资源安全战略转向新型全球资源安全战略，即充分利用两种资源，特别是利用全球性战略资源，如石油、天然气和木材及加工品，通过促进出口增长，特别是劳动密集型制造品和技术密集型产品出口增长，提高国际资源进口能力和购买能力，开放能源、木材进口市场，实行零关税，消除非关税壁垒，消除国内能源价格体系与市场体系的扭曲，同时建立国家和企业能源储备体系；大幅度减少煤炭的消费，取消对煤炭生产、运输的补贴，坚决关闭小火电，鼓励使用清洁能源和可再生能源，治理各种环境污染，实行环保友好型的产业战略和经济发展战略，大幅度提高国家对人力资本投资，包括教育，卫生健康，计划生育与生殖健康，R&D 投入等。

绿色 GDP 研究综述①

齐援军

（国家发改委宏观研究院信息研究咨询中心　北京　100038）

摘　要：本文从绿色 GDP 的国内外研究现状以及概念和内涵入手，回顾了其提出
的背景、演变发展和理论基础，概述了国内外对于绿色 GDP 及其相关概念的界定
和研究，探讨了绿色 GDP 与其它相关概念的联系和区别；并从评价的角度分析了
国内外关于中国环境破坏经济损失的研究现状，指出了绿色 GDP 研究进展中的不
足之处。最后，对进一步开展绿色 GDP 研究进行了预期和展望，指出了目前开展
绿色GDP研究的有利条件以及距离政策制定与实施所面临的难度。

关键词：绿色GDP　环境经济损失

1 绿色 GDP 研究回顾

依据国民经济核算理论建立的现行国民经济核算体系（SNA），
通过对国内生产总值（GDP）的测算，可以精确地把握宏观经济的
增长趋势及物质财富的增加。但人们在对国内生产总值的测算中，
忽视了因追求物质财富的增加而造成的资源消耗和为环境污染付出
的代价。在现行的国民经济核算体系（SNA）中将自然资源和环境
要素排除在核算框架之外，只计算生态系统为人类提供的直接产品
的市场价值，而未能测算其作为生命支持系统的间接的市场价值。
由此产生对经济社会发展误导作用，对世界范围的资源匮乏和环境
污染推波助澜。其结果有三：① 夸大了以国内生产总值增加为代表
的经济增长率；② 没有测算作为未来生产潜力的自然资本的耗损贬
值和环境退化所造成的损失（负效益）；③ 因过度追求物质财富的

---

① 摘自《国宏研究报告》，2004 年 12 月。

增加，而损毁了经济社会赖以发展的资源基础和生态环境条件，使经济社会的持续健康发展难以为继。

为克服国内生产总值（GDP）的缺陷，人们提出可持续发展的观念。可持续发展观念的核心是实现社会经济发展与资源环境相协调，从传统的单纯追求数量增加的发展模式向注重发展质量和后代人福利的可持续发展模式转变。为转变观念，就要求研究并建立绿色 GDP 核算体系。

1.1 国外绿色 GDP 研究

1960 年代之后，随着全球性的资源短缺、生态环境恶化等问题给人类带来空前的挑战，一些经济学家和有识之士已经开始认识到使用 GDP 来表达一个国家或地区经济与社会的增长与发展存在明显的缺陷。他们强烈呼吁改进国民经济核算体系（SNA），纠正以"GDP"为核心的国民经济核算方式的缺陷。如何构建以"绿色 GDP"为核心的国民经济核算体系，联合国、世界各国政府、著名国际研究机构和学者从 1970 年代开始，就一直进行着理论探索。

1.1.1 专家与学者对绿色 GDP 理论的探讨

1971 年美国麻省理工学院首先提出了"生态需求指标"（ERI），试图利用该指标定量测算与反映经济增长与资源环境压力之间的对应关系。此指标被国外一些学者认为是 1986 年布伦特兰报告的思想先锋（Goldsmith，1972）。

1972 年，诺贝尔经济学奖获得者托宾（James Tobin）和诺德豪斯（William Nordhaus）提出净经济福利指标（Net Economic Welfare）。他们主张应该把都市中的污染等经济行为所产生的社会成本从 GDP 中扣除；同时，加上一直被忽略的家政活动、社会义务等经济活动。按此计算，美国从 1940—1968 年，每年净经济福利所得，几乎只有 GDP 的一半。1968 年以后，二者差距越来越大，每年净经济福利所得不及 GDP 的一半。

1989 年卢佩托（Rober Repetoo）等人提出净国内生产指标（Net Domestic Product）。指标重点考虑到自然资源的耗损与经济增长之间的关系。他们选择自然资源非常丰富的印度尼西亚为研究对象，按他们设计的指标进行计算。经计算，印度尼西亚在 1971—1984 年，国内生产总值（GDP）增长率达到 7.1%，但扣除因石油耗损、木材减少，以及由于伐木引起的水土流失所造成的损失后，实际经济增长率为 4.8%。

1990 年世界银行资深经济学家戴利（Herman Daly）和科布（John B.Cobb）提出可持续经济福利指标（Index of Sustainable Economic Welfare）。该指标考虑了社会因素所造成的成本损失，如财富分配不公，失业率、犯罪率对社会带来的危害；更加明晰地区分经济活动中的成本与效益，如医疗支出等社会成本，不能算作是对经济的贡献。按此计算，澳大利亚在 1950—1996 年间，实际增长率只有官方公布 GDP 增长率的 70%。

1996 年 Wackernagel 等人提出了"生态足迹"度量指标（Ecological Footprint）。主要用来计算在一定的人口和经济规模条件下，维持资源消费和废弃物吸收所必需的生产土地面积。世界按 60 亿人口计算，人均生态足迹为 2.3 hm²；地球生态承载能力 1.8 hm²，超出 0.5 hm²。如果按照世界环境与发展委员会建议，再留出 12%的生物生产土地面积以保护地球上其它 3 000 万个物种，则人均生态足迹的参考值是 2 hm²。从全球范围来看，人类目前使用的生态足迹的比重已超过全球生态承载能力的 27.8%，高出参考值 12.8 个百分点。人类在耗竭自然资产存量。

1997 年 Constanza 和 Lubchenco 等人首次系统地设计了测算全球自然环境为人类所提供服务的价值"生态服务指标体系"（ESI）。他们把全球生态系统提供给人类的"生态服务"功能分为 17 种类型，把全球生态系统分共计 20 个生物群落区，他们计算了"生态服务"价值与全球国民生产总值（GDP）之间比例关系（1∶1.18）。该指标体系的提出，对更加深刻理解人与自然之间的关系，揭示可持续发展的本质内涵，具有较高的科学价值。

1.1.2 国际经济组织和各国政府对绿色 GDP 理论的研究与实践

1973 年日本政府提出净国民福利指标（Net National Welfare），其主要内容是列入环境污染。国家制定单项污染的允许标准，超过污染标准，列出治理污染所需经费。这些改善经费必须从 GDP 中扣除。按此计算，当时日本国内生产总值年增长 8.5%，在扣除治理污染费用后，经济增长率降至 5.8%。

1973—1982 年，联合国开始研究环境统计的方法与模式，并编写出《环境统计资料编制纲要》。1982 年联合国环境规划署（UNEP）发布建立环境账户的指导方针，为此后许多国家建立各自国家的环境经济账户提供了参考。

1981 年，世界自然保护联盟发布报告《保护地球》，随之由世界银行在 1980 年代初提出了"绿色核算"（green accounting）。

1983—1988 年，联合国统计署与世界银行环境局、美国环保局合作，正式开展了环境与资源核算的研究工作，初步讨论了资源与环境核算同国民经济核算体系的关系问题。

1987 年，联合国环境与发展委员会的研究报告《我们共同的未来》中提出"可持续发展"思想。从 1987 年开始，联合国与世界银行合作开展把环境与资源问题纳入发展战略之中的研究项目，并在此后几年连续开展多种研究合作。

1989 年以后，联合国统计署、环境署与世界银行合作，研究界定环境资源核算的概念，1994 年正式出版了《综合环境与经济核算手册（SEEA）》，其 2000 年版正式手册已在 2001 年 6 月份出版。世界银行定期发布各国绿色统计数据，2003 年版的"绿色数据手册"已于 2003 年 4 月份出版。

1990 年，在联合国支持下，墨西哥率先实行绿色 GDP。墨西哥将石油、各种用地、水、空气、土壤和森林列入环境经济核算范围，再将这些自然资产及其变化编制成实物指标数据，最后通过估价将各种自然资产的实物量数据转化为货币数据。在传统国内生产净产出（NDP）基础上，得出石油、木材、地下水的耗减成本和土地转移引起的损失成本。然后，又进一步得出环境退化成本。在资本形成概念基础上还产生两个净积累概念：经济资产净积累和环境资产净积累。

1992 年，联合国召开世界环境与发展大会（巴西首都里约热内卢会议），可持续发展观被世界各国政府广泛认同。人们已经普遍意识到需要对传统的国民经济核算体系进行修正，力图从传统意义上所统计的 GDP 中扣除不属于真正财富积累的虚假部分，从而再现一个真实的、可行的、科学的指标，即"绿色 GDP"，以期衡量一个国家和区域的真实发展和进步，使其能更确切地说明增长与发展的数量表达和质量表达的对应关系。

1993 年联合国统计局和世界银行合作，将环境问题纳入正在修订的国民经济账户体系框架中（UNSD），并最终推出一个系统的环境经济账户（SEEA）。该账户第一次提出同 SNA 一致的解释环境资源存量和流量的系统框架，并首先在墨西哥、博茨瓦纳、泰国、巴布亚新几内亚等国进行了试点研究，以评价环境对经济发展水平的影响。

环境经济账户（SEEA）体系一经推出，即在各国引起了强烈反响，是目前影响最广、被效仿最多的绿色账户体系。美国在同年即率先推出了反映本国环境信息的资源环境经济账户体系（SEEA）。1996 年，印度尼西亚完成本国 1990—1993 年的自然资源环境账户核算，并初步进行了核算矩阵的构造及 1990—1993 年的实例估算。

1998 年，日本仿照提出广义的资源环境账户体系的理论框架（CSEEA），建立了较为完整的 SEEA 实例体系，给出 1985 年及 1990 年本国绿色 GDP 的初步估计，并将其用于环境政策的研究。近年，欧盟结合在挪威和芬兰开展的研究，制定出基于 SEEA 框架的环境经济综合核算欧盟统一模式——包含环境核算的国民经济核算矩阵（NAMEA），该模式已被欧盟成员国普遍采用。

1995 年 9 月，世界银行首次向全球发布基于"扩展的财富"概念，提出的衡量全球或区域发展的新指标，从而使"财富"概念超越了传统范式所赋予的内涵。"扩展的财富"由"自然资本""生产资本""人力资本"和"社会资本"4 大组要素构成，学者们公认"扩展的财富"比较客观、公正、科学地反映了世界各地区发展的真实情况，为国家拥有的真实"财富"及其发展随时间的动态变化，提供了一种可比的统一标尺。

特别指出的是，世界银行所提出的"真实储蓄率"指标，它为评价一个国家或地区财富与发展水平的动态变化提供了更加有力的判据。世界银行副行长塞拉杰尔汀说："真实储蓄率既抓住了财富现实衡量的本质内涵，也着眼于用真实储蓄率的动态变化去衡量财富影响的长远后果。"

1.2 国内关于绿色 GDP 理论的研究与进展

国内关于绿色 GDP 理论的研究起步比较晚，在研究过程中，一方面追踪国际绿色 GDP 理论研究的发展趋势，另一方面结合本国实际也做出具有中国特点的探索，主要表现为，较早地进行了区域性和全国性范围内环境污染损失的测算，研究结果受到政府综合经济研究机构的重视，并进入政府部门的视野。

在 1992 年世界环境与发展大会（WCED）以后，我国学术界和政府部门一直在跟踪和吸收国际上国民核算体系发展的最新成果，力求保持中国 SNA 核算体系与国际上大多数国家的 SNA 核算体系同步与接轨。我国国内的一些著名研究机构和知名学者一直也在跟踪该领域的研究成果与学术研究的动态与发展趋势。

1.2.1 国内主要经济研究机构开展的研究

1981 年，全国环境经济学术研讨会在江苏镇江召开。研讨会上首次发表关于计算污染损失的论文。论文内容包括两方面：① 介绍和探讨了关于污染造成经济损失的理论与方法；② 对一个城市或一个企业环境污染造成的经济损失所做的估算和实例分析。朱济成计算了北方某城市 1972—1976 年年均水污染损失。

1984 年，《公元 2000 年中国环境预测与对策研究》，首次对全国环境污染损失进行估算（夏光. 中国环境污染损失的经济计量与研究. 中国环境科学出版社，1998）。

1988 年受国际福特基金会的资助，国务院发展研究中心同美国世界资源研究所合作，开展"自然资源核算及其纳入国民经济核算体系"的课题研究，首次尝试进行了关于自然资源核算的研究。

1990 年，过孝民、张慧勤主持了对"六五"计划时期环境经济损失研究，这项研究在计量方法、数据处理、结果表述诸方面有较高的学术价值和实用价值，被称为"过—张模型"。

1994 年，由金鉴明主持的"中国典型生态区生态破坏的经济损失"研究，使得对中国生态破坏的经济损失有了一个比较持之有据的了解。

1995 年，中国社会科学院环境与发展研究中心先后在国家环保局局长基金和联合国（UNU）支持下进行了"中国有 1990 年代环境污染与生态破坏的经济损失"研究。

1996—1999 年，北京大学应用"投入产出表"的基本原理，提出可持续发展下的"绿色"核算，即对中国资源—经济—环境的综合核算，并且对 1992 年中国的 EDP、GGDP 进行计算。该研究侧重于对"中国综合经济与环境核算体系"的核算模式、理论与方法的探索。并在 1999 年出版了以 1993 年版本的 SEEA 为基础的中国经济环境综合研究的专著，对我国 1992 年的环境（退化）和资源（森林、草原、石油、煤炭和天然气）使用纳入经济体系的综合核算进行了初步的研究。该研究建立了我国国家尺度上的环境经济综合核算框架（CSEEA），估算出 1992 年全国的资源枯竭和环境退化成本约占当年 GDP 的 4.87%。

1998 年，受联合国大学（UNU）资助的"中国可持续发展框架"

课题对中国 1993 年环境污染经济损失进行了研究。

2000 年，北京大学将 SEEA 方法应用到中国农村，对农村资源、环境与发展的可持续性进行了评估。

2000 年，北京市社会科学院研究人员设计了以绿色 GDP 为核心指标的核算体系，并以北京市为对象，系统地进行了 1997 年的环境质量和资源资产的经济价值和绿色 GDP 测算。研究结论是：北京市的绿色 GDP 为当年核算 GDP 的 74.9%，即由于环境污染和资源消耗，北京市的 GDP 需扣减约 1/4。

2001 年，中国科学院可持续发展战略研究组，依据世界银行"扩展的财富"的思想、概念和计算方法，对中国 1978 年以来的国民储蓄率进行了计算与分析。

1.2.2 国家有关部门进行的研究

1998 年，国家环保局依据世界银行"扩展的财富"的思想、概念和计算方法，对中国 1978 年以来的国民储蓄率进行了计算与分析。该研究主要侧重于将自然资源环境核算纳入国民资产负债（国民财富）核算的方式、核算途径，以及实际操作的研究与实践。

2001 年，国家统计局开展自然资源核算工作，重点是试编"全国自然资源实物量表"，包括土地、矿产、森林、水资源 4 种自然资源。通过编表，可基本搞清这 4 种资源的存量规模和结构状况。"全国自然资源实物量表"兼顾各种自然资源的不同特性，突出了宏观核算特点。今后，将相继开展"海洋资源实物量核算"、"土地、矿产、森林、水资源价值量核算"、"环境保护与生态建设实际支出核算"、"环境核算"以及综合经济与资源环境核算。

2003 年 8 月，国家统计局、中国林业科学院和海南省统计局、海南省林业厅、北京林业大学经济管理学院等联合研究，初步建立了海南省森林资源与经济综合核算的基本框架，以科学、全面、真实地反映森林环境资源的生态效能价值，为绿色 GDP 核算积累经验。

2003 年，国家统计局对全国的自然资源进行了实物核算。物流核算是绿色 GDP 核算的重要基础。

胡锦涛总书记在中央人口资源环境工作座谈会上指出，要研究绿色国民经济核算方法，探索将发展过程中的资源消耗、环境损失和环境效益纳入经济发展水平的评价体系，建立和维护人与自然相对平衡的关系。

2004 年，国家统计局和国家环保总局成立绿色 GDP 联合课题小组，后又加入发改委和林业局，正在加紧研究适合国情的绿色 GDP 核算体系，用以衡量经济发展过程中付出的资源环境代价。将首先对能源、土地、矿产等自然资源"实物量"的增减情况进行统计。待条件成熟后，再进行绿色 GDP 核算。

2004 年 6 月，国家环境保护总局和国家统计局联合主办"建立中国绿色国民经济核算体系国际研讨会"。会议提出，为落实科学发展观、实现经济社会可持续发展，我国将在未来 3～6 年内初步建立符合中国国情的绿色 GDP 核算体系框架。出席会议的有来自美国、欧盟、联合国、亚行和中国的国内外近百名官员和专家学者。

会议重点讨论了绿色国民核算与科学发展观、绿色国民经济核算的国际经验、建立中国绿色国民经济核算的框架、自然资源与环境核算技术方法等项课题。与会专家指出，建立中国绿色 GDP 核算体系，需要建立一套科学完整的环境统计指标体系。其基本框架可分为自然资源、生态环境、环境污染的 3 个统计指标，科学反映各自的消耗成本及其经济损失。这是一项涉及众多指标、诸多部门的极其复杂的工作。目前，国际上已有 20 多个国家实施绿色 GDP 核算体系，但还没有一个普遍适用的通用做法。我国今年 3 月由国家统计局与国家环境保护总局联合启动"绿色 GDP 研究"项目，确立了总体目标：坚持全面、协调、可持续的发展观，争取用 3～6 年的时间，初步建立符合中国国情的综合经济与环境核算（绿色 GDP）体系框架。国家环境保护总局负责人强调，本次论坛将汇聚国内专家意见，探索出一个可以操作的绿色 GDP 统计办法。

目前，国内从事国民核算体系问题研究的单位主要集中在国务院发展研究中心、中国科学院、北京大学、国家环保总局、中国人民大学、中国社科院等。研究领域与研究方向主要集中在以下几个方面：自然资源环境核算与国民经济体系相互关系的研究；将自然资源环境核算纳入国民资产负债（国民财富）核算的方式及核算途径的研究；将资源环境因素纳入"生产账户"（GDP）的生产方式方法及核算途径的研究；关于"中国综合经济与环境核算体系"的核算模式、核算理论、原则与方法的研究。

1.3 我国在绿色 GDP 研究影响下所采取的若干措施

1992 年 8 月，联合国环境与发展大会之后，中国政府提出了中国环境与发展应采取的十大对策，明确指出走可持续发展道路是当代中国以及未来的必然选择。

1994 年 3 月，中国政府批准发布了《中国 21 世纪议程——中国 21 世纪人口、环境与发展白皮书》，从人口、环境与发展的具体国情出发，提出了中国可持续发展的总体战略、对策以及行动方案。

1996 年 3 月，第八届全国人民代表大会第四次会议审议通过的《中华人民共和国国民经济和社会发展"九五"计划和 2010 年远景目标纲要》，把实施可持续发展作为现代化建设的一项重大战略，使可持续发展战略在中国经济建设和社会发展过程中得以实施。

1998 年制定（1999 年通过）《全国生态环境建设规划》，提出要用 50 年时间，完成一批对改善我国生态环境有重大影响的工程。

2000 年制定《全国生态环境保护纲要》。

"九五"期间，治理污染共投资 3 600 亿元，占 GDP 的 0.93%，比"八五"增加了 2 300 亿元。

2003 年，为全面推动可持续发展战略的实施，明确 21 世纪初我国实施可持续发展战略的目标、基本原则、重点领域及保障措施，保证我国国民经济和社会发展第三步战略目标的顺利实现，在总结以往成就和经验的基础上，根据新的形势和可持续发展的新要求，特制定《中国 21 世纪初可持续发展行动纲要》。

1.4 国内出版的关于绿色 GDP 理论的一些著作

1998 年 8 月，中国环境科学出版社出版《中国环境破坏的经济损失计量：实例与理论研究》。该书是中国社会科学院环境与发展研究中心关于"中国环境破坏的经济损失计量研究"成果的结集。

1998 年 9 月，中国环境科学出版社出版《中国环境污染损失的经济计量与研究》。该书根据 1990 年代初期的数据，对全国环境污染所造成的经济损失进行计算并分析。

1999 年，上海交通大学出版《可持续发展评估》一书，从可持续发展评估的信息需求出发，探讨了环境核算的理论与方法问题，提出了环境核算框架、绿色国民经济总量指标和福利指标的修正方法，并且应用这些理论与方法分析中国可持续发展的状况。

2001 年 9 月，首都师范大学出版社出版《社会变迁与环境问题》，作者洪大用。该书比较全面地介绍了西方环境社会学的发展，认为环境社会学的中心议题应是环境问题。作者结合中国社会转型的实际，提出并论证了当代中国环境问题的"社会转型范式"。

2001 年 11 月，中国环境科学出版社出版《环境经济手段研究》，作者沈满洪。该书基于环境经济手段的效应分析和综合比较，提出了环境经济手段的选择模型和创新思路。

2001 年 12 月，江苏科学技术出版社出版《中国生态资产概论》，王健民、王如松主编。该书围绕自然资源的价值及其相关问题进行了论述。

2003 年 1 月，《环境影响的经济分析——理论方法与实践》。

该书是社会科学文献出版社出版的环境与发展研究丛书之一，丛书已出版：《中国环境破坏的经济损失计量：实例与理论研究》《环境伦理学进展：评论与阐释》《中国自然文化遗产资源管理》。

2 绿色 GDP 概念的提出、演变与发展

20 世纪五六十年代，伴随全球环境资源问题的出现，一些专家和学者逐步认识到单纯用 GDP 指标指导经济增长和发展，具有一定的盲目性，是不可持续的。由此开始探讨并提出绿色 GDP 概念。

2.1 国外专家学者对绿色 GDP 概念的探讨研究

从国内现已查出的资料看，绿色 GDP 概念的提出最早在 1970 年代，当时国外的一些专家学者就开始对此进行深入的研究，陆续提出一些有代表性的观点，构成现代绿色 GDP 概念的理论基础。

2.1.1 从经济增长与生态关系的角度进行研究

1971 年，美国麻省理工学院首先提出"生态需求指标"（ERI），1989 年卢佩托（Rober Repetoo）等人提出净国内生产指标（Net Domestic Product），即"净产出"。他们试图通过测算经济增长和发展与全球资源环境的对应关系，以期了解国内生产总值的弊端，寻求新的解决方案。"净产出"概念的要求是，把现在一些被认为属于"最终产品"的产品和服务转移至"中间产品"，以改进"净产出"的度量。这一原则是大家所肯定的。后来一些经济学家沿此方向提出"抵御性支付"概念，指用来消除、缓和、抵消和避免工业社会增长进程给生活、工作和环境带来的损害的支出。

世界资源研究所（WRI）建议注意被忽视的资产损耗。WRI 认为人们把人造资产作为生产性资本价值化，将损耗从生产价值中扣除。

对于自然资源却没有这样做，由此夸大了净产出和资本形成总量。

2.1.2 注意社会成本的净经济福利概念

1972 年，诺贝尔经济学奖获得者托宾（James Tobin）和诺德豪斯（William Nordhaus）提出净经济福利指标（Net Economic Welfare）。二人认为测量经济增长，应将人类的集中居住地城市制造的各种类型的污染所产生的社会成本从 GDP 中扣除，同时加上一直被忽略的家政和社会义务等经济行为产生的价值。

1990 年，世界银行资深经济学家戴利（Herman Daly）和科布（John B.Cobb）提出可持续经济福利指标（Index of Sustainable Economic Welfare）。他们全面考虑到在经济发展中社会因素所造成的成本损失，包括财富分配不公平，失业率上升带来的损失、犯罪率上升对社会稳定的危害；要求区分经济活动中的成本与效益，指出医疗支出，不能计入对经济的贡献，需要扣除。

可持续经济福利指标被称做是"典型的绿色 GDP"。按此概念要求，需对现行 GDP 从几个方面进行调整：

（1）调整是因为收入不平等。认为根据是，给穷人增加 1 000 美元收入带来的福利增加将多于给富人家庭增加同样多的收入。

（2）补充 4 种服务流，它们被官方忽略。4 种服务流是家庭劳动、现存消费者耐用存量、公共街道和高速公路、公共教育和医疗支出。

（3）调整当前在耐用消费品上的支出。由于提供服务的是全部耐用消费品存量，而不是新买的耐用品所提供，应予以调整。

（4）调整个人消费中大气、水、噪声污染等带来的损失。

（5）调整自然资源的耗竭。

（6）调整环境损失，指污染的长期影响。

2.1.3 考虑生态承载力的生态足迹概念

1996 年，Wackernagel 等学者提出用"生态足迹"指标（Ecological Footprint）。主要考虑维持一定规模的人口和经济活动条件下，所必需消费的资源及吸收废弃物的生产土地面积。该观点按世界 60 亿人口计算，人均生态足迹需要 2.3 hm²；地球生态承载能力 1.8 hm²。再留出 12%的生物生产土地面积以保护地球上其它 3 000 万个物种，则人均生态足迹是 2 hm²。从全球范围来看，人类的生态足迹已超过全球生态承载能力的 30%，人类在耗竭自然资产存量。

1997 年，《自然》刊物发表 Robert Costanza 等 12 位学者的论

文"度量世界生态系统服务和自然资本的价值"，首次系统地设计出测算全球自然环境为人类所提供服务的价值"生态服务指标体系"（ESI）。他们把全球生态系统提供给人类的"生态服务"功能分为17项生态系统服务，包括气体调节、气候调节、对自然干扰的调节、水的调节、供水、土壤形成、土壤维护、营养循环、废弃物吸收、花粉传送、生物控制、避难处、食品生产、原材料、基因资源库、消遣、文化等。上述生态系统服务项目，不包括不可再生的燃料、矿物和大气等内容。并初步测算出生态系统每年提供的服务价值至少为 33 万亿美元（严格说是 16 万亿~45 万亿美元），这是当前的边际值。"生态服务"数值是全球国民产生总值（GDP）的 1.8 倍。

该项研究可以确认的生态系统服务价值的大部分，目前处于市场系统之外。如气体调节（1.3 万亿美元），抗干扰调节（1.8 万亿美元），废弃物处理（2.3 万亿美元），营养循环（17 万亿美元），森林（4.7 万亿美元），湿地（4.9 万亿美元），海洋系统提供了占63%的价值。

该项研究的估价方法采用支付意愿法。即如果生态系统服务提供了价值 50 美元的森林木材生产力的增值，则受益者就乐意为此支付 50 美元；如果森林还提供了非市场的审美的存在价值和保存价值70 美元，受益者也愿意支付这 70 美元。生态系统服务总值等于 120美元，其中进入 GDP 统计的是 50 美元，非市场价值 70 美元。

2.1.4 "绿色国民经济核算"、真实储蓄与"扩展的财富"概念和"可持续发展"观念

在专家和学者之后，一些国际性经济组织介入绿色 GDP 概念的研究，相继提出很有价值的观点。1981 年，世界自然保护联盟发布报告《保护地球》，随之世界银行在 1980 年代初提出绿色核算（green accounting）概念。1987 年，联合国环境与发展委员会在研究报告《我们共同的未来》中提出"可持续发展"的观念。1989 年以后，联合国统计署、环境署与世界银行合作，研究界定环境资源核算的概念，1994 年出版《综合环境与经济核算手册（SEEA）》。

1993 年，联合国统计局和世界银行合作，将环境问题纳入正在修订的国民经济账户体系框架中（UNSD），并最终推出一个系统的环境经济账户（SEEA）。该账户第一次提出同 SNA 一致的解释环境资源存量和流量的系统框架。

1995 年，世界银行首次提出"扩展的财富"概念，"扩展的财

富"由"自然资本"、"生产资本"、"人力资本"和"社会资本"4 大组要素构成。迪克逊指出，国家财富衡量方法要求通常所衡量的经济变量之外，还应当明确地包含环境因素、社会因素和人力因素。这种方法的重点在于自然资源的有用价值或使用价值。学者们认为，这一概念为真实的"财富"及其动态变化，提供了统一标准。

绿色 GNP 是一种新的国家收入估算方法的非正式名称，它针对自然资源损耗和环境退化对收入进行调整，包括衡量开发自然资源的用户成本以及评价污染排放的社会成本。

简短的评论

通过以上的介绍，可以概括地了解国外经济理论界专家学者对绿色 GDP 概念的提出、探讨和研究。绿色 GDP 概念的研究轨迹：

➤ 早期的研究：人们认识到单纯 GDP 理论的盲目性，初步要求考虑经济增长与资源环境损失的关系；随着研究的深入，学者们注意到社会成本问题，指出应扣除污染和财富分配不公、失业率上升和高发的犯罪率带来的损失。

➤ 进入研究后期：理论界提出生态足迹和生态服务指标体系概念。我认为这两个概念相互衔接补充，在研究中吸收了系统论的观点，即将人类社会融入自然界生态系统中，考察了人类社会子系统在自然界生态系统中的位置，或者说自然界生态系统所允许的人类社会子系统的发展（存在）上限。以辩证的发展的眼光看问题，随着人类在经济发展观念上的转变，以及科学技术水平的提高，人类社会子系统在自然界生态系统目前所具有发展（存在）上限也将增加扩大。

在国际性经济组织介入研究后，陆续提出绿色国民经济核算和真实储蓄概念、可持续发展观念和扩展的财富概念。从可持续发展的观念出发，绿色国民经济核算和真实储蓄两个概念紧密相连，最具有政策相关性的绿色国民经济核算总量就是"真实"储蓄，它代表了全部重要资产的净变量的价值。联合国和世界银行于 1993 年最终推出系统的环境经济账户（SEEA）。这样，各国政府就可以依据绿色 GDP 概念和环境经济账户（SEEA）指导本国的经济发展。

2.2 国内经济理论界对绿色 GDP 概念的研究分析

从已查寻到的资料看，国内理论界对绿色 GDP 概念的研究与国外尚存在一定的差距，主要表现在对绿色 GDP 概念的理解和统计指标构建方面。

关于绿色 GDP 概念的研究，就其基本含义而言，可以归纳为两个方面：① 在可持续发展层面上，为解决人类经济和社会发展中出现的环境问题，即解决发展的不可持续性而进行研究，对绿色 GDP 概念进行理论分析；② 为依据绿色 GDP 理论解决具体问题，在统计核算和政策层面上开展研究，进而制定政策。目前，从国内有关绿色 GDP 概念的研究看，基本是围绕这两方面进行。

2.2.1 基于人类社会可持续发展的要求界定绿色 GDP 概念

广义绿色 GDP 概念。持此观点的学者认为，界定绿色 GDP 概念，应考虑未经市场体系而形成的对非经济福利有益的外部经济因素，经修正后，有益于 GDP 增值的部分可纳入绿色 GDP 体系。

（1）考虑资源环境要求对绿色 GDP 概念的界定。有学者提出，绿色 GDP 是指在原有 GDP 的基础上考虑资源与环境因素，对 GDP 指标作出某些修正计算而产生的一个新的总量指标，又称生态 GDP，并给出相应的计算公式：

绿色 GDP＝国内生产净值＋固定资产损耗－生产中使用的非生产自然资产

或绿色 GDP＝（净出口＋最终消费＋资本形成净额＋固定资产损耗）－非生产经济资产净耗减－自然资产降级与减少

也有学者提出"绿色 GDP 是指从 GDP 中扣除自然资源耗减价值与环境污染损失的剩余国内生产总值"。其提出的计算公式为：

绿色 GDP＝GDP－（自然资源耗减价值＋环境污染所造成的损失的价值）

还有学者从投入产出的角度认为绿色 GDP 是 EDP（国内生态产出），其计算公式为：

$$EDP＝GDP－生产资产折旧－环境投入$$

以上公式表达一时期考虑环境投入后的经济产出。

上述观点其共同之处：是基于已有的 SNA 体系核算出的 GDP 的基础上削减 GDP 的获得对自然资源、环境所造成的降级与损失。即绿色 GDP 就是在原有 GDP 的测度中纳入"资源环境"概念。

（2）从可持续发展角度界定绿色 GDP 概念。北京大学光华管理学院雷明博士指出，绿色 GDP 是用以衡量扣除了自然资产（包括资源环境）损失之后的新创造真实国民财富的总量核算指标。它是指在不减少现有资本资产水平的前提下，一国或一个地区所有常住单位在一定时期所生产的全部最终产品和劳务的价值总额，或者说是在不减少现有资本资产水平的前提下，所有常住单位的增加值之和。这里，资本资产包括人造资本资产（厂房、机器及运输工具等）、人力资本资产（知识和技术等）以及自然资本资产（矿产、森林、土地、水及大气等）。

按可持续发展的概念，绿色 GDP 核算可在 GDP 核算的基础上，通过相应的环境调整而得到：① 当前自然资源耗减和环境退化货币价值的估计，这一项目的调整主要指传统 GDP 中未计入的自然资源耗减和环境退化部分；② 环境损害预防费用支出（预防支出）；③ 资源环境恢复费用支出（恢复支出）；④ 由于非优化利用资源而进行调整计算的部分为：

绿色 GDP＝GDP－自然资源耗减和环境退化损失－（预防支出＋恢复支出＋由于非优化利用资源而进行调整计算的部分）

雷明博士对于绿色 GDP 概念的界定，是基于不减少现有资本资产水平的前提下，保持收入水平的可持续性。他的"现有资本资产"是指人造资本资产、人力资本资产和自然资本资产，这与世界银行提出的"扩展的财富"概念基本相同。"扩展的财富"由"自然资本""生产资本""人力资本"和"社会资本"4 大组要素构成。但雷明博士的"现有资本资产"缺少"社会资本"，这似乎是不足之处。在对 GDP 的调整中，也没有加上在资源环境得到改善后的收益部分。

（3）福利 GDP 的观点。西南财经大学研究生院杨森杰认为，该观点是建立在西方经济学家庇古的福利经济思想基础上的。持该种观点的学者将福利 GDP 的计算公式定义为"福利 GDP=现行 GDP＋外部影响因素"，外部影响因素是一种非经济福利，有外部经济因素和外部不经济因素。例如环境污染等问题就是外部不经济因素，应予以扣除。持福利 GDP 观点的学者认为福利 GDP 也可以看成是广义的绿色 GDP，因为他们认为前面论及的绿色 GDP 扣除了不经济的环境污染等影响因素，但是没有考虑与此同时还存在的也是未经市场体系而形成的对非经济福利有益的外部经济因素，也就是说前面的绿色 GDP 修正后没有纳入有益于 GDP 增值的部分。

最典型的可以引起 GDP 增长的外部经济因素主要有两个方面：

① 地下经济活动。其最终产品的产出增加了社会的实际福利，但是由于它的隐蔽性，没有在 SNA 体系中得以反映。福利 GDP 的统计就力图核算出那些所谓地下经济部门即没有在政府注册而从事经济活动的单位的产出。② 闲暇活动的统计。闲暇是衡量人类生活质量的重要方面，它的增加也表明了社会福利整体水平的提高。闲暇活动的核算具体包括：活动内容、活动次数、活动场所（设施的利用）、活动支出、活动的同伴者、满足情况。这一核算指标具有很大的主观性。

2.2.2 从统计核算角度界定绿色 GDP 概念

该观点从统计度量的可操作性的角度认为，在现行国内生产总值中扣除环境污染的损失，即可得到绿色 GDP。政府部门的专家和官员是上述观点的代表。

光明日报刊登采访国家统计局许宪春的文章，许宪春认为绿色 GDP 或 EDP 概念，在联合国综合环境与经济核算体系中，EDP 是核心指标。在国内生产总值中扣除自然资本的消耗，得到经过环境调整的国内生产总值，也就是绿色 GDP（GGDP）；在国内生产总值中扣除生产资本的消耗，得到国内生产净值（NDP）。从国内生产总值中同时扣除生产资本消耗和自然资本消耗，得到经环境调整的国内生产净值，也称绿色国内生产净值（EDP），这就是联合国综合环境与经济核算体系的核心指标。所以这几者的关系可这样来表示：EDP＜GGDP＜GDP。从增长率来说，当环境成本的增长快于 GDP 的增长时，EDP 和绿色 GDP 的增长将低于 GDP 的增长。

湖南省统计局指出，在国内生产总值中扣除自然资本的消耗，得到经过环境调整的国内生产总值，也就是绿色 GDP（GGDP）；在国内生产总值中扣除生产资本的消耗，得到国内生产净值（NDP）。从国内生产总值中同时扣除生产资本消耗和自然资本消耗，得到经环境调整的国内生产净值，也称绿色国内生产净值（EDP），这就是联合国综合环境与经济核算体系的核心指标。所以这几者的关系可这样来表示：EDP＜GGDP＜GDP。从增长率来说，当环境成本的增长快于 GDP 的增长时，EDP 和绿色 GDP 的增长将低于 GDP 的增长。

国家环境保护总局副局长潘岳认为，随着环境保护运动的发展和可持续发展理念的兴起，一些经济学家和统计学家们，尝试将环境要素纳入国民经济核算体系，以发展新的国民经济核算体系，这便是绿色 GDP。绿色 GDP 是指绿色国内生产总值，它是对 GDP 指标的一种调整，是扣除经济活动中投入的环境成本后的国内生产总值。

2.2.3 应用绿色 GDP 概念进行统计核算的困难

国家环保总局副局长潘岳指出，国内外许多专家多年来致力于此项研究，虽取得重大进展，却也存在着不少争论。目前，有些国家已开始试行绿色 GDP，但迄今为止，全世界还没有一套公认的绿色 GDP 核算模式，也没有一个国家以政府的名义发布绿色 GDP 结果。

实施绿色 GDP 核算体系，面临着技术和观念上的两大难点。技术难点，GDP 通常是以市场交易为前提。但如何衡量环境要素的价值呢？环境要素并没有进入市场买卖。砍伐森林卖掉原木，销售价即可纳入 GDP 统计。但导致依赖森林生存的许多哺乳动物、鸟类或微生物的灭绝，这个损失是多大呢？再因为森林砍伐而造成的大面积水土流失，这个账又该如何核算呢？这些野生的鸟类、哺乳动物、微生物与流失的水土并没有市场价格，也没有货币符号，我们不知用什么数据确定其价值。专家们提出许多办法，其中之一是倒算法，按市场成本估算。另外，按市场价格，有的具体项目的环境成本也可以科学推测。例如，滇池污染严重，周围的农田、化工厂是主要污染源，将农田和化工厂的利润汇总总共只有几十个亿。要使滇池水变清，将劣五类水变回到二类水，最起码要投入几百个亿。这样测算，即便不包括滇池内鱼类和微生物的灭绝，也不包括昆明气候变化所造成的影响成本，滇池周边地区几十年经济行为实际造成的是巨大亏损。

观念的难点。实施绿色 GDP，发展内涵与衡量标准发生变化，扣除环境损失成本，一些地区的经济增长数据将大大下降。这会使很多干部想不通，会因此形成诸多阻力。但任何观念的转变都有一个艰难渐进的过程，因为这是一项改革，是使公平与效率"双赢"的一个创新，更是我们社会主义市场经济理论的一次重大升华。可以想见，随着绿色 GDP 的研究和实施，环境的保护或破坏，必成为选拔干部的一项重要标准。

国家环保总局环境与经济政策研究中心曹凤中撰文认为，最重要的一点是改革现行的国民经济核算体系，实行资源环境核算并将其纳入国民经济核算体系。关于资源核算，有几个重要前提：① 要确认自然资源是有价值的；② 要如实地把自然资源看作一种资产、一种财富；③ 要把自然资源的增加量（生长量、新发现量、重估增值量等）当作资本形成，即新增资产来看待；④ 要把自然资源的减少量（开采量、损失量、重估减值量等）当作资本和资产损耗来处理；⑤ 要遵循国民经济核算的一条原则，即在进出口平衡的条件下，生产出来的东西恒等于用于消费和投资的东西，对资源核算的基本思路、框架和方法是先进行实物量核算；然后将资源核算纳入国民经济核算体系。资源核算作为国民经济核算的一个重要组成部分，可以通过国民财富核算、经济产值核算和投入产出核算 3 条渠道纳入国民经济核算体系，在经济产值核算中，一个重要问题是引入了自然资源折耗（类似固定资产折旧）的概念。将资源核算纳入国民经济核算体系，可以明显看出自然资源的丰欠、消长，及其对经济发展的影响。

发表在中国环保网的《绿色总量指标的理论基础和意义》一文指出，绿色总量指标 GDP 的获得和分析，目前有两种途径：

（1）在传统的国民经济账户表中加入反映自然资源和环境的成本信息，通过调整传统的 GDP 得到绿色 GDP。虽然缺少国际通行的转换资源利用和环境退化信息的做法，但一些国家正利用 SEEA 框架建立环境资源（如水、森林、能源等）的卫星账户，作为国民经济核算体系的补充，以对原有国民经济账户进行调整，这样调整后得到的"环境国民经济账户"能进行国内产品和财富的绿色衡量，其中包括 3 种调整账户：

➢ 自然资源账户，通过国民经济平衡账户。连接到国民经济核算体系。

➢ 资源和污染流账户，通过实物形式连接到卫星账户。

➢ 环境费用账户。

（2）利用投入产出技术描述和计算绿色 GDP。其基本方法是考虑环保活动（资源恢复和污染处理），在投入产出表第 1 象限主栏增加资源消耗、污染排放两部门，在宾栏增加资源恢复和废物治理两部门。

从产出方向看，传统 GDP 等于各传统产业最终产品之和，各部门最终产品等于总产品减中间产品，然而各部门在生产过程中不仅生产出了满足自身需要的产品（正效应），而且产生了由生产活动外部不经济性所带来的生存环境损害（负效应），同时，开展环保活动（资源恢复和污染治理）又必须有相应的资源环境消耗，包括进行环保活动而新产生的资源消耗和环境污染等"自然品"的消耗，另外，由环保部门所创造的增加值（新创造价值），应被视为产出新增部分。因此，绿色 GDP 可按下列公式计算：

绿色 GDP=传统 GDP－资源环境损害＋环保部门新创造价值

应用环境经济账户（SEEA），北京大学雷明（1995 年）计算了 1992 年中国经济运行的环境成本。按他的计算，环境成本（包括自然资源耗减、生态破坏和污染损失）约为 1 297 亿元，占当年 GDP 的 4.87%。绿色 GDP 值 25 176 亿元，占 GDP 的 9.5%，EDP 值 21 810 亿元，是 GDP 的 8.2%。

在环境成本核算中，来自经济（自然）资产合作的约为 680.8 亿元，约占整个环境成本的 52.5%；来自非经济（自然）资产使用的约为 616.3 亿元，约占整个环境成本的 47.5%。计算范围包括 8 项自然资源，森林、草地、耕地、煤、石油、天然气、大气和水。

3 关于中国环境破坏经济损失的研究

3.1 国内外的学者和经济组织关于中国环境破坏经济损失研究成果

科学地、准确地判断环境破坏经济损失，是绿色 GDP 概念得以确立的基础。从检索到的资料看，关于中国环境破坏经济损失的研究，国内理论界的研究进展堪与国外相比而毫不逊色。主要表现为，较早地进行了区域性和全国性范围内环境污染损失的测算，政府综合经济研究机构及时介入，大力推动该项研究的深入进行。研究成果受到政府环境保护部门的重视，目前已进入政府综合发展部门的视野，对行政决策产生一定的指导作用。在此，我们向较早地开展关于中国环境破坏经济损失研究，并取得成果的先驱者表达深深的敬意。

国内理论界对环境破坏经济损失的研究，开始于 1980 年代，并且在研究初期，即对环境污染造成的经济损失进行了估算。

1981 年　全国环境经济学术研讨会

研讨会在江苏镇江召开。会上首次发表了关于计算污染损失的论文。有朱济成、王百斌的《水污染的经济损失研究》，该文对北方某城市 1972—1976 年间水污染损失进行了初步测算。认为该市年均水污染损失 3.01 亿元，约占全市 GNP 155 亿元的 2%。

赵贵臣等人的《某化工厂沥青焦生产环境污染经济损失初探》。

研究主要选择一个对照点，一个样本点，测算了样本点上工人直接健康损失。认为在 1970—1979 年期间工人健康损失累计达到 4 258万元。

1982 年　《湘江流域环境预测研究》

曾北危 1982—1984 年期间所开展的湘江流域环境预测研究，估算出全流域污染损失约为 2.77 亿元，占工业总产值的 1.56%。

1983 年　《2000 年中国环境概略预测与宏观环境经济分析》未出版

该项课题将污染损失按大气、水、固体废物、噪声分类，对 1980年全国环境污染损失进行测算，认为当年环境破坏经济损失约为 444亿元，约占当年 GNP 的 9.3%。

1984 年　《公元 2000 年中国环境预测与对策研究》

国家环保局组织，该项课题历时 4 年，动员 1 000 多人参加，首次对全国环境污染造成的损失进行了估算。研究结果认为，1981—1985年期间平均每年损失 381.55 亿元，占 1983 年 GNP 的 6.75%。这项研究所采用的理论和方法，后被以主要完成者过孝民、张慧勤所指代，称为"过-张"模型。

1987 年、1989 年　沈阳市和烟台市污染损失估算

辽宁省环境保护科学研究所的研究表明，沈阳市环境污染损失约占 1987 年沈阳市 GNP 的 2.9%。

烟台市环境保护科学研究所的研究表明，烟台市环境污染损失约占 1989 年 GNP 的 2.2%。这是两项规模较大，结构比较完整的研究，代表了区域一级环境污染损失测算的最高水平。

1992 年　中国环境与发展国际合作委员会会议

会议的一份报告指出，每年污染损失约 950 亿元，其中水污染损失 400 亿元，大气污染损失 300 亿元，固体废物损失 250 亿元，约占国民生产总值的 6.75%。经济损失的结构表现：健康损失约占32%，农业损失约占 32%，工业材料和建筑物损失约占 30%，其他6%。此报告的数值参考了《2000 年中国环境预测与对策研究》的结论，按 1988 年的数据推算得到。

1992 年　《中国环境变化：引起冲突的根源及其经济损失》

加拿大蒙尼托巴大学 V. 斯密尔教授的论文。斯密尔教授在论文中以比较粗略的方法和根据一定的假设，对 1988 年中国环境污染造成的经济损失进行了计算。认为当年经济损失约为 400 亿元人民

币，占 GNP 的比重接近 3%。该文承认结果可能偏低，因为未包括某些项目。

1995 年　中国经济运行的环境成本

北京大学雷明应用环境经济账户（SEEA），计算出 1992 年中国经济运行的环境成本。按他的计算，环境成本（包括自然资源耗减、生态破坏和污染损失）约为 1 297 亿元，占当年 GDP 的 4.87%。在环境成本核算（环境折合费用指应补偿的环境损失）中，来自经济（自然）资产使用约为 680.8 亿元，占整个环境成本的 52.5%；来自非经济（自然）资产使用约为 616.3 亿元，占整个环境成本的 47.5%。计算范围包括 8 项自然资源，森林、草地、耕地、煤、石油、天然气、大气和水。

1996 年　《1990 年代环境与生态问题造成经济损失估算》

社科院环境与发展研究中心向国家环保局提交的研究报告。报告的研究结果：以 1993 年价为基准，当年环境污染损失值约为 1 029.2 亿元，其中，健康损失 334.6 亿元，农业损失 474 亿元，酸雨对建材业的破坏损失 22.5 亿元，水污染对工业的破坏损失 138.1 亿元，其他 60 亿元，约占该年国民生产总值的 3.16%。

1996 年　《中国环境污染损失的经济计量与研究》

国家环保总局环境与经济政策研究中心承担，夏光完成。该项研究结果表明，以 1992 年价为基准，当年环境污染损失值约为 986.1 亿元，其中，水污染损失 356 亿元，大气污染损失 578.9 亿元，固体废物损失 51.2 亿元，约占该年国民生产总值的 4.04%。

1997 年　世界银行《蓝天碧水：21 世纪的中国环境》

世界银行报告认为，据保守估计，中国大气和水污染造成的损失约为 540 亿美元，约占 GDP 的 8%。损失分布：城市大气污染引起的健康损失；室内空气污染造成的健康损失；高水平铅污染对智力和神经系统造成的损害；水污染酸雨对作物和森林的损害。

世界银行研究报告的结论受到中国专家的质疑，经过多次讨论后，报告以注解的方式列出中国专家的意见，并将结果表述为损失占 GDP 的 3%～8%，浮动范围达到 5 个百分点。

3.2 中国环境破坏经济损失研究案例

《中国环境污染损失的经济计量与研究》，国家环保总局环境与经济政策研究中心承担，夏光完成；《九十年代环境与生态问题造成经济损失估算》，社科院环境与发展研究中心完成。两份研究成果均公开出版，下面摘要介绍主要观点和数据。

案例一 《中国环境污染损失的经济计量与研究》研究方法与成果，国家环保总局环境与经济政策研究中心承担，夏光完成。

研究方法 课题运用综合总量分析法。根据我国环境污染的特点，把污染损失分为几大类，考虑各类污染物排放总量和影响人群或区域的范围，借助科学实验得到参数，再根据计算对象的性质，分别测算出分类损失值，最后汇总成全国的损失值。该方法原理清晰，操作性强，可靠性比较高。在课题研究中，将污染物具体分为三大类，即水污染、大气污染、固体废弃物污染。其中，水污染损失划分为人体健康、工业生产、农作物、畜牧业、渔业；大气污染损失分为，人体健康、农作物、家庭清洗和建筑材料腐蚀；固体废弃物损失有土地占用。

研究成果 研究成果说明：因环保总局公布的环境统计公报和环境状况公报未包括乡镇企业数据，所以没有估算乡镇企业所引发的环境污染损失。噪声、放射性等污染损失因难以计量而未进行估算。

表1 我国1992年环境污染损失

环境损失指标	环境损失/亿元	分类环境损失/亿元	环境损失占国民生产总值比重/%	分类损失占比重/%
总计	986.1	—	4.04	—
水污染	—	356	—	36.1
人体健康	—	192.8	—	
工业生产	—	137.8	—	
农作物	—	13.8	—	
畜牧业	—	7.0	—	
渔业	—	4.6	—	
大气污染	—	578.9	—	58.7
人体健康	—	201.6	—	
农业	—	72.0	—	
家庭清洗	—	134.4	—	
衣物	—	10.6	—	
车辆	—	10.7	—	
建筑物	—	9.6	—	
酸雨	—	140.0	—	
固体废弃物占地	—	51.2	—	5.2

案例二 《九十年代环境与生态问题造成经济损失估算》研究方法与成果社科院环境与发展研究中心，徐嵩龄、郑易生等。

研究方法 该项课题认为，研究污染破坏的经济损失，是一个二步法过程。即，第一步确认污染引起的实物型破坏，建立污染状态与被破坏物量之间的剂量反应关系，第二步将实物型破坏量转化为货币量。

研究成果 研究成果说明：因缺乏全面的数据支持和相应的剂量-效应研究，得到的损失值乃是最局限之方法下最保守的估计。

表 2　1990 年代环境污染经济损失部分估算结果（1993 年）

环境损失指标	环境损失/亿元	分类环境损失/亿元	环境损失占国民生产总值比重/%	分类损失占比重/%
总计	1 085.1	—	3.16	—
水污染	326.2	—	—	30.1
人体健康	—	165	—	—
工业缺水损失	—	65	—	—
污水灌溉农作物损失	—	47.4	—	—
渔业损失	—	48.8	—	—
大气污染	171	—	—	15.7
人体健康	—	78	—	—
农业及畜牧业	—	33	—	—
洗涤清扫费用	—	60	—	—
酸雨	288.5	—	—	26.6
农作物	—	16	—	—
森林	—	250	—	—
建筑材料侵蚀	—	22.5	—	—
综合性污染	299.4	—	—	27.6
农业环境污染	—	7	—	—
农产品超标损失	—	42.8	—	—
乡镇企业污染	—	72	—	—
固体废弃物占地污染	—	33.2	—	—
农用化学物质污染	—	144.4	—	—

资料来源：本表的结果由郑易生、李玉浸、钱薏红、王世汶完成。

在上述研究的基础上，郑易生后又在受联合国大学（UNU）资助的"中国可持续发展框架"项目中以"90 年代中期中国环境污染经济损失计算"为题，对 1993 年中国环境污染经济损失研究成果进行了修正，主要是增加了新的损失选项，有水污染健康损失和旅游损失等内容，并以 1995 年价格为准进行计算。

表 3　1990 年代中期中国部分环境污染经济损失估算（1995 年）

环境损失指标	环境损失/亿元	分类环境损失/亿元	环境损失占国民生产总值比重/%	分类损失占比重/%
总计	1 875.1	—	3.27	—
水污染	1 428.9	—	—	76.20
人体健康	—	81.5	—	—
南方水网	—	51.0	—	—
北方农村	—	30.5	—	—
工业缺水	—	750.0	—	—
渔业损失	—	340.6	—	—
农业损失	—	206.6	—	—
旅游业损失	—	50.2	—	—
大气污染	301	—	—	16.05
人体健康	—	171.0	—	—
酸雨对农作物	—	45.0	—	—
酸雨对森林	—	50.0	—	—
酸雨对建筑材料侵蚀	—	35.0	—	—
其他	145.2	—	—	7.74
环境公害	—	2.2	—	—
乡镇企业	—	75.0	—	—
固体废弃物	—	68.0	—	—

资料来源：本表的结果由郑易生、阎林、钱薏红研究完成。

3.3　关于对研究成果的评价、质疑和进一步深入研究的探讨

从评价的角度分析国内外关于中国环境破坏经济损失研究，可以认为在总体思路、方法选择、基础数据选取等方面都还存在一定的问题，需要加以解决。

3.3.1　对研究成果的总体评价

徐嵩龄在《环境影响的经济分析理论、方法与实践》一书中以"中国环境破坏的经济损失"为题，就我国环境破坏经济损失的研究进行了评论和分析，他的观点很有代表性。

他指出，回顾 1980 年代至今关于我国环境破坏经济损失的计

量研究，无疑已取得很大的进展，国内有奠定研究基础的"过-张"模型；国外有世界银行的研究报告《蓝天碧水：21 世纪的中国环境》。但应当承认，在环境破坏经济损失计量的两个极为重要的方面，至今仍处于 1980 年代的水平上，并没有取得突破性进展。

（1）对环境经济损失计量的目的和用途没有明确的认识。从 1980年代以来，这一计量一直以分类加总的结果表示，没有深入考虑环境经济损失计量结果的表达方式和在政策制定中的具体应用。

（2）环境经济损失计量尚不具有充分完备的可计算性。在基础数据选取、计量方法和参数的认证与更新、计算结果的表述诸方面都缺乏规范性。这两方面的缺陷是导致我国环境经济损失研究长期来进展甚缓的决定性因素。

3.3.2 对研究成果的质疑

（1）研究成果的结论相互矛盾。

➤ 过孝民、张慧勤、郑易生、李玉浸等人的研究表明，在我国环境破坏的经济损失中，大气污染与水污染所造成的损失基本相当。

➤ 以世界银行为代表的研究表明，在中国环境破坏的经济损失中，大气污染损失是水污染损失的 12.5 倍。

➤ 郑易生、阎林、钱薏红的研究表明，在我国环境破坏的经济损失中，水污染损失是大气污染损失的 4.8 倍。

研究结果之所以相互矛盾，是因为污染损失计算中存在着方法问题。如对世界银行的研究结论，被批评者质疑为引用美国的支付意愿折算中国的生命价值，存在实际可信性。然而其最大的问题在于计算方法的不统一，在计算大气污染损失时，不同意中国学者的结论而另取他途，在计算水污染损失时又直接引用中国学者的结论。这样，其价值评价就是分立而不统一的。

在郑易生为主的研究中，1993 年水污染损失在环境破坏的经济损失中的比重为 30.1%，1995 年却上升到 76.2%，提高了 46.1 个百分点。但研究人在成果中未对导致水污染比重上升的原因和数据的调整加以说明，这就削弱了成果的说服力和可信度。

（2）产生上述矛盾的原因。

➤ 需解决如何规范污染损失的计算类目。

➤ 如何规范污染损失计算中的各类参数的选择？如说明污染引起的实物型破坏的剂量-响应系数，污染损失货币化过程中的价值与价格参数。

> 如何确定污染所引起的现实性损失和潜在性损失，这在处理"水污染所引起的水质性缺水"时特别重要。

应当指出，在国内外关于污染损失计量的研究，尚未见到这些基本问题的理论性和技术的深入探讨，然而，任何有实际意义的研究必须建立在对这些问题的解决之上。

3.4 对深入研究的探讨

（1）研究应以实现环境经济损失的充分可计算性为目标。表现为，直接由政府的环境部门、资源部门、经济部门和综合研究机构所提供的常规计算数据，依靠规范科学的计算规则与计算参数，计算出环境账户中与环境经济损失有关的各栏目的量值。这样，才能最终解决环境经济损失的计量问题。

（2）环境经济损失计量研究应是多部门参加的多学科的综合性研究。这是因为环境经济损失计量研究，无论在理论上还是在实践上都与广泛的学科领域及众多的政府部门相联系。过去的研究，也具有多部门性和多学科性。但实质是由某一部门或某一学科单独进行的。这样，往往会产生自以为是的误解。恰当的做法是让不同部门和不同学科的研究人员联合进行深入的研究，以求得一致的认识。

4 关于我国绿色 GDP 研究进展的总体评论

4.1 我国开展绿色 GDP 研究的总体评价

从研究的进展看，主要是定性研究（也包括一定程度的定量分析）已取得初步的成果，但尚有不足之处，距离制定政策及政策实施阶段还有很长的路要走。

整体看，在我国以往开展的绿色 GDP 研究中呈现出以下 3 个特点：① 密切跟踪国际上相关研究的发展，起步早，已形成"过-张"模型和一定的研究成果；② 研究机构与政府部门联系紧密，研究成果较早为政府所采用；③ 近年来多个政府部门开始介入该项研究，其中不仅有环保部门和统计部门，最重要的是还有综合管理部门。这表明，关于绿色 GDP 研究已经在国家级层面引起高度重视，待研究成果进一步成熟后，绿色 GDP 概念将向政策制定阶段转化，并进而向政策实施阶段发展。

绿色 GDP 研究进展中的不足之处。① 在研究中没有形成主流共识，研究成果的结论互相矛盾；② 研究中所使用的方法和测算环境破坏的计价标准不统一；③ 研究机构不能为综合管理部门提供经得起科学检验的研究结论包括相关的准确数据，由此导致仅凭借目前的研究成果还难以制定具体的政策。

4.2 关于进一步开展绿色 GDP 研究的预期

党的"十六大"以后，党中央、国务院提出以科学发展观，指导并实现我国经济社会可持续发展的要求。开展绿色 GDP 研究，是转变各级领导干部的观念，贯彻落实党中央、国务院要求的一项具体的体现。通过绿色 GDP 概念为代表的可持续发展观念在干部和人民群众中的推广和普及，可使我国免予陷入单纯追求以 GDP 为代表的社会财富的物质性增长，而不顾环境正在受到严重破坏的误区。

从我国关于绿色 GDP 研究的进展看，下一步的研究，将转向为制定政策进行准备的阶段。在这一阶段，绿色 GDP 研究所遇到的困难将更甚于此前所进行的定性研究。为制定政策做准备，必须依据经得起科学检验的结论和准确的数据。但这是正是目前所缺乏的。在前面各项已有的环境破坏经济损失研究成果，都在备注中提到缺乏科学准确的，能够形成时间序列的数据。这是导致主要研究成果的结论相互矛盾的内在原因。另外，对环境破坏经济损失的估价方法，也需要统一。不能在一项研究成果中，以不同的方法分别计算不同因素对环境破坏所造成的经济损失，然后累计加总，应注意评价标准的统一性。

今后开展绿色 GDP 研究的有利条件是，此项研究已深受重视。胡锦涛总书记在中央人口资源环境工作座谈会上指出，要研究绿色国民经济核算方法，探索将发展过程中的资源消耗、环境损失和环境效益纳入经济发展水平的评价体系，建立和维护人与自然相对平衡的关系。由国家统计局和环保总局联合成立开展相关研究的课题组。此后，国家发改委也已加入。这为研究的开展创造了极为有利的条件。这三个政府部门各有各个的优势，相互联合必将有力推动绿色 GDP 研究的深入开展。

附 录

世界银行报告《扩展财富的手段》摘要

J. 迪克逊

国家财富的组分

古典经济学家们早已认识到土地、劳动力和资本在解释经济增长和国家财富的重要性，但在第二次世界大战之后，国家福利是用国内生产总值（GDP）或国民生产总值（GNP）来衡量的，国家以人均 GNP 水平排序。没有人就支持 GNP 增长的资源基础以及发展是否是可持续这些角度提出问题。

最近，开发出一些新方法以克服 GDP 和 GNP 标准的固有缺陷。其中包括"绿色"国民经济核算和相关概念真实储蓄，绿色国民经济核算同时考虑了可再生资源与不可再生资源的存量及流量的作用。绿色 GNP 是一种新的国家收入估算方法的非正式名称，它针对自然资源损耗和环境退化对收入进行调整。包括：衡量开发自然资源的用户成本——例如，采矿一年造成铜矿价值的改变——以及评价污染排放的社会成本。

从这种衡量经济发展可持续性的观点出发，最具有政策相关性的绿色国民经济核算总量就是"真实"储蓄。它代表了发展所需的全部重要资产的净变量的价值，这些重要资产包括：产品资产、自然资源、环境质量、人力资源和国外资产。绿色国民账户和真实储蓄等标准都为一个国家的经济发展速度和方向提供了重要的政策导向。它们强调国家如何管理以及国家经济增长的来源。

新的国家财富衡量方法要求在通常所衡量的经济变量之外，还应当明确地包含环境因素、社会因素和人力因素。这种方法的重点在于自然资源的有用价值或使用价值。这意味着，至此，自然系统提供的许多重要的生态功能和生命支持功能，以及存在价值和我们从自然中得到的美学快感，都没有人将其当作国家财富的一部分来衡量过。

技术附录——自然资本

自然资本包括一个国家的全部环境遗产。给出的估算结果是以选定的资源子系列为基础得出的，选择标准是其总的重要性和数据的可得性。对某个国家，一些重要的资源可能未被包括在内，这也说明了需要对国家财富进行更细致的估算以供国家一级决策参考。

自然资本估算结果的组分包括农业用地、牧场、森林（木材和非木材的利益）、保护区、金属和矿产以及煤、石油和天然气。对于财富计算结果中包含的所有自然资本的组分而言，都使用世界市场价格，并用一个适当的因子加以调整，以代表贸易价格中的租金。任何自然资源的经济租金（在对具有不同生产力的资源进行比较时，也称为"李嘉图租金"Ricardian rent）是市场价格同时开采、加工和营销该资源所需成本的差值。因此，它代表了开采或收获资源的内在剩余价值。当渔业等资源被过度开发时，租金可能被降低到零（鱼类的全部市场价值都被劳动力和资金的成本所吸收），从而浪费了该资源的自然利润。

➤ 农业用地计算：任何国家其价值基于每公顷土地中 3 种主要谷类（稻谷、小麦和玉米）的平均收益（产量乘以世界商品价格），其平均价格的权重是每种谷物的种植面积。总价值中采用一种针对具体谷物的调整因子，以代表每公顷土地的净经济价值（经济租金）。

➤ 牧场用地计算：按类似方法计算。肉类、羊毛和乳制品按国际价格计算，用适宜的租金率（45%）计算牧场收益。

➤ 森林计算：森林是具有再生潜力的资源。计算林地价值的基础是根据木材租金（价格减去生产成本）计算的圆木产量。在木材产量小于年净增长量的国家，年值按 4% 的贴现率折算成永久值；在圆木产量高于年净增长量的国家，森林同矿产一样处理，年值根据使用期限折算。

➤ 保护区计算：用定义的牧场价值作为保护区最小价值的近似值。

➤ 非木材的森林价值计算：用森林面积的 10% 乘以每公顷非木材的森林价值的估算结果（工业化国家每公顷 145 美元，发展中国家 112 美元）。

➤ 金属和矿产计算：所做的估算是产量、储量、开采速率和开采所得的经济租金的函数。将 1990—1994 年的收益数据进行平滑处理后，用 4% 的贴现率在剩余的资源合作期限进行折算。

➤ 石油、煤和天然气计算：年产量用资源租金的估算结果计算。将 1990—1994 年的收益数据进行平滑处理后，用 4% 的贴现率在剩余的资源合作期限进行折算。

技术附录表 1　国家一级自然资本估算

国家	自然资本	牧场	农业用地	木材资源	非木材森林资源	保护区	地下资产
中国	2 670	100	2 010	90	30	10	420
印度	3 910	90	3 440	50	20	110	210
日本	2 300	120	1 360	220	70	490	40
法国	8 120	1 350	5 210	700	90	700	60
德国	4 150	430	2 100	490	30	750	350
意大利	3 400	430	2 430	110	40	230	160
加拿大	36 590	2 310	9 910	6 230	4 560	6 830	6 750
美国	16 500	2 570	7 210	1 730	410	1 400	3 180
巴西	7 060	1 070	2 740	1 200	960	190	910
智利	14 440	1 100	4 910	1 560	180	1 110	5 580
阿根廷	9 850	3 270	5 200	280	480	100	520
澳大利亚	35 340	7 270	14 150	1 030	2 150	1 650	9 080
埃及	2 360	420	1 540	0	0	70	330
沙特阿拉伯	71 880	330	3 600	—	20	20	67 910
南非	4 200	880	1 790	90	30	80	1 340

注：以上内容摘自国家发展和改革委员会宏观经济研究院课题组《国外有关发展观问题论著选编》。

参考文献

[1]　中国的环境保护. 国务院新闻办公室. 1996.6.

[2]　夏光. 中国环境污染损失的经济计量与研究. 北京：中国环境科学出版社，1998.9.

[3]　胡学锋. 我国工业企业经济效益考核中存在的问题与对策. 数量经济技术经济研究，2001（6）.

[4]　国民经济核算制度改革取得新进展. 中国信息报，2001-11-02.

[5]　杨森杰. 再议 GDP 的修正. 西南财经大学研究生院统计局网站，2001-12-21.

[6]　李双成，傅小峰，郑度. 中国经济持续发展水平的能值分析，2002-01-18.

[7]　许宪春. 解读绿色 GDP. 光明日报，2002-04-29.

[8]　曹凤中. 中国发生持久性环境危机的经济学分析. 中国经济时报，2002-07-16.

[9] 国务院新闻办公室. 西藏的生态建设与环境保护. 2003，3.

[10] 解读绿色 GDP. 湖南省统计，2003-06-02.

[11] 黄志坚. 生态示范区更要重视绿色 GDP. 丽水日报，2003-09-30.

[12] 从亮，郝磊，韩文秀. 关于绿色 GDP 的含义和核算问题. 内部研究资料，2003.

[13] 郑玉歆，等. 环境影响的经济分析——理论、方法与实践. 北京：社会科学文献出版社，2003.

[14] 胡锦涛. 在中央人口资源环境工作座谈会上的讲话. 2004-03-10.

[15] 雷 明. 新发展观下看绿色 GDP 核算. 中国环境报，2004-03-23.

[16] 潘岳. 谈谈绿色 GDP. 中国环境报，2004-04-02.

[17] 专家评析：什么才是"绿色 GDP"？国际先驱导报，2004-04-12.

[18] 中国森林资源核算及纳入绿色 GDP 研究项目启动. 中国信息报，2004-04-13.

[19] "绿色 GDP"地理空间信息集成应用平台框架研究. 内部研究资料 2004.

[20] 雷明. 绿色国内生产总值（GDP）核算. 北京大学光华管理学院.

[21] 绿色总量指标的理论基础和意义. 中国环保网.

绿色 GDP 核算指标的研究进展[*]

修瑞雪[1] 吴 钢[1**] 曾晓安[1*] 孙建国[3] 于德永[1]

（1 中国科学院生态环境研究中心城市与区域生态国家重点实验室
北京 100085；2 中华人民共和国财政部经济建设司 北京
100820；3 中国科学院沈阳应用生态研究所 沈阳 110016）

摘 要：绿色 GDP 指标的测算及国民经济核算体系（SNA）的绿化是当今生态学和经济学研究的热点，对于促进经济、社会、环境的可持续发展具有重要作用。本文从绿色 GDP 的概念和内涵入手，回顾了其提出的背景和理论基础，概述了绿色 GDP 的表现形式和几种广泛应用的指标，并分析了这些指标在国家和城市尺度的应用实践，探讨了绿色 GDP 与其它相关概念的联系和区别，就其研究的主要问题和发展方向提出了一些看法和展望。绿色 GDP 核算中存在的问题还有待于完善。
关键词：绿色 GDP 真实储蓄 可持续经济福利指标 真实发展指标

1 引言

国内生产总值（Gross Domestic Product，GDP）是指一个国家或地区范围内的所有常住单位，在一定时期内生产最终产品和劳务价值的总和（Bartelmus，1993）。中国经济在全球经济衰退年内保持 7%～8%的 GDP 增长率，受到世界各国瞩目。但近 20 多年来中国经济高速发展，城市化和工业化加速，在取得巨大经济成就的同时，也承受着极大的资源和环境压力。人类物质生产过程会对自然环境系统造成破坏（England，1998）。目前世界各国的国民经济核

* 摘自《生态学杂志》，2007 年第 7 期。
1* 国家自然科学基金资助项目（40473054）。
1** 通讯作者 E-mail：wug@rcees.ac.cn。

算，基本都是按照联合国制定的国民经济核算体系进行（Castaneda，1999），它是以国内生产总值 GDP 为核心指标的单一投入产出核算，其核算方式以市场交易为基础。由于对环境资源的利用与对资源的消耗和生态的破坏并没有通过市场交易，使环境资源变成了一种没有价值的免费商品，以致环境核算一直被排斥于核算体系之外。一些经济学家和有识之士开始意识到使用 GDP 来表达一个国家或地区经济与社会的增长和发展存在明显缺陷（Turner 和 Tschirhart，1999）。

从可持续发展角度来看，现行国民经济核算体系的缺陷主要表现为，在评估成本与资本时，国民经济核算忽视了在自然资源方面出现的稀缺（Munda，1997），而这已经危及经济发展所需维持的生产力水平。一些用来维持环境质量的费用被当作国民经济的收入和生产的增加，而实际上这些费用应作为社会的维持成本（Dieter 和 Carsten，1989）。本文从绿色 GDP 的概念和理论背景入手，理顺绿色 GDP 的核算模式，阐明现有案例研究已经开展和尚需设计的核算环节，并对绿色 GDP 核算中存在的问题和发展方向进行探讨。绿色 GDP 可以用来衡量一个国家和区域的真实发展和进步程度，使其能更确切地说明增长与发展的数量表达和质量表达的对应关系（Ekins，2001），符合工业经济向知识经济转轨的当代经济发展的时代特征，将有效地促进资源的高效利用和生态环境的保护，对制定正确的社会经济发展战略，实现环境、经济、社会的可持续发展具有重要意义。

2 绿色 GDP 概念的提出与发展

国民经济核算体系（System of National Accounts，SNA）形成于 1930 年代，西方经济大萧条时期，人们对以自然资源为基础的商品有效需求严重不足，对资源稀缺性的认识并不充分，以此为背景建立的 SNA 体系将资源环境排除在核算体系之外。GDP 作为 SNA 中测算经济产出的中心指标成为应用最广泛的衡量经济增长和社会发展的手段。20 世纪中叶以来，随着对环境保护的重视和可持续发展理念的兴起，很多学者和国际组织开始探索考虑环境要素的经济发展指标（Scott，1956）。

国际上对绿色 GDP 指标的探索开始于 1970 年代，1971 年美国麻省理工学院尝试定量测算经济增长与资源环境压力之间的对应关系，提出了"生态需求指标"（Ecological Requirement Index，ERI）。Leipert 等人（1987）提出在度量经济进步时，应该进行绿色国民经济核算，其中包括经济活动，尤其是引起环境污染的经济活动所带来的负面影响价值，主张从净投资的核算中减去消耗掉的自然资源储备价值。Daly 和 Cobb（1989）提出可持续经济福利指标，该指标明确区分经济活动的损益，进一步考虑了社会成本造成的损失。Pearce 和 Atkinson（1993）基于不同资本可替代的思想，提出"弱可持续性指标"的概念，把"可持续收入"（Sustainable Income，SI）定义为收入扣减住户的防护支出、人造资本折旧和环境资本折旧的余额。世界银行提出以"国家财富"或"国家人均资本"为依据度量各国真实发展水平，把财富的内涵扩展为包含产品资产、自然资源、人力资源和社会资产（World Bank，1997）。

1993 年联合国经济和社会事务部把绿色 GDP 定义为可持续发展的国内生产总值（Sustainable Gross Domestic Product，SGDP），是从 GDP 中扣除自然资源的耗减成本与环境污染损失成本后的国内生产总值。同年联合国统计署在发布的《综合环境与经济核算手册》中首次正式提出了绿色 GDP 的概念：将经济活动对环境的利用作为追加投入看待，从原有的经济总量中予以扣除，得到的经过环境因素调整的产出指标，即生态国内产出（Environmental Domestic Product，EDP）。欧洲统计局认为绿色 GDP 是用自然资源的耗减价值和生态环境的降级成本以及自然资源和生态环境的恢复费用等调整现行 GDP 指标的结果。其中联合国经济和社会事务部提出的绿色 GDP 定义被更多人所接受。

3 绿色 GDP 指标的理论基础和表现形式

3.1 绿色 GDP 指标的理论基础

Pigou（1932）在《福利经济学》中，将福利的概念引入经济学，把福利分为广义的社会福利和狭义的经济福利，经济福利是指在社会福利中可以直接以货币计量的部分。国家的经济福利是个人经济福利的总和，每个人的经济福利等同于所得到的商品和服务的效用，所以国家的经济福利相当于国民收入。社会福利中的非经济福利难以量化和准确计量，需要考虑外部性理论。外部性是指经济活动之间的非市场性作用，当外部影响产生有益的作用，称为外部经济。

国家福利=现行 GDP－外部不经济因素＋外部经济因素

如果现行 GDP 看作全社会微观收益之和，其外部影响因素由于某种原因某些经济活动排除于市场价格机制之外，那么绿色 GDP 的含义就发生了变化，广义的绿色 GDP 既应该包括资源环境的核算，也应该考虑社会因素的影响，其理论公式可以表达为：

广义绿色 GDP＝现行 GDP－资源环境不经济因素＋资源环境经济因素－社会不经济因素＋社会经济因素

3.2 广义绿色 GDP 指标的表现形式

3.2.1 真实储蓄

Hartwick（1977）提出依靠不可再生资源的经济发展在不确定的将来可以维持一个不变的消费流。依据储蓄的一般规律，总资本存量在时间上保持不变是可行的，该定律称为哈特维克法则。总资本存量包括人造资本和自然资本，自然资本包括不可再生资源。Pearce 和 Atkinson（1993）应用哈特维克法则，提出了弱可持续性指标（PAM），PAM 的定义为：

$$PAM = S/Y - \delta_m/Y - \delta_N/Y$$

式中，S 是储蓄，Y 是收入，δ_m 是人造资本的折旧，δ_N 是自然资本的折旧。δ_m 和 δ_N 对发展的贡献能力被看作等同，且只有 δ_m 可以被建立补偿。通过储蓄率和自然与人造指标折旧总额比较，如果所有的储蓄在两种形式资本上再投资，总资本存量保持不变。弱可持续性指标是真实储蓄指标（Genuine Saving, GS）的前身，强调了维持未来福利的基本需要（Hamilton, 1994），但前提是自然资本与人造资本具有完全替代性。如果人造资本再投资充足，那么真实储蓄的非负与环境质量水平保持不变是一致的。

真实储蓄在衡量可持续发展应用中的计算路径为：

总储蓄＝GDP－总消费

广义总储蓄＝总储蓄＋教育投资

净储蓄＝广义总储蓄－人造资本折旧

真实储蓄＝净储蓄－自然资源损耗－环境污染损失

真实储蓄中的教育投资涉及人力资本的核算，其核算范围已经扩展到社会核算的部分内容，其中人力资本的价值等于其未来净收入的现值（Pillarisetti，2005）。真实储蓄为评价国家或区域发展水平的动态变化提供了有力的依据。

3.2.2 可持续经济福利指标和真实发展指标

基于弱可持续性的概念，Daly 和 Cobb（1990）提出了可持续经济福利指标（Index of Sustainable Economic Welfare，ISEW）。可持续经济福利指标考虑了社会因素造成的成本损失，如财富分配不均、失业率、犯罪率等对社会带来的危害等；更加明晰地区分经济活动中的成本与效益，如医疗支出等。1995 年，美国非营利性无党派公共政策研究室（Redefining Progress）继承了可持续经济福利指标的模型建立了真实发展指标（Genuine Progress Indicator，GPI）。可持续经济福利指标和真实发展指标是试图反映经济、社会、环境的全面计量工具，将 GDP 按照与环境、社会和人力资本相关的全部收益和成本进行调整（Neumayer，2000；Lawn，2003），其构成见表 1。

表 1 真实发展指标（可持续经济福利指标）需要调整的影响因素

经济调整因素	环境调整因素	社会调整因素
收入分配	空气污染的代价	家务劳动
个人消费	噪声污染的代价	志愿者服务
消费者的耐用消费品	臭氧损耗的代价	闲暇时间
政府资本	湿地的损失	犯罪的代价
交换成本	农田的损失	家庭破裂的代价
净资本投资	森林的损失	不充分就业的代价
净外资的借与贷	不可再生能源的损耗	交通事故的代价
	其它长期环境危害	
	消除家庭造成污染的代价	

可持续经济福利指标在衡量国家的可持续发展方面得到了广泛应用。Stockhammer 等人（1997）和 Hamilton（1999）分别对澳大利亚过去 40 年的 ISEW 和 GPI 进行了评估，发现 1985 年以前澳大利亚的 GDP 与 ISEW 计算结果接近，但此后随着 GDP 的持续增长，国民福利出现了停滞，二者背离的主要原因是资源环境和家政服务价值的损失。Lawn 和 Sanders（1999）通过重新界定收益和成本，计算了可持续福利净值，提出了最适宜宏观经济尺度的概念。此外，可持续经济福利指标也应用于意大利、智利、泰国等国家的可持续发展评价（Guenno 和 Tiezzi，1998；Castaneda，1999；Clarke 和 Islam，

2005）。Hanley 等（1999）采用经过环境调整的净国内产值、真实储蓄、可持续经济福利指标和真实发展指标等衡量可持续发展的方法对苏格兰的一定时间序列的发展水平进行了评价，由于这些评价方法的侧重点不同，所得到结果存在显著性差异。Costanza 等人（2004）和 Pulselli 等人（2006）在区域尺度将 GPI 和 ISEW 指标应用于城市可持续发展评价，并为经济政策的制定提供了参考。

4 绿色 GDP 与其他相关概念的关系

4.1 绿色 GDP 与生态足迹

生态足迹是一种以土地为度量单位的生态可持续性评估方法（Rees 和 Wackernagel，1996）。主要用来计算在一定的人口和经济规模条件下，维持资源消费和废弃物吸收所必需的生物生产性土地面积（生态足迹），将其与同区域范围可提供的生物生产性土地面积（生态承载力）相比较可以判断区域发展的可持续性（Wackernagel 和 Rees，1997）。生态足迹指标指明了经济和社会的发展对环境的直接依赖关系，采用生产性土地面积测算，便于理解。但生态足迹指标仅对人类需要的一种生态系统服务进行了测算，无法全面地反映资源可持续利用与环境降级方面的信息。绿色 GDP 以货币化为原则，评价环境价值与环境折旧的经济价值，对环境的间接利用价值、存在价值及选择价值更为关注。

4.2 绿色 GDP 与生态系统服务功能评价

生态系统服务是生态系统功能的表现，生态系统功能是生态系统服务的基础（Costanza et al.，1997）。当前对生态系统服务的价值分类，是建立在 Pearce 等人（1989）对自然资本的价值分类研究基础之上的，如图 1 所示。生态系统服务功能的直接价值可以通过市场估值检验；间接价值可以运用基于市场的方法，也可以通过了解人们的支付意愿来评估；而生态系统服务功能的存在价值、遗产价值和选择价值只能通过对消费者偏好的调查获得。

Alexander 等（1998）基于生态系统进入 GDP 账户的可能性出发，通过假定一个在全球经济中拥有所有生态系统的独占者（monopolist），测算其在生态系统市场建立后所能获得的最大收益，来评价未来有可能包含在 GDP 账户中的生态系统服务经济上的逻辑价值。在绿色 GDP 核算中，需要衡量自然资源和环境的价值量，而对生态系统服务的评价，是自然资源和环境价值核算以及生态环境恢复费用核算的重要组成部分（Daily et al., 2000）。以生态系统服务功能评价为平台的绿色 GDP 核算得到了进一步深化，见图 2。

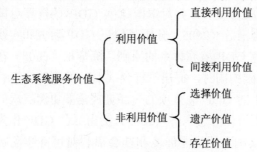

图 1　生态系统服务价值构成

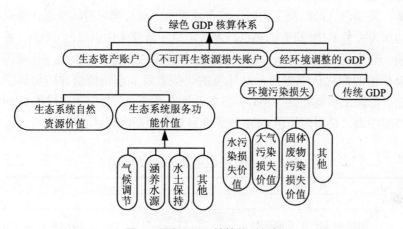

图 2　绿色 GDP 核算体系框架

5 国内绿色 GDP 研究现状

近年来，国内绿色 GDP 的研究也取得了积极的进展，在介绍引进国外的概念和理论方法的基础上，进行了大量理论方面的探讨和实践工作。在资源与环境价值的计算方面，徐衡和李红继（2002）从社会经济统计的角度论述了自然资源耗减价值与环境污染损耗价值的理论与计算实例。李金昌（2002）阐述了国外成熟的环境价值的计量方法和环境产值的核算方法。陈源泉和高旺盛（2003）就生态系统服务价值的市场转换问题进行了探讨，提出了生态系统服务价值转换率的概念，并对国内外生态系统服务市场转化问题进行了分析。

在绿色 GDP 核算理论方面，李健和陈力洁（2005）介绍了绿色 GDP 理论的形成与发展，并对中国绿色 GDP 的核算对策和措施进行了探讨。王金南等（2005）分析了绿色 GDP 研究和实践的障碍，阐述了构建绿色 GDP 核算体系的原则。陈梦根（2005）在介绍绿色 GDP 的理论基础的同时，提出了绿色 GDP 的两种计算思路，指出间接计算思路下的 GDP 调整项的内涵把握需要更深层次的经济理论与核算理论的支持。陈念东等（2005）指出绿色 GDP 作为单一的绿色总量指标，仅纳入了资源环境和社会福利对可持续发展的测度，没有展示不同经济活动与环境要素之间的关系，应就环境—经济核算作进一步的研究与实践。

将绿色 GDP 概念应用于城市或更小区域尺度可持续发展评价成为国内绿色 GDP 研究的热点，表 2 汇总了近年来中国绿色 GDP 计算的一些案例，通过分析，研究模式一般集中在资源耗减价值与环境污染价值的简化计算方面，对环境的一些重要非市场价值评估仍属空白。陈源泉和高旺盛（2007）将农业生态系统服务价值纳入绿色 GDP 核算中来，是国内绿色 GDP 核算实践向更深层次探讨的开端。

表 2　中国绿色 GDP 指标的应用案例

采用指标	文　献	案　例	核算结果/（亿元·a^{-1}）
狭义绿色 GDP			
经过环境调整的国内生产净值	胡毅和张庆红（2003）	新疆巴州地区绿色 GDP 测算	106.16
	陈东景等（2004）	甘肃省张掖市环境经济核算	50.55
	石建平（2004）	福建省绿色 GDP 简化计算	4 108.15
	王德发等（2005）	上海市工业部门绿色 GDP 核算研究	9 217.30
	王立霞和任志远（2005）	山西大同市绿色 GDP 实证分析	131.33
	于谦龙等（2006）	新疆绿色 GDP 的核算与分析	1 095.97
	陈源泉和高旺盛（2007）	延安安塞县农业绿色 GDP 核算	0.005 1

采用指标	文 献	案 例	核算结果/(亿元·a⁻¹)
狭义绿色 GDP			
真实储蓄	张世秋和段彦新（2002）	广州市真实储蓄应用研究	—
	李明等（2004）	基于真实储蓄方法的招远市绿色 GDP	29.423
	张宏华等（2004）	基于真实储蓄重庆市可持续发展评价	64.298
广义绿色 GDP	杜斌等（2004）	应用可持续经济福利指标计算	—
	温宗国等（2004）	应用真实发展指标计算	—
		苏州	6 602
		宁波	2 407
		广州	5 439
		扬州	1 226

6 结语

绿色 GDP 是可持续发展的货币化评价指标。在绿色 GDP 核算中，资源环境资产损失和生态资产价值的评价方法有待进一步的探讨和研究。首先，资源的经济价值和环境的服务价值都具有时间效应，在计算中应予以关注；其次，生态系统服务和资源的边际价格对生物物理量的评估不能反映真正的资源稀缺性和要素互补性等信息，这将成为经济研究方面的核心问题；同时在对城市中的自然资产进行服务功能评估的时候，要注意其与生态系统中的自然资产提供的服务功能有一定差别。

另一方面，采用不同的评价指标和分析方法相结合，评价同一目标，能够从不同的角度对评价对象给出更全面的评价结果。要更好地理解现行自然资本存量和环境服务的价值变化，需要将经济指标与生态和社会指标并列使用，给决策者提供综合的洞察力。在探讨不同指标和方法之间差别的同时，相互借鉴，可以发展新的分析方法和衡量指标，从当前的发展趋势来看，绿色 GDP 核算呈现出跨学科、交叉性的特征，这为国民经济核算改革及评价国家和地区的可持续发展能力开辟了广阔的发展空间。

参考文献

[1] 陈东景，程国栋，李守中，等. 张掖市环境经济综合核算. 兰州大学学报：自然科学版，2004，40（3）：76-83.

[2] 陈梦根. 绿色 GDP 理论基础与核算思路探讨. 中国人口·资源与环境，2005，15（1）：3-7.

[3] 陈念东，金德凌，戴永务. 关于绿色国民经济核算的思考. 林业经济问题，2005，25（2）：109-112.

[4] 陈源泉，高旺盛. 生态系统服务价值的市场转换问题初探. 生态学杂志，2003，22（6）：77-80.

[5] 陈源泉，高旺盛. 基于农业生态服务价值的农业绿色 GDP 核算——以安塞县为例. 生态学报，2007，27（1）：250-259.

[6] 杜斌，张坤民，温宗国，等. 可持续经济福利指数衡量城市可持续性的应用研究. 环境保护，2004（8）：51-54.

[7] 胡毅，张庆红. 新疆巴州地区绿色 GDP 试析. 新疆财经，2003（4）：3-6.

[8] 李健，陈力洁. 论"绿色 GDP"核算体系及其面临的问题. 北方环境，2005，2（1）：1-4.

[9] 李明，王清，吴大千，等. 基于真实储蓄方法的招远市的可持续发展能力评价. 山东大学学报：工学版，2004，10（5）：109-115.

[10] 李金昌. 价值核算是环境核算的关键. 中国人口·资源与环境，2002，12（3）：11-17.

[11] 石建平. 关于绿色 GDP 的简化计算与实证研究. 福建师范大学学报：哲学社会科学版，2004（6）：51-56.

[12] 王德发，阮大成，王海霞. 工业部门绿色 GDP 核算研究——2000 年上海市能源-环境-经济投入产出分析. 财经研究，2005，31（2）：66-75.

[13] 王金南，蒋洪强，曹东，等. 中国绿色国民经济核算体系的构建研究. 世界科技研究与发展，2005，27（4）：83-88.

[14] 王立霞，任志远. 初探绿色 GDP 核算方法及实证分析——以陕西省大同市为例. 地理科学进展，2005，24（3）：100-106.

[15] 温宗国，张坤民，杜斌. 现行 GDP 核算体系的缺陷及其修正——方法学与案例研究. 中国地质大学学报，2004，4（3）：43-46.

[16] 徐衡，李红继. 绿色 GDP 统计中几个问题的再探讨. 现代财经，2002，22（10）：48-53.

[17] 于谦龙，王让会，张慧芝，等. 新疆绿色 GDP 的核算与分析. 干旱区地理，2006，29（3）：445-451.

[18] 张宏华，李蜀庆，黄海凤，等.基于真实储蓄理论的重庆市可持续发展评价. 矿业安全与环保，2004，31（6）：6-9.

[19] 张世秋，段彦新.真实储蓄在城市可持续发展态势诊断中的应用研究——以广州市为例. 中国发展，2002（1）：14-18.

[20] Alexander AM，List JA，Margolis M，et al. A method for valuing global ecosystem services. Ecological Economics，1998，27：161-170.

[21] Bartelmus P. Integrated environmental and economic accounting：Methods and applications. Journal of official Statistics，1993，9：179-182.

[22] Castaneda BE. An index of sustainable economic welfare（ISEW）for Chile. Ecological Econom ics，1999，28：231-244.

[23] ClarkeM，Islam SMN. Diminishing negative welfare returns of economic growth：An index of sustainable economic welfare（ISEW）for Thailand. Ecological Econom ics，2005，54：81-93.

[24] Costanza R，D'Arge R，de Groot R，et al. The value of the world's ecosystem services and natural capital. Nature，1997，386：253-260.

[25] Costanza R，Erickson J，Fligger K，et al. Estimates of the genuine Progress indicator（GPI）for Vermont，Chittenden County and Burlington，from 1950 to 2000. Ecological Econom ics，2004，51：139-155.

[26] Daily GC，Soderqvist T，Aniyar S，et al. The value of nature and the nature of value. Science，2000. 289：395-396.

[27] Daly HE，Cobb JB. 1989. For the Common Good. Boston：Beacon：401-455.

[28] Dieter S，Carsten S. Input-output model for the analysis of environmental protective activities. Economics Systems Reseach，1989，1：203-228.

[29] Ekins P. From green GNP to the sustainability GAP：Recent developments in national environmental economic accounting. Journal of Environm ental Assessm ent Policy and Management，2001，3：61-93.

[30] England RW. Measurement of socialwell-being：Alternatives to gross domestic product. Ecological Econom ics，1998，25：89-103.

[31] Guenno G，Tiezzi S. The index of sustainable economic welfare（ISEW）for Italy. Environm ental Econom ics，1998，131：1-21.

[32] Hamilton C. The genuine progress indicator methodological developments and results from Australia. Ecological Economics，1999，30：13-28.

[33] Hamilton K. Green adjustments to GDP. Resource Policy, 1994, 20: 155-168.

[34] Hanley N, Moffatt I, Faichney R, et al. Measuring sustainability: A time series of alternative indicators for Scotland. Ecological Econom ics, 1991, 28: 55-73.

[35] Hartwick JM. Intergenerational rents and the investing of rents from exhaustible resources. Am erican Econom ic Review, 1977, 67: 972-974.

[36] Hartwick JM. National wealth and net national product.Scandinavian Journal of Econom ics, 1994, 96: 253-256.

[37] Lawn PA, Sanders RD. Has Australia surpassed its optimal macroeconomic scale? Finding out with the aid of "benefit" and "cost" accounts and a sustainable net benefit index. Ecological Econom ics, 1999, 28: 213-229.

[38] Lawn PA. A theoretical foundation to support the index of sustainable economic welfare(ISEW), genuine progress indicator(GPI), and other related indexes. Ecological Economics, 2003, 44: 105-118.

[39] Leipert C. A critical appraisal of gross national product: The measurement net national welfare and environmental accounting. Journal of Economics, 1987, 21: 357-373.

[40] Munda G. Environmental economics, ecological economics, and the concept of sustainable development. Environm ental Values, 1997, 6: 213-231.

[41] Neumayer E. On the methodology of ISEW GPI and related measures: Some constructive and some doubt on the"Threshold"hypothesis. Ecological Econom ics, 2000, 34: 347-361.

[42] Pearce DW, Atkinson GD. Capital theory and the measurement of sustainable development: An indicator of weak sustainability. Ecological Economics, 1993, 8: 103-108.

[43] Pearce DW, Markandya A, ReidWV, et al. Blueprint for a Green Economy. London: Earthscan: 1989, 1-20.

[44] Pigou AC. 1932. The Economics of Welfare. London: Macmillan & Co.: 16-24.

[45] Pillarisetti JR. The World Bank's "genuine savings" measure and sustainability. Ecological Econom ics, 2005, 55: 599-609.

[46] Pulselli FM, Ciampalini F, Tiezzi E, et al. The index of sustainable economic welfare(ISEW) for a local authority: A case study in Italy. Ecological Econom ics, 2006, 60: 271-281.

[47] ReesW, Wackernagel M. Urban ecological footprints: Why cities cannot be sustainable and why they are a key to sustainability. Environm ental Impact

Assessment Review，1996，16：223-248.

[48] ScottA. National wealth and natural wealth. Canadian *Journal of Econom* ics and Political Science，1956，22：373-378.

[49] Stockhammer E，Hochreiter H，Obermayr B，et al. The index of sustainable economic welfare as an alternative to GDP in measuring economic welfare：The result of the Austrian（revised）ISEW calculation，1955-1992. Ecological Economics，1997，21：19-34.

[50] Turner P，Tschirhart J. Green accounting and the welfare GAP. Ecological Economics，1999，30：161-175.

[51] WackernagelM，ReesW. PercePtual and structural barriers to investing in natural capital：Economics from an ecological footprint perspective. Ecological Econom ics，1997，20：3-24.

[52] World Bank. Expanding the measure of wealth：Indicators of environmentally sustainable development. Environm entally Sustainable Development Studies and Monographs Series，1997，17：24-34.

绿色 GDP 核算：争议与未来走向[①]

高敏雪

（中国人民大学统计学院　北京　100872）

摘　要: 鉴于中国发展所面临的问题，近年来绿色 GDP 核算成为国内各界关注的一个重大热点课题，围绕其应否核算、如何核算形成了各种争议。本文从不同角度对围绕绿色 GDP 核算形成的各种观点进行了较为全面的剖析和评论，认为不同观点背后，有炒作和急于求成的成分，也反映了不同学科、不同部门之间的视角差异。在剖析和总结基础上，本文提出了未来进行绿色 GDP 核算的若干基本要点。

关键词: 绿色 GDP　争议

1 引言

伴随经济发展过程中资源环境问题的日益突出，以及对可持续发展理念认知程度的不断提高，将资源环境因素引入传统国民经济核算体系进行综合环境经济核算，在 20 世纪末就已经成为国际性前沿研究课题，既吸引了越来越多民间科研机构的参与，也受到国际组织和各国政府官方部门越来越多的关注。

中国面临持续高速的经济增长以及日益严峻的资源环境问题，中国以政府为主导的经济社会宏观管理中一直比较依赖以 GDP 为核心的国民经济核算体系，中国近年开始了向以科学发展观为理念的新发展模式的转变，在这种种背景之下，引入国际倡导的综合环境经济核算体系，探索所谓绿色 GDP 的核算和应用，就成为带有一定政治性、事关中国未来发展前景的大课题。

[①] 摘自《中国环境与发展评论（第三卷）》，2007 年。

　　如果把这一进程做一个区分，大体可以包括以下几个阶段。第一阶段是较早时期专家学者在一些专业报刊上的介绍引进和初步估算，主要目的是在专业领域内引起关注，使以 GDP 为代表的传统国民经济核算体系的缺陷以及绿色 GDP 核算设想进入国内各方视线；第二阶段是一些具有公共知识分子背景的专家学者面向社会公众以及在一些参政议政的特定场合发出呼吁，最具标志性行动就是在各级"两会"上提出议案，这些呼吁为将环境经济核算以及绿色 GDP 这样一个专业性研究课题转化为政府管理部门的管理工具，初步搭起了桥梁，对政府部门采取行动产生了很大的促进作用；第三阶段是在政府部门主导下开始探索的阶段，从 2004 年开始，在科研机构专业人员的技术支持下，国家环保总局与国家统计局联合启动针对污染的环境经济核算项目，国家林业局与国家统计局联合启动基于森林的资源经济核算项目，水利部与国家统计局拟联合启动水资源核算项目，国土资源部与国家统计局拟联合启动有关矿产资源的核算项目，此外还有地方政府部门和科研机构采取的行动。

　　出于对中国发展前景的高度关怀，各方对绿色 GDP 核算寄予厚望，希望能够即可将其应用于现实管理。但是，由于这一切都是在相对较短的时间内发生的，没有足够时间对相关问题予以充分消化和研究，由此在认识层面以及实施操作层面均出现了这样那样的问题，使绿色 GDP 核算充满了争议。

　　仔细考察这些争议，其中不乏炒作的成分，因为绿色 GDP 一方面关系到科学发展观这个近年倡导的新理念；另一方面关系到 GDP 这个应用甚广、广受关注的敏感指标，在宏观层面是一个很好的"话题"，可以在很宽泛的人群中找到说话者。那些经常在公众前露面的人需要对此发表一下自己的看法，那些代表相关利益的人也要发出自己的声音，而且，为了出语惊人，发言者常常抓住一点即发挥到极致，赋予绿色 GDP 以浓烈的个人色彩，这就使整个争议显得更加扑朔迷离。

　　但是，绿色 GDP 不仅仅是一个可助谈资的公共话题，更是一个牵涉到理论、管理和统计方法的重大课题。拨开炒作的面纱仔细观察，我们便可以看到一些实质性的东西：争议的背后，映射出主观期望与实施可行性之间的矛盾，映射出传统经济学与资源环境经济学之间的学科障碍，也在一定程度上映射出不同管理者为实现自己管理目标的"实用主义"心态。

本文试图从绿色 GDP 及其核算的基本要点出发，对近年发生的争议以及争议中出现的不同观点进行分析，钩沉从争议中逐步获得的共识，在此基础上勾勒绿色 GDP 核算的未来走向。

2 绿色 GDP 核算涉及经济和资源环境两大领域，跨越了不同学科，牵涉到市场和行政不同机制，在理论定义和实施方法上均处于探索之中，这就为争议埋下了伏笔

绿色 GDP 的定义基础是 GDP，其思路可以归纳如下：① GDP 是国民经济核算的核心指标，用于反映经济活动产出成果，也是传统上衡量发展的基本指标；② GDP 计量过程中只考虑了经济成本，没有考虑资源环境成本，由此造成了经济成果的偏高估算，非常易于引导经济体系的决策者片面追求经济发展、破坏资源环境，使发展不可持续；③ 为了纠正 GDP 衡量发展的偏误，需要将资源环境因素纳入 GDP 计量之中，即，在 GDP 基础上扣减资源环境成本，得到经过资源环境因素调整的 GDP，按照通俗的称呼就是绿色 GDP。

尽管上述逻辑非常清晰，但要对绿色 GDP 在概念上给予充分论证、在核算方法上落到实处，却远非易事。以下将概念定义和核算方法确定中所存在的难点列举如下，事实上，许多争议的根源正在于这些难点。

（1）GDP 核算是国民经济核算的组成部分，核算对象基本限于经济活动①。将资源环境因素引入，绿色 GDP 核算作为综合环境经济核算的组成部分，其对象跨越了经济和资源环境两个不同领域，由此面临的基本问题是：我们是否已经明了不同资源环境变化与各类经济活动发生之间是如何对应的？从 GDP 到绿色 GDP，要从中扣减的资源环境成本到底应该包括哪些内容？遗憾的是我们还不能给出全面肯定的回答。

（2）GDP 以及整个国民经济核算都是建立在传统经济学尤其是宏观经济学基础上的。在传统经济学中，资源环境不是经济体系的基本生产要素，其变化一般只解释为外部效应的结果。如今核算绿色 GDP，要将资源环境因素作为经济活动的基本投入要素看待，显

---

① 即使涉及一些与资源环境保护有关的活动，也是将其作为经济活动看待的。

然这已经突破了传统经济学的基本设定。于是出现了这样的问题：绿色 GDP 以及综合环境经济核算的理论基础是什么？尽管已经存在资源经济学、环境经济学等分支学科，但其主要目标是借助经济学方法进行资源环境管理，似乎还难以取代传统经济学作为绿色 GDP 核算的理论基础。

（3）GDP 以及整个国民经济核算是针对市场经济体制而设计的，在核算范围、核算方法的确定方面，市场特征非常明显，尤其是其中的估价方法，要以市场价格为基本要旨。但在当前经济现实中，市场架构中主要是产品和劳动、资本等生产要素，大部分资源环境要素进入经济体系并非遵循市场交换规则，而是要依赖于行政管理手段，比如法规、税费机制等。由此给绿色 GDP 核算带来的难题是：如何将两种机制下存在的事物和发生的现象融合在一起？我们能够将市场方法延伸到资源环境的计量吗？最突出的表现是资源环境的估价。

（4）GDP 是一个体现不同角度复合定义的指标，其核算方法涉及生产、收入、支出 3 个维度，由此延伸出去，就是整个国民经济核算体系。因此，GDP 不是孤立存在的，它处于国民经济核算这个数据金字塔的顶端，其核算要依赖于整个国民经济核算的支持。将此原理应用于绿色 GDP，也涉及如何处理绿色 GDP 核算与综合环境经济核算的关系问题。即：我们到底是要做综合环境经济核算还是仅仅作绿色 GDP 核算？依据现有数据基础是否应该进行、是否能够实现绿色 GDP 核算？

3 关于绿色 GDP 核算的基本认识，形成了具有或"左"或"右"色彩的不同观点

围绕绿色 GDP 核算的争议是多种多样的。以下拟从对绿色 GDP 核算的基本认识出发，对摆脱观点予以剥离，分析其中的合理成分与不合理之处，以便获得更清楚的认识。

3.1 几种反对意见

关于绿色 GDP 核算，一直存在着反对意见。

第一种反对的声音认为，中国人均 GDP 刚刚达到 1 000 美元，目前面临的主要问题是发展经济，关注资源环境是人均 GDP 达到 3 000 美元水平时的课题，因此讨论绿色 GDP 还为时尚早。这当然

是一种过时的思维方式。因为资源环境问题与经济发展问题已经不是脱节的，而是联系在一起，现实已经容不得我们走发达国家先污染后治理的老路，必须要在发展经济的同时解决资源环境问题。

第二种反对的声音认为，中国 GDP 是多少还是一个问题，怎么能够进行绿色 GDP 核算？显然，这种观点并非真的反对绿色 GDP 核算，而是认为在现实 GDP 核算基础上难以进行绿色 GDP 核算，是把对 GDP 的情绪带到了绿色 GDP。确实，近年围绕中国 GDP 数据质疑不断，中国 GDP 核算还有待进一步改进，但这并不能成为反对绿色 GDP 核算的理由，因为，进行绿色 GDP 核算探索与完善 GDP 核算是并行不悖的，绿色 GDP 核算并非要取代 GDP 核算，而是着眼于资源环境与经济发展的关系，通过与 GDP 数据体系的对比，指示出可持续发展的方向和程度。即使现有 GDP 核算不尽如人意，它作为反映经济状况的数据体系，仍然可以作为比较的基础。

第三种反对意见认为，绿色 GDP 核算在国外还没有一个完整成功的案例，许多外国专家都反对进行绿色 GDP 核算，在此情况下我们如何能够奢谈绿色 GDP 核算？这种看法也存在可商榷之处。第一，目前世界各国在倡导实施综合环境经济核算方面都没有异议，但是否针对 GDP 进行总量调整得到一个"绿色"GDP，确实存在争议，然而，有争议意味着有人支持、有人反对，并不是所有人都反对。第二，许多来自发达国家的专家确实对 GDP 总量调整持有反对意见，但问题是这些国家没有面临中国这样严峻的经济发展—资源环境矛盾，其管理模式决定了无需应对政府管理层面对绿色 GDP 的强烈诉求。第三，我们应该尊重和学习国际经验，但也不能以缺少国际经验为由而束缚自己，根据中国实际情况进行专题绿色 GDP 核算研究，所形成的成果无疑将为该国际前沿领域研究增加来自中国的经验。

3.2 过度期望中的认识误区

如果否定那些反对的声音，是否就意味着支持绿色 GDP 核算的观点就是完全合理的？实际上，在各界对绿色 GDP 的强烈期待中，仍然存在着以下几种认识误区。

误区之一 发展中出现了严重的资源环境问题，原因就在于没有核算绿色 GDP；只要算出绿色 GDP，就会出现一片碧水蓝天，解决发展中的资源环境问题。事实当然不是如此。统计只是生产信息，其职能是设计相应指标搜集数据指示出发展的现实状况，为决策提供依据，却并不能替代发展中的各种管理决策。要实现科学发展观，固然需要新的统计指标（比如绿色 GDP），但它也仅仅作为一个指示器存在，可持续的发展仍然要通过一项一项具体行动来实现。

误区之二　是否进行绿色 GDP 核算，只是一个认识问题，只要我们认识到绿色 GDP 核算的重要性，统计部门就可以马上给出数据来。事实上，到目前为止，这在一定程度上还只是需求方的"一相情愿"，没有考虑到统计方法上的可行性。回想 GDP 的推广过程，从 1930 年代开始研制，直到 80—90 年代才形成成熟的核算方法，在世界范围内得到广泛应用。如今我们面对绿色 GDP 核算，如何将资源环境这些市场之外存在的要素纳入其中，在概念定义、核算方法、数据基础等方面均存在着巨大障碍。比如，我们还无法清楚地界定某一行业的经济活动会产生什么资源环境效应、在多大范围内产生这样的效应；还无法明确地在市场之外赋予某种资源功能一个货币价值。在此前提下，绿色 GDP 核算只能是探索性的，还难以当作一个成熟的指标应用，尤其难以作为一个业绩考核指标应用。

误区之三　只有绿色 GDP 才能反映可持续发展，有了它就无须其他指标，如果算不出来也没有其他指标可以代替。事实上，对于反映可持续发展来说，绿色 GDP 是一个重要的指标，但不是唯一的指标。比如，反映可持续发展的潜力，财富及其增长率是一类非常重要的指标，将绿色 GDP 与其配合起来使用才能全面地反映可持续发展全貌；再如，绿色 GDP 是一个经过多方加总后的综合性指标，应用于可持续发展管理，需要与其他包含具体信息的指标配合起来使用，比如单位 GDP（或行业增加值）的资源消耗（比如能源）和污染物排放（比如二氧化硫），在绿色 GDP 核算短时间内难以实现的情况下，这些具体指标即可作为衡量可持续发展的指标加以应用。在此意义上，我们应该将绿色 GDP 核算作为一个泛指看待，它代表衡量可持续发展的各种指标的核算，代表整个资源环境经济核算，而不仅指对 GDP 做加减得到一个单一总量指标。

3.3 稳健态度中隐含的保守倾向

面对各方的强烈需求，主管绿色 GDP 核算的统计部门一直处于守势，更多的是在强调进行绿色 GDP 核算所面临的困难和不确定性，由此给人以比较保守的印象。

这不仅是中国政府统计部门的基本态度，事实上，各发达国家以及国际组织的统计部门都在不同程度上对绿色 GDP 核算持谨慎态度，其中体现了统计部门作为数据信息生产者所一贯秉承的客观、严谨的工作作风……要对所提供数据的可靠性负责。面对绿色 GDP 核算这一充满探索性又十分引人关注的课题，统计部门不仅要考虑必要性，更重要的是要考虑可行性；工作的中心可能不是绿色 GDP 数据结果本身，而是绿色 GDP 核算的方法研究和基础建设，比如统计部门一直强调进行资源环境经济核算，而不单纯强调绿色 GDP 核算，因为没有前者，后者不可能实现。可以说，这样的"保守"是非常必要的。

但是，在统计界，尤其是具体从事国民经济核算的专家，面对绿色 GDP 核算，还存在另外一种倾向，即过分强调 GDP 以及整个国民经济核算自身的科学性，并以此为理由拒绝、否定绿色 GDP。为什么出现这样的倾向？概因国民经济核算具有明确的经济理论基础，其内容环环相扣、相互联系，在形式上是一个非常完美精巧的体系，在核算方法上已经非常成熟。由于资源环境因素的介入，破坏了国民经济核算体系的完整性，GDP 核算的一套成熟方法由此受到冲击，这可能是长期从事国民经济核算并迷恋其完美性的专家所难以接受的。

这样的态度当然是不可取的。我们必须谨记统计核算的目的是要为管理服务，并要历史地看待国民经济核算以及 GDP 的作用。回顾历史，国民经济核算作为 20 世纪的重大社会发明成果，是适应 30 年代开始的宏观经济管理需求而产生的，它本身也经历了一个不断探索发展完善的过程。时代发展到今天，管理的目标模式发生了变化，国民经济核算必须变化，才能适应可持续发展对统计的需求。要变化必须有创新。在创新的初期，或许会破坏原有的"完美"，但从统计的根本目标出发，创新带来的不完美仍然要优胜于过时的完美，只有创新之后的不断完善，才能使核算达于一个新的高度。何况从当前阶段看，进行综合环境经济核算并不是要取代国民经济核算，不是要用绿色 GDP 取代 GDP，并不影响国民经济核算作为一个成熟体系的继续使用。在此前提下的研究探索应该说是有百利而无一害的。

4 如何将绿色 GDP 核算付诸实施，同样存在不同观点

即使解决了基本认识问题，在如何具体实施绿色 GDP 核算上依

然存在着不同思路。这些争议可能与核算实施者所涉及的不同学科基础有关，也在一定程度上折射出了实施者在不同管理目标下的实用主义心态。

4.1 核算组织实施的不同模式

如何进行绿色 GDP 核算？这是一个大而难的题目。从组织实施的步骤上说，尽管起初许多人期待一下子拿出一个完完整整的绿色 GDP，但经过一段时间的讨论，一个共识已经初步形成：限于各方面的条件，短期内不可能进行全面的绿色 GDP 核算，比较有建设性的实施步骤是：要先区分不同领域进行专题性核算，而且要先以课题研究的方式进行探索。可以说，中国近几年绿色 GDP 核算的实施正是建立在该共识基础上的。

谁来实施绿色 GDP 核算？尽管初期有许多部门、机构跃跃欲试想在这个热点课题上施展拳脚以拔头筹，但最终形成的认识是，这不是一项靠统计局发几张调查表进行汇总加工就能实现的工作，也不是单靠某个资源环境管理部门组织几个专家进行简单匡算就能够完成。因为，绿色 GDP 核算跨越经济和资源环境不同领域，其中包含着各个领域特有的技术经济问题和管理问题。因此，采取统计部门和资源环境主管部门合作、吸收院校科研机构学者专家作为技术力量参与的方式，相互补充、相互协作，无疑是较好的选择。

统计部门之所以要参与其中，不仅因为统计部门是政府统计数据的官方发布者，还因为它是经济统计和国民经济核算数据的编制者，有了它们，才能保证纳入其中的资源环境因素能够与原有经济核算原理相契合，保证核算结果的科学性。

之所以离不开各个资源环境领域的主管部门，一方面是因为它们最了解资源环境管理中的科学技术问题，最了解实施资源环境管理的目标和机制，因此便于实现绿色 GDP 核算与政策管理目标的结合；另一方面是因为在资源环境管理部门，已经程度不同地建立了有关资源环境及其经济活动的统计体系，形成了大量来自调查和科学测量的数据，在实际管理运作过程中已经积累了大量经验性成果，比如森林清查数据和林业经济统计数据、矿产资源调查数据和矿业统计数据、土地用途变更登记调查数据、污染物排放的企业申报数据和科学监测数据，以及有关资源和污染损失价值评估的研究方法和实际数据，这些构成了实施绿色 GDP 核算的技术数据基础。

4.2 核算实施中不同学科观点的折射

以 GDP 为中心的国民经济核算是以传统经济学为基础的并与宏观经济管理相契合，如何将资源环境因素加入其中形成资源环境经济核算以及绿色 GDP，必须要从资源经济学、环境经济学、生态经济学等具有技术经济性质的交叉学科中寻找理论依据，解决具体核算过程中遇到的经济技术问题也要在一定程度上依赖这些领域研究的经验成果。但是，这些交叉学科理论是否与传统经济学相衔接？各领域的实际管理经验是否与经济管理处理方法相兼容？来自各领域的微观经验数据能否作为宏观核算的技术参数？由此导致绿色 GDP 核算各方参与者的不同观点。

以污染为例。污染是环境经济学的主要研究对象，主旨是将污染问题纳入传统经济学框架中进行分析，以经济手段实施污染控制管理，其中所应用的一个重要工具就是估算污染带来的经济损失，作为经济活动通过污染所引起的外部成本，或者反过来作为实施环境保护行动带来的效益（避免的损失）。但是，能否将污染损失估算方法运用到宏观进行绿色 GDP 核算？从概念上说，污染损失主要是从受体角度进行的计量，衡量在被污染的环境里存在的人和物之能力的损失，由于从排放到污染再到经济损失发生，其间在时间和空间上存在着严重的不对应，因此难以将其与当期经济活动的废弃物排放直接对应起来；从内容和估算方法上说，污染经济损失应该包括哪些内容，如何建立其明确的排放—污染—损失对应关系，如何将不同要素损失货币化，从目前的开发程度看，在这些问题的处理上均存在较大的不确定性，与国民经济核算所遵循的惯例有较大的不一致。因此，尽管环境经济学特别看重污染经济损失价值的估算，将其视为把污染纳入经济体系的首选手段，但站在国民经济核算角度看，环境经济核算在概念上却无法直接容纳这样估算的经济损失，一般只是将其作为环境退化价值的替代估算方法之一，而且是作为不太可靠的最后替代方法来看待[①]。

资源价值评估也存在类似的问题。尽管资源经济学和资源管理特别关注资源价值评估，但从国民经济核算角度看，资源价值评估与资源环境经济核算中的资源估价并不完全相同。比如，资源价值

---

① 比如，国民经济核算关于资产的定义中不包括人力资本，因此概念上无法将人力资本损失纳入其中。

评估常常是针对具体项目进行的，其中常常包括经济、生态、社会等不同功能效益，这样的微观评估结果可能难以简单作为宏观资源环境经济核算的估价基础。

4.3 不同管理目标下的不同核算思路

核算是为管理服务的，但如何服务，怎样服务，却是一个大问题。不同需求者可能有不同期待，同一个需求者站在不同角度可能形成不同的期待。

绿色 GDP 的基本思路是从传统计算的 GDP 中扣除资源环境成本，用形象化的语言表述就是"做减法"。这样的思路特别符合环保部门进行绿色 GDP 核算的需要，因为，它所期望的就是要把经济活动排放污染物带来的环境外部成本纳入其中，而且，在一定意义上说，它希望扣除的部分要充分大，保证绿色 GDP 显著地小于 GDP，以利于警醒有关方面关注环境保护的重要性。

但是，这样的减法操作却不一定适合林业部门的需求。在林业部门，对绿色 GDP 核算的期待可以概括为两个相互联系的方面：第一希望显示森林的重要性，第二希望显示林业的重要性。如何显示其重要性？鉴于自 20 世纪末以来，中国林业发展战略已从采伐转向保护，政府在森林保护方面已经投入了相当的人力财力，因此，林业部门想要显示的，可能不是森林砍伐带来的负面影响有多大，而是所采取的保护行动取得了多少正向效应，林业部门为此作出了多大贡献。采用扣减的思路核算关于森林的绿色 GDP，显然无法满足上述需求，它所需要的主要不是做减法，而是"做加法"，即，要在经济价值之外考虑森林的生态功能，因此需要突破传统经济核算主要从经济角度入手反映森林价值和林业贡献的做法，将森林的生态功能和林业保护活动的生态效应纳入核算之中。这就是说，它希望得到的绿色 GDP 不是一个缩小了的 GDP，至少其林业增加值不应该缩小。

为什么会形成不同思路？仔细考察这两个案例可以看到，第一，与核算对象的性质有关。针对资源的核算肯定不同于污染核算，在各种资源中，森林可能是唯一可以通过人工再生然后形成生态效应的资源类别，因此也是唯一有可能在核算中"做加法"的资源类别。第二，与各个部门实施核算的不同动机不无关联。在上述案例中，环保部门之所以希望把环境成本算得充分大，是因为它想以此表明环境污染对经济发展的负面影响，并作为论证在环保方面加大投入的依据，以此凸显加强环保部门职能的重要性；林业部门之所以持有相反的态度，原因在于它希望显示一段时期以来保护森林的业绩。试想，如果将场景加以转换，环保部门想显示业绩，那么，它对核算结果大小的期待无疑就会发生变化。

不同部门推动绿色 GDP 核算确实存有不同的动机和目的，这是把核算应用于管理所难以避免的，但随之就有可能使核算带有一定的倾向性。为控制部门倾向性对核算科学性的影响，统计部门的参与显得很重要，是保证核算结果的科学性、客观性的重要制衡力量。

5 认识在争议中不断进步，由此转化成进行绿色 GDP 核算应该恪守的若干基本原则

以上分门别类对近几年间围绕绿色 GDP 核算所形成的不同看法进行了总结和剖析。非常令人高兴的是，按照时间纵轴观察可以发现，伴随争论，各界关于绿色 GDP 的认识在逐渐清晰、理性，并在许多方面形成了一致的意见。以下拟总结已取得的共识，并提出推进未来绿色 GDP 核算应该把握的若干基本要点。

（1）绿色 GDP 核算事涉可持续发展的实施和度量，在中国目前背景下，必须坚持去做。资源环境与经济发展的矛盾从来没有如今这样尖锐，协调二者矛盾、贯彻可持续发展战略在中国目前发展阶段上具有特殊的必要性和紧迫性，这就从根本上解决了是否应该进行绿色 GDP 核算的问题。

（2）由于在理论、方法、数据基础等方面还存在巨大的困难，实施绿色 GDP 核算难以一蹴而就，尤其难以进行全面的核算。因此，在实施步骤上，绿色 GDP 核算宜于选定不同专题进行核算，贴近各个资源环境领域，为管理提供有意义的核算结果；在实施方式上，宜于以科研项目的名义运作并发布数据，作为现有统计数据体系的补充，体现其探索性，短期内难以形成经常性统计数据发布机制，更不能指望其作为业绩考核的依据。

（3）通过将资源环境因素纳入国民经济核算，绿色 GDP 核算在概念上突破了原有国民经济核算的框架和一套平衡规则，但又不同于资源环境经济学所开发的概念框架。因此，在绿色 GDP 核算理论方法探索中，无论是国民经济核算专家还是资源环境经济学专家，都必须打破原来的思维惯性，着眼于资源环境与经济的关系，探索

不同理论方法体系之间的契合点，共同服务于绿色 GDP 核算。

（4）在国际上，绿色 GDP 核算还没有形成成熟、完善的理论方法规范，因此，中国进行绿色 GDP 核算，一方面是吸收国际经验，但更重要的是结合中国实际情况予以创新。中国地域广大、各地区经济发展不平衡，由此决定了在中国绿色 GDP 核算这块"实验田"中，可能包括各种不同资源环境领域专题、各种发展水平上需要面对的资源环境问题。依据中国现有核算基础，服务于中国可持续发展管理，这样开发的绿色 GDP 核算方法和数据结果才具有实际应用价值，并可以为绿色 GDP 核算理论方法国际规范的形成提供有价值的经验和观点。

（5）像 GDP 是国民经济核算的顶级指标一样，绿色 GDP 也是整个资源环境经济核算的顶级指标；要使这个指标的核算可行，前提是要有一个良好的核算基础。因此，我们应该把绿色 GDP 核算视为一个泛指，不仅仅作为一个数的核算，而是以其为中心的整个核算体系的建设，可以说，搞好资源环境经济核算体系的基础建设，才是实施绿色 GDP 核算的长久大计。

参考文献

[1] 联合国，等. 综合环境经济核算 2003. 国家统计局内部印行，2004.

[2] 中国绿色国民经济核算理论框架研究课题组. 中国绿色国民经济核算研究报告，2006.

[3] 高敏雪. 绿色 GDP 的认识误区及其辨析. 中国人民大学学报，2004（3）.

[4] 高敏雪. SEEA 对 SNA 的继承与扬弃. 统计研究，2006（9）.

建立中国绿色 GDP 核算体系：
挑战与对策①

王金南 於 方 蒋洪强 邹首民 过孝民
（中国环境规划院 北京 100012）

摘 要：本文首先分析了我国全面开展绿色国民经济核算所面临的主要挑战，从认识上，对这项工作的必要性、复杂性和核算范畴理解不够；从技术上，面临自然资源定价和环境成本计量困难、缺乏成功的国际经验可供借鉴等困难；从制度上，相关的环境和统计法规以及评价标准基本处于空白。针对以上挑战，提出通过搭建统一工作平台、选择合适的目标模式、明确研究重点和范围、构建科学完整的环境资源统计指标体系、尽快开展核算试点 5 项对策，推进我国绿色国民经济核算体系的建立。

关键词：绿色 GDP 核算 绿色核算

1 中国绿色 GDP 核算面临三大挑战

1.1 认识观念还不够全面深刻

目前，在绿色 GDP 核算的思想观念方面，相当一部分领导和专家还不够成熟、全面，这主要表现在以下 3 个方面：

（1）对绿色 GDP 核算的必要性认识不足。由于绿色 GDP 力求将经济增长与环境保护统一起来，综合性地反映国民的经济活动的成果与代价，一旦实施绿色 GDP，必将带来干部考核体系的重大变革。过去各地区干部的政绩观，皆以单纯的 GDP 增长为业绩衡量标准，现在要将经济增长与社会发展、环境保护放在一起综合考评，

---

① 摘自《环境经济》，2005 年 5 月。

这会使很多干部想不通，从而形成诸多阻力。

（2）对绿色 GDP 核算的复杂性认识不够。许多人，特别是一些基层的领导干部认为，核算绿色 GDP 似乎只是一个主观认识问题，只要有关方面认识到其重要性和必要性，就可以完成其核算并加以广泛应用。事实上，面对复杂的环境经济关系，面对在技术方法上的巨大困难，绿色国民经济核算目前仍然是一个充满探索、实验的研究领域，尚不是一套成熟、规范的统计实务。这就是说，绿色 GDP 距离可以实际准确计量，目前还存在着许多理论上和实践上的困难，尚难以像 GDP 那样作为经常统计的结果加以应用，更难以在不同经济层面上计量，满足各级政府的考核管理需要。

（3）对绿色 GDP 核算的相关范畴理解不深。许多人认为要反映经济与环境的关系，似乎首先就要计算绿色 GDP，绿色国民经济核算也就是绿色 GDP 核算，环境绩效考核似乎也是只考核绿色 GDP。实际上，统计上描述经济发展与保护环境的关系，并非就是要计算一个孤零零的绿色 GDP 指标，对干部实行环境绩效考核，也并非只是考核一个绿色 GDP 指标。就像 GDP 是国民经济核算的产物一样，绿色 GDP 来自绿色国民经济核算，计量绿色 GDP 离不开绿色国民经济核算体系的建立。考核干部的环保责任，除了绿色 GDP 外，还要将公众环境质量评价、空气质量变化、饮用水质量变化、环保投资增减率、群众环境诉讼事件发生率等指标作为考核标准。

1.2 绿色核算技术还不够先进完美

绿色 GDP 核算将自然资源和环境纳入国民经济核算体系（SNA），建立资源环境与经济一体化核算体系，拓展了国民经济核算体系的功能。但是，当前实行绿色 GDP 核算存在许多重大技术难题。可以说，技术与方法的不先进是绿色 GDP 核算从理论走向实践面临的最大挑战。

（1）自然资产的产权界定及市场定价较为困难。自然资产分为生产性自然资产和非生产性自然资产，其中，所有权已经界定，所有者能够有效控制并可从中获得预期经济收益的自然资源称为生产性自然资产；不属于任何具体单位，或即使属于某个具体的单位但不在其有效控制下，或不经过生产活动也具有经济价值的自然资产，称为非生产性自然资产。但实际情况是许多自然资产同时具有生产性和非生产性资产的属性。因此，其产权界定非常困难。如何界定自然资产产权并为其合理定价，一直是绿色 GDP 核算研究领域的一个主要难点，也是绿色国民经济核算不能取得实质性进展的一个重要原因。

（2）环境成本的计量较难处理。环境成本计量是绿色 GDP 核算的基础。所谓环境成本是指某一主体在其可持续发展过程中，因进行经济活动或其他活动，而造成的资源耗减成本、环境降级成本以及为管理其活动对环境造成的影响而支出的防治成本总和。确定环境成本的概念比较容易，而实现环境成本的计量却是非常困难的事情。这种困难又主要来源于环境成本的时间因素和空间因素。环境成本的时间因素是指从时间上看，环境损失和生态破坏往往不是均衡的，资源环境的损失与经济发展不是同步的。比如：工业发展引发的生态破坏和健康损失，是污染发生之后逐渐显现的，有的需要几年甚至十几年才被发现，其成本核算很难分摊到哪一年。环境污染的空间因素是指环境污染所包含的因子范围。由于环境污染损失的多因性，很难对某一污染物所造成损失的因子考虑周全。比如对水污染损失成本的量化，有毒污水排到河里，使渔业受损失，人们饮用受污染的水导致生病、精神上受损害以及迫使人们到很远的地方去寻找新的饮用水源，这些损失都应计入水污染损失成本。在实际中，对这些成本的量化很难考虑全面。可以说，对环境成本累积效应的处理和确定环境成本的因子范围是困扰绿色 GDP 核算的准确性以及其发展和应用的关键问题。

（3）国际上还没有成功的经验可供借鉴。绿色 GDP 核算能体现经济发展的可持续性，是近年来的热点研究领域，许多国家都在研究绿色 GDP 核算方法。在联合国等国际组织的倡导下，绿色 GDP 核算的理论研究和实践工作都取得了很大进展。但到现在为止，尚没有哪一个国家能够完成全面的环境经济核算，计算出一个全面的绿色 GDP 指标，也没有一个国家以政府的名义正式公布绿色 GDP 统计数据。目前，对资源环境的核算通过两种手段来实现，一是实物量核算，二是价值量核算。价值量核算要建立在实物量核算的基础上，从理论上来讲，能够市场交易的资源用市场交易价格来估价，不能通过市场交易的，其估价问题很复杂，操作起来有一定的难度。对这些问题，目前国际上也还没有成熟的做法可以借鉴。因此，改革现行的国民经济核算体系，使绿色 GDP 核算从理论走向实践有相当大的难度，需要我们"摸着石头过河"，找到适合于中国国情的绿色 GDP 核算的方法与体系。

1.3 绿色核算的制度安排基本空白

绿色 GDP 从概念的提出到现今，已有一段时间，之所以没有从理论到实践取得突破性进展，除了绿色 GDP 核算技术与方法的复杂性之外，另一个挑战，就是与绿色 GDP 核算的相关法规制度还基本空白，主要包括：有关绿色 GDP 核算的环境与统计法规、政策和评价标准等。

（1）环境法规的不完善。随着环境问题日益受到国际社会的重视，各个国家包括中国在内的环境法规与政策都逐渐增多，但这些法规、政策在有关绿色 GDP 核算或环境成本核算方面的规定较少甚至几乎没有。随着绿色 GDP 核算理论与方法的完善，需要制定和完善相关方面的环境法规与政策，从而为绿色 GDP 核算理论与方法的应用创造良好的条件。比如，绿色 GDP 核算制度的推行政策，绿色 GDP 核算的方法、范围规定，环境成本的分类、扣除标准规定、绿色 GDP 指标纳入干部绩效考核制度、环境会计制度、环境审计制度等。

（2）统计法规的不完善。目前，环境资源统计工作部门协调机制还不健全，与绿色 GDP 核算有关的环境统计规划、统计制度和统计标准还未出台。建议成立由统计、环境、水利、能源、城建、科技、土地、矿产、林业、农业、地震、民政等部门参加的环境统计协调委员会，制定有利于绿色 GDP 核算的环境统计规划、统计制度和统计标准，由各部门分工协作组织实施。

（3）评价标准的不完善。对复杂的绿色国民经济核算体系构建研究，有必要将复杂的问题划分成比较简单的部分而加以逐步解决，同时建立工作规程、制定评价和评审的标准。这是基于我国的资源与环境统计工作比较薄弱以及资源环境核算本身复杂性的考虑。评价标准的建立必须注意以下几方面：科学理论价值；应用前景和应用效果；研究成果从小尺度上扩大到更大尺度上的潜力；试点的内容、培训与推广体系；成果的综合效应等。

2 推行中国绿色 GDP 核算的五大对策

2.1 搭建统一的工作平台

由于绿色 GDP 核算体系的构建对应的层次是"自然环境＋社会

经济"，处于生态学、环境学、资源学、经济学、社会学等众多学科研究的范围，同时，绿色 GDP 核算也是一项涉及多部门的工作，并且核算技术十分复杂，所以，需要进行跨学科研究，各部门之间、各课题组之间以及国际国内之间需要协调配合。因此，首先应在组织形式上搭建由国家发改委、财政部、国家环保总局、国家统计局、国家林业局等有关部门参加的统一工作平台，下设若干核算专题小组，在统一协调部署下，共同制订工作方案及目标，并负责组织试点及实施工作。搭建跨学科、跨部门的统一工作机构是绿色 GDP 核算体系构建成功的保证。这也是正确引导目前绿色 GDP 核算研究"热"的一个重要措施。

2.2 选择合适的目标模式

国际上关于绿色国民经济核算目标模式的选择大致有 3 种：① 用环境的价值变化对国内生产总值（GDP）进行调整，形成 GDP 以及现存国民账户的良性指标，其尽可能维持了现有国民经济指标体系的概念和原则，在此基础上将环境损益因素加入 GDP 这样的指标中；② 为环境资源单独建立账户，在不改变现有国民经济核算体系的情况下，加入资源环境核算卫星账户（第二账户），提供相关数据，SEEA 即是这种思路；③ 重新建立一套国民财富核算体系。该体系与前两种思路共同点在于发展过程中的环境资源损耗要从总财富中扣除，但经济增长和环境的变化被并置于同一框架内进行核算。鉴于我国目前资源耗竭和环境退化问题并存，可持续发展受到严重威胁的局面，建议绿色 GDP 目标模式的选择采用联合国推荐的综合环境与经济核算体系（SEEA），即将环境资源作为国民经济核算体系的卫星账户，分步实施，在完善实物量核算的基础上，开展环境价值量核算，最终建立实物量和价值量两套核算体系。

2.3 确定研究的重点与范围

根据中国绿色 GDP 核算的目标模式，当前，绿色 GDP 核算体系的构建需要确定以下几个重点内容：① 绿色国民经济核算体系的理论框架。通过研究和借鉴国际经验，建立一个与国际接轨、比较理想的、与国家统计核算制度衔接的、分步实施的绿色国民经济核算体系框架。② 提出环境与自然资源的实物量核算方案。③ 提出环境与自然资源的价值量核算方案。这是绿色国民经济核算体系的一个重点，也是开展绿色国民经济核算的难点。价值量核算主要包括自然资源消耗和环境资源消耗两部分。④ 开展全国环境污染损失核算调查。结合已经开展的全国环境污染损失评估调查工作，完成有关环境污染损失的核算，这是环境价值量核算的基础。

确定绿色 GDP 核算范围，需要明确内容结构、功能结构和过程结构的基本结构。内容结构主要明确核算的内容体系，如资源核算、环境核算、实物量核算、价值量核算、实物量核算方法、价值量核算方法等内容都需要明确规定；功能结构要解决各部分核算内容及技术方法的作用以及实施的部门层次及对象；过程结构要提出核算的时间跨度、实施程序与优先顺序安排等。

2.4 构建科学完整的环境资源统计指标体系

中国现行的环境统计指标只限于单纯进行环境现象反映和简单分析，要保持经济的可持续发展，建立绿色 GDP 核算体系，应建立一套科学、完整的环境统计指标体系。这一指标体系的基本框架可分为 3 个层次：① 反映自然资源的统计指标。自然资源包括土地资源、煤、石油、天然气、矿产等地下资源，森林、海洋、野生动物等生物资源，地上及地下的水资源等。对这些自然资源应就其资源存量、资源耗损量两部分价值分别核算，以便于开展资源存量的均衡分析。② 反映生态环境的统计指标。生态环境是与自然资源相对应的，可分为土地生态环境、森林生态环境及水生态环境等。生态环境的核算包括生态环境效益与损耗两方面，其中效益是客观存在的，例如森林生态环境可以防止水土流失、防止土地沙化，把这些效益折合为价值即为生态环境的效益价值。环境损耗是指生产活动破坏生态环境造成的损失价值。③ 反映环境污染的统计指标。包括环境监测、环境污染防治及环境污染造成的经济损失 3 部分。环境监测指标主要有大气中各种污染物含量和综合环境质量等，环境污染防治指标有用于环境污染防治的费用、已治理环境污染占环境总污染的比重等，环境污染造成的经济损失包括对人、公共设施、农业、林业等造成的损失。

2.5 加快开展绿色 GDP 核算试点工作

绿色 GDP 作为一项新的核算制度，不仅存在着与传统国民经济核算制度不接轨从而统计数据收集分析困难，而且由于庞大的、涉及众多部门的第一手数据收集的要求，推行起来比较困难。可以通过开展绿色 GDP 核算试点工作，率先在一些地区试行绿色 GDP 核算，这样对于推行中国绿色 GDP 核算更具有现实意义。由于缩小了研究范围，通过对当地自然条件、产业结构、环境保护重点的调研和分析，从众多指标中提炼出最关键、最核心、最基础、最简易的指标体系，而不是建立一个全国性的、大而全的、全面的指标体系，采取先简后全，先易后难，逐步完善，同时与现行 GDP 指标并行一段时期的办法，启动起来就容易得多。通过在一些地区开展试点工作，可以检验绿色 GDP 核算理论的可行性，从而总结经验，修改和完善绿色 GDP 核算理论框架，为全国绿色国民经济核算体系的构建积累人才、资料、经验。

绿色国民经济核算的理论问题探讨①

钟定胜

（天津大学环境科学与工程学院　天津　300072）

摘　要：现有绿色核算体系存在过于复杂、难以操作、可比性差等缺点，尚未形成世界各国能通用的核算体系。本文在对国民经济核算的内质属性进行剖析的基础上，提出应将可持续原则、效用衡量原则、纵横向可比原则、数据易采集原则四大原则作为建立绿色国民经济核算体系的基本准则；其次，在传统国民经济核算体系的基础上，以四大原则为指导，尝试性地构建了一个基于社会总效用衡量的"零排放"GDP 核算方法。

关键词：绿色 GDP 核算　社会总效用　可比性　可持续　零排放

1 引言

在可持续发展的大趋势推动下，世界各国逐渐对只重经济无视环境和资源代价的传统经济发展模式进行反省，并试图建立新的国民经济核算体系，以反映整个经济体系的社会、经济和环境综合效益，通常称之为绿色 GDP。

目前，构建绿色国民经济核算体系有两种途径：一种是对国民经济账户表进行改造，在传统的国民经济账户表中加入反映自然资源和环境的成本信息，通过调整传统的 GDP 得到绿色 GDP，又称卫星账户；另一种方法是扩展国民经济账户体系，在投入产出表第 1 象限主栏增加资源消耗，污染排放两部门，在宾栏增加资源恢复和废物治理两部门。

上述两类方法中，除了直接以实物形式表现的国民经济账户表

---

① 摘自《中国软科学》，2006 年第 2 期。

以外，所有的核算方法均存在对环境费用和环境成本估价的巨大争议。在目前的绿色国民经济核算（以下简称绿色核算）理论指导下，环境退化、资源价值的核算只能从系列估价的立场出发，采取以下一些方法：市场价格、净价/净租金、维持费用、或有估价、支付意愿等。这些方法在环境灾害损失的案例研究、环境事故的法律责任分担等方面具有很好的实用性，但对于国民经济核算来说，这些方法过于复杂，而且相关数据难以采集。如果在国民经济核算中大量应用这些方法，会导致核算结果的不稳定性极大增加，从而无法用于地区间、国家间的对比。这样的绿色核算难以为当地政府了解本地区在全国乃至全世界经济格局中的地位和实际发展状况提供准确参考，也难以为当地政府制定与全球经济发展大环境所适应的经济发展政策提供有效支持。因此，从这个意义上来说，现有绿色核算体系在一定程度上丧失了国民经济核算所应有的作用，更像是在估算或测算，而不是严谨的核算。

鉴于现有绿色核算方法不论是在实践应用效果上，还是理论自治性方面都不太令人满意的现状，本文将从对国民经济核算的内质属性分析入手，探讨绿色核算的某些原则性问题，并在此基础上提出一些新的构思。

2 绿色国民经济核算体系的两大基本属性：社会总效用衡量和可比性

国民经济账户体系（SNA）和物质产品平衡体系（MPS）是目前世界上通行的两大国民经济核算体系。这两种体系均是通过统计、会计、数学等方法，测定一个国家（地区）在特定时期内的经济流量和特定时刻上的经济存量，所不同的是它们的指导理论不同，因此统计范围和统计指标各异。然而，不管处在何种核算体系，从福利经济学的角度来看，经济存量均为满足人的需求的各种物品和劳务的效用总量，代表着本期所产生的经济福利和社会福利。国民经济核算的最终目的，是要以人为本地度量该经济实体生产能够为人提供效用的产品，这些产品既包括有形的物质产品，也包括诸如劳务、教育、管理等无形产品，这些产品的最终目的都是为人的生存和发展提供服务。因此从这种意义上来说，国民经济核算的目的，应该是衡量该经济实体生产社会总效用的能力。

绿色核算体系的提出，是因为在传统核算体系中，忽视了环境也是提供社会效用的载体，忽视了环境已经成为人们日常生活中的必需品，忽视了资源和环境的损耗或破坏对人的当前效用和未来效用的损失。随着人们生活水平的提高和环境意识的深入人心，环境需求和环境效用作为国民经济日常核算的对象，必将被各国政府所认可和接纳，因此，包括环境效用在内的社会总效用衡量也应该成为绿色核算体系的基本属性之一。

伴随着全球经济一体化进程的推进和经济理论的发展，世界各国正趋同于采用相同或类似的国民经济核算体系，以便于了解本国在世界经济格局中的地位，同时也有利于本国政府制定与全球经济发展大环境所适应的经济发展政策。采用相同或类似核算体系的目的是为了使不同的经济实体之间的经济统计数据具有可比性，从而确切地了解本国（地区）经济的实际发展状况，以便于当地政府进行合理的宏观经济分析、预测和决策。绿色核算作为国民经济核算的一种，必然要继承传统国民经济核算的这些基本功能，因此可比性也应该是绿色核算体系的基本属性之一。

从以上分析可以看出，社会总效用衡量和可比性应该是绿色核算体系的基本特征，因此，在建立绿色核算体系时，应该把这二者作为绿色核算体系建立的基本准则。

然而，现有的绿色核算体系在很多方面却与这两个基本准则背道而驰。下文将对现有绿色核算体系的主要方法及其存在的问题进行深入分析。

3 绿色国民经济核算体系的现有主要方法及分析

3.1 现有绿色国民经济核算体系的两种代表性方法简析

目前，构建绿色国民经济核算体系有两种途径：

一种是对国民经济账户表进行改造。最有代表性的是联合国统计局在 1993 年提出的"综合环境与经济账户系统（SEEA）"，它是在传统的国民经济账户表中加入反映自然资源和环境的成本信息，通过调整传统的 GDP 得到绿色 GDP，又称卫星账户。已经有一些西方国家正利用 SEEA 框架对原有国民经济账户进行调整，建立环境资源的卫星账户对其国民经济活动进行绿色衡量。这种方法的争议很大，原因在于缺少国际通行的转换资源利用和环境退化信息的做法。此外国家财富、卫星账户等生物物理核算方法难以深入国民经济行业部门内部，因此无法给出有效的行业管理措施和对各行业的管理建议，从而无法有针对性地对国民经济内部结构进行调整。

另一种方法是从国民经济账户体系出发，利用投入产出技术描述和计算绿色 GDP。其基本方法是在投入产出表第 1 象限主栏增加资源消耗，污染排放两部门，在宾栏增加资源恢复和废物治理两部门。由于投入产出法详细描述了社会总供给与总需求、国民收入的分配与再分配、中间使用与最终使用、进出口等国民经济重要比例关系，因此，基于投入产出分析的绿色 GDP 核算可以深入国民经济内部结构，为加强国民经济综合平衡，提高宏现管理水平，加速经济决策科学化提供强大技术支持。

令人遗憾的是，上述两类方法中，除了直接以实物形式表现的国民经济账户表以外，所有的核算方法均存在对环境费用和环境成本估价的巨大争议。即使是目前最为流行的 SEEA 及其改进型方法，也仅在提出系列估价原则的基础上，推荐了一些估价方法，如市场价格、净价/净租金、维持费用、或有估价、支付意愿等。尽管这些方法各有优点，但在国民经济核算中的应用效果却是令人沮丧的，它们往往使国民经济核算体系的工作量和复杂程度雪崩式迅速增加，严重影响了绿色核算理论的推广应用。正如雷明所指出的："SEEA 几乎代表了经济核算与环境核算一体化方面的最高水平，然而，即使如此，它也还并不是一个完备实用的核算框架，它仅作为一种指南，以为那些希望设计附属账户，并在环境方面重视持续增长及发展政策的国家提供参考依据。"

为了进一步揭示这个问题，下文将以 SEEA 的改进型"基于投入产出法的绿色 GDP 核算方法"为例，对现有的绿色核算体系在理论构架及其实际应用方面存在的问题进行深入探讨。

3.2 现有方法的主要缺陷

基于投入产出分析的绿色 GDP 核算方法如下：

表 1 中，A_{11} 是传统产业部门间投入系数矩阵，A_{21} 是污染物直接产出系数矩阵，A_{31} 为传统产业部门生产过程中对资源的消耗系数矩阵，A_{12} 是专门的废物治理活动的投入结构系数矩阵，A_{22} 是污染治理活动中的污染物产生系数矩阵。A_{32} 为污染治理活动的资源消耗系数矩阵，A_{13} 为普通产业部门对资源恢复部门的直接投入系数矩

阵，A_{23} 为资源恢复活动中的污染物产生系数矩阵，A_{33} 为资源恢复活动中的资源消耗系数矩阵。

表 1　扩展的国民经济投入产出表

产出	投入				
	生产部门	废物治理	资源恢复	最终产品	总产品
生产部门	A_{11}	A_{12}	A_{13}	Y_1	X_1
废物排放	A_{21}	A_{22}	A_{23}	Y_2	X_2
资源使用	A_{31}	A_{32}	A_{33}	Y_3	X_3
新创造价值	N_1	N_2	N_3		
总投入	Z_1	Z_2	Z_3		

对于投入产出的绿色 GDP 方法来说，最主要的缺陷在于投入系数的难以获得和定价不稳定。从理论上来说，投入产出的绿色 GDP 确定方法可以通过建立投入产出表来确定污染消除投入产出系数（成本、价格），将其当作投入产出的一个国民经济部门，但实际上这一点是难以做到科学准确的，或者说是无法实现的。这和污染治理行业别具一格的技术特征有关。

对于污染消除行业，投入产出分析与其自身技术特征之间存在无法调和的矛盾：投入产出分析需要各行业对不同污染物的投入系数，但事实上，对于污染治理行业的本身来说，它对污染物的处理是混杂处理的，难以对污染消除过程中不同污染物的投入进行分割，证明如下：

在 A_{21} 中，a_{ij} 为 j 行业对 i 污染物的投入系数，i 可为 SO_2，噪声，铜，铬，汞，酚类，BOD，COD 等（对不同地区，有不同的污染物结构）。以重金属（铜，铬，汞）和 BOD 4 种污染物为例（$i=1$，2，3，4），在构建以实物形式表示的投入产出表时，a_{ij}（$i=1$，2，3，4）是可求的。但对于 A_{12} 而言，要求分解各污染物消除时所用到的各部门投入，而事实上，在污染物处理工艺中，各污染物的处理是相互关联的。比如在污水一级处理中，SS 削减的同时必然会有一定量的重金属离子被附带去除；在用化学方法去除某一种重金属离子时，往往会伴随其他金属离子的削减。这两个例子足以说明从理论上是无法做到将各污染物的处理费用科学、准确地分割开来的。因此，用这种方法来核算绿色 GDP 是难以操作的。

此外，污染物去除费用定价方法的不合理也是该方法的一个重大缺陷。由于在国民经济统计中，必须将污染治理行业的实物量转化为价值形态，因此必须对污染物的消除费用进行定价。目前所采用的定价方法主要有以下几种：支付意愿调查法、市场估价法，维持费估价法和或有估价法等。由于这些方法多为主观性、随机性很强的定价方法，偏离了国民经济核算的稳定性和可比性原则，因此应用于国民经济核算体系是不适当的。以其中的污染去除支付意愿定价方法为例，可以充分说明这一问题。

支付意愿定价方法是通过问卷调查为核心内容进行的，它的引入导致了绿色核算体系存在理论上的不合理：核算结果不稳定导致其缺乏纵横向可比性①。首先，支付意愿方法存在极大的主观性和随机性（这是由该方法的自身特点决定的），而国民经济核算是一个相对严密的核算体系，对准确性的要求较高，因此这二者之间存在不可调和的矛盾。其次，即使支付意愿调查方法进行得非常严谨，代表性很高，这样的方法应用于国民经济核算也是不合适的，因为在不同经济发展水平的国家乃至地区之间，都存在明显的支付意愿差异，而且，即使是相同发展水平的国家（地区），支付意愿也和当地的文化传统、环保宣传等密切相关。由此可见，支付意愿调查法偏离了国民经济统计的本质属性要求缺乏地区间、国家的横向可比性，也违背了核算结果自身的纵向可比性要求。绿色国民经济核算在本质上，应该是一个衡量当地国民经济各部门所能提供的绿色社会总效用值的指标，而不应该将支付意愿这样一个与"生产能力"无稳定关系的外部因子内部化，因此，支付意愿方法的引入会导致绿色核算体系在不同地区应用后，所得到的结果存在结构上的不可比性。

另外，现有的各种绿色 GDP 核算方法，还添加了多种附加项（卫星账户）：非生产自然资产的耗减和降级，包括开采矿物、砍伐树木、废水废气废渣排放、从河流湖泊和海洋中捕鱼、从原始森林中采集燃材等；环境保护费用支出，如净化湖泊和河流、空气污染治理、生态环境修复、恢复土地的地力等。从表面上看，这些项目的添加是对传统核算体系的补充和完善，但是却导致了巨大的缺陷：高度复杂、可比性差、数据难以采集。如果在国民经济统计中大量应用这些方法，势必导致国民经济核算体系的不稳定性极大增加，

---

① 本文中的纵横向可比性：指核算结果自身在时间序列上的纵向可比性，以及核算结果在不同地区/国家间的横向可比性。

从而缺乏地区间、国家间的可比性。

4 建立绿色 GDP 核算体系的四大原则

从上文对国民经济核算体系的属性分析和对现有绿色核算体系的剖析可以发现，现有绿色核算体系忽视了绿色核算作为国民经济核算的一种，其所必须具有的内质属性——纵横向可比性和社会总效用衡量，而是过多地关注于环境资源代价核算的具体内容和细节，这导致了核算结果的不稳定和绿色核算难以推广，因此有必要确立高度概括且合理的原则体系作为绿色核算体系建立的行为准则。

本文认为至少有以下四条原则应作为绿色国民经济核算体系建立的准则：可持续原则、效用衡量原则、纵横向可比原则、数据易采集原则。

图 1 既显示了国民经济核算体系的构建过程，也对比了传统国民经济核算与绿色核算的异同。国民经济核算的对象是人类生产活动，因此任何国民经济核算体系的出发点均由对人类生产活动的描述、归纳开始。传统国民经济核算只关心传统意义上的物品和劳务产出情况。而绿色核算则是在此基础上添加了对环境、资源代价的核算，因此在对环境、资源代价进行核算时，首先必须满足可持续原则，因为"绿色"才是新核算不同于传统核算的本质之处。值得一提的是，添加的绿色核算项目应该是关系到也有利于人类社会可持续发展的，不能盲目添加。

从福利经济学的角度来说，效用衡量原则是任何国民经济核算所必须具有的共同属性，是国民经济核算的真实目的。强调绿色 GDP 的实质意义在于将 GDP 概念从传统意义上的消费需求（物质财富、劳务）转化为对人全面消费需求的衡量。全面消费需求不仅包括人对物质、服务的需求，同时也包括对环境的消费需求（清洁空气、水乃至优美环境的享受等）。因此效用衡量原则也应作为绿色核算的原则之一。

横向可比原则既是国民经济核算的基本属性，也应该是绿色核算的基本属性。在环境、资源代价核算中忽视纵横向可比性，盲目添加无法科学、准确衡量的项目，极易造成绿色核算的冗余和烦琐，这直接导致了现有绿色核算体系难以在全世界范围推广应用。

数据易采集原则的提出，是为了确保新核算体系操作上简便易行，同时又保证其科学性、准确性。

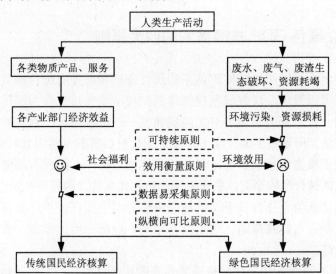

注：图中，菱形节点为 yes/no 判断语句，满足则进入下一步，不满足则筛选去除。

图1　绿色国民经济核算体系的构建过程

值得一提的是，这四大原则是相互关联，缺一不可的。比如，违背了效用衡量原则，势必造成添加项的冗余，导致系统的可比性下降；违背了数据易采集原则，容易引起核算的准确性、稳定性降低，从而导致核算结果的纵横向可比性破缺。

5　基于社会总效用衡量的"零排放"GDP

基于以上分析论证，本文在传统国民经济核算体系的核心指标 GDP 的基础上，借鉴吸收现有绿色 GDP 核算体系的优点，以四大原则为准则，尝试性地提出了一个新的绿色国民经济核算方法——基于社会总效用衡量的"零排放"GDP。

在建立绿色核算体系中，首要的工作是如何对资源和环境价值进行分类核算。下文将从对现有主要核算方法的分析入手进行探讨。

5.1　资源和环境核算及其存在的问题

建立以绿色 GDP 为核心指标的经济发展模式和国民经济核算新体系，关键在于自然资源和环境价值的核算问题。从近年来各国的应用和实践经验看，自然资源和环境核算大体包括四方面的内容：① 当年环境退化货币价值的估计，即环境资本折旧；② 环境损害预防费用支出，如为预防风沙侵害而投资建立防护林带等；③ 资源环境恢复费用支出，如净化湖泊与河流、土地复耕等；④ 由于非优化利用资源而引起超额计算的部分。

对于以上 4 个方面的自然资源和环境核算，本文存在不同看法。

（1）是否将环境资源的耗竭计入政府部门的日常绿色核算内值得商榷：统计国民收入，其核心目的是计算国民经济体系提供社会总效用的能力，一味强调可持续性，甚至将资源的损耗也从传统 GDP 中扣除的做法是偏激的，这违背了国民经济核算的本意——衡量一个经济实体在当期/年度生产能够为人提供效用的产品的能力。资源的损耗并不损害人们的当前效用，因此似不应从国民经济核算中扣除。更何况当今世界，发达国家大量消耗人类社会物质财富和转嫁环境污染早已成为不争的事实，在国民经济核算中扣除资源和环境代价，将使得资源供给国和环境污染被转嫁国的 GDP 总值大大降低，而资源的主要享用者——发达国家，却因资源的大量进口和污染转移逃脱了责任，使其 GDP 仍能维持在较高水平。这是对发展中国家的不公正对待，从某种意义上来说，这是在否定资源供给国、污染承受国对世界经济发展的贡献。基于这种理由，也不应该将环境资源的耗竭计入国民经济核算。再者，资源价值的评估，本身就具有诸多不确定性和主观因素，选用何种估价方法、将哪些资源的价值计入绿色核算都是难以统一的，极易降低绿色核算的横向可比性（纵向可比性同样受到影响）。当然，作为可持续发展的需要，资源价值可以卫星账户等方式与国民经济核算体系并行，以之作为可持续发展政策制定的辅助决策工具。

需要补充的是，在绿色核算中排除资源耗竭的核算并不会造成资源的掠夺性开发，因为资源的低效率过度开发必然带来严重的环境和生态恶果，所以环境退化核算本身就可以对资源的掠夺性开发形成约束力。

（2）应慎重考虑如何将累积性环境损害所造成的损失（如社会医疗方面的支出、生态治理）计入国民经济核算体系：绝大多数环境污染损失都是流动性指标，具有累积性和潜伏期。对于累积性环境损害所造成的损失进行估价和年度分摊是十分困难的。如对于因环境退化而造成的社会医疗支出，以及由于重金属污染、全球气候变化、水体富营养化等环境灾害事件所造成的损失，要从经济上准确计算其损失价值并分摊到各核算年是难以操作的。再比如,对于厄尔尼诺现象所造成的破坏,既无法确定其损失价值,也难以明确"责任人"(指具体由哪些行业、地区来负责,自然和人为因素的比例等)和作用时间,因此将其计入环境损失当中是非常复杂且困难的。

基于以上分析,笔者认为,在国民经济核算中,环境退化核算的对象应该是在核算期内产生的环境污染所带来的损失,而不应该是累积损失。对于资源的耗竭,笔者认为不应该将其计入绿色国民经济核算,而应采取其他方法来专门统计自然资源财富,如建立附属于国民经济账户体系但不计入国民经济核算的卫星账户等,以之作为政府管理的辅助决策依据。

5.2 基于现状的环境退化核算

人类生产活动所导致的环境灾害事件可分为两类:突发性灾害事件(如核电站泄漏、污水泄漏、飓风、洪水等);累积性环境损害(如全球气候变暖、慢性环境中毒事件、水体富营养化、酸雨等)。对于这两类环境灾害事件如何计入绿色 GDP,存在很大争议。对于突发性灾害事件,如核电站泄漏,由于其发生具有一定的偶然性,硬性将其计入某一年或某几年的 GDP 损失是不恰当的;同样,对于累积性、慢性环境损害事件,由于导致事件发生的因素众多,潜伏期长,无法对其进行"责任人"式的责任分割,因此,不论用何种方式计入 GDP,均存在不合理性,是追溯计入事件察觉时的前 10 年还是前 100 年?分摊至事件发生后的 10 年还是 100 年?显然都不够严谨,令人难以信服,这样核算出来的国民经济统计数据是不合理的。那么如何解决难以自圆其说的理论缺陷呢?

为了解决这个问题,先举一个与此似乎相隔甚远的假想例子:一个罪犯从监狱刑满释放出来,在每年一度的市民素质评价中(假如有的话,正如我们每年一度的 GDP 核算),人们应该用何种标准来衡量他当年的行为优劣呢?是抓住他曾经犯罪的记录永远不放?还是以他出狱之后,当年的实际行动和可预期的未来行动为判断依据呢?答案显然是后者。请原谅,为了便于论述,本文虚构了一个可能存在诸多非议的人格案例,但不论案例本身如何,它至少能够证明本文所持的这样一个观点:对于绿色核算,也应该采取一种基于现状的统计方法,以现实发生的事情为依据,来核算一个经济体系的绿色国民经济总产出能力,而不应将以前的环境污染责任计入目前的核算体系中,因此绿色核算的对象应该是在其核算时段中社会总效用的变化情况。

有鉴于此，本文认为，环境退化核算的一个比较可行的方法是：在绿色核算中，只计当年的实际产出（包括正效用产出和负效用产出），并以当年的正效用产出减去当年的负效用产出，从而得到净效用产出。在实际操作上，可以用如下方法：在核算期内因当期的国民经济活动所造成的全部环境、生态资源损失应该由当期的虚拟环境修复部门补足，实现虚拟的环境、生态污染"零排放"。

5.3 基于社会总效用衡量的"零排放"GDP核算方法

人类活动对自然环境的破坏，可以分成这样两种方式：污染物排放所造成的环境污染和工程建设项目所造成的直接生态破坏。基于这种划分，以及上文确立的环境退化核算原则，可构建如下绿色GDP模型：

$$GGDP=GDP-环境修复费用+环境修复行业新创造价值全部-消耗的不可再生资源价值$$

上式中：环境修复费用包括实现污染物零排放的治理费用、用于完全修复环境生态破坏的生态工程费用；环境修复行业新创造价值包括环境污染治理行业和生态治理工程的新创造价值。

等式右边如果再减去消耗的不可再生资源价值，则可成为具有完全可持续意义的绿色核算指标。不可再生资源损耗的计算方法可以用社会平均销售价格乘以不可再生资源开采量。

基于社会总效用衡量的"零排放"GDP核算方法，通过引入虚拟环境修复部门，使得国民经济活动所造成的环境、生态资源损失得到全部补足，从而实现了虚拟的环境、生态污染"零排放"。在计算虚拟环境修复部门的修复费用时，应采取社会平均治理费用来计算。由于社会平均治理费用只与社会平均的生产力水平、污染治理技术水平等稳定性因素有关，因此这样得到的结果既能从总体上反映国民经济体系创造社会总效用的能力，而且数值上是稳定的，具有很强的可比性，而后一点决定着绿色核算是否能在全球推广应用。"零排放"实质上是从福利经济学的角度出发，依据效用衡量原则，核算人类生产活动的净效用产出情况，从而获得社会总效用的实际增加情况。

6 结果与讨论

现有绿色国民经济核算体系普遍缺乏纵横向可比性，而且存在过于复杂、难以操作、通用性差等缺点，这些问题导致了现有绿色核算体系难以在全世界范围推广应用。本文在分析论证后认为，这些问题的根源在于现有绿色核算体系在建立之初没有以严格的、高度概括的原则体系作为核算体系构建的行为准则。因此，本文提出应将可持续原则、效用衡量原则、纵横向可比原则、数据易采集原则四大原则作为建立绿色国民经济核算体系的基本准则。

本文认为，绿色国民经济核算应从基于现状的立场出发，时段性地计量绿色 GDP。由于资源利用、资源开发的价值损耗并不影响人们的当前效用，因此资源价值不应从绿色国民经济核算中剔除，而应采取附属的卫星账户等方式进行补充。此外，由于几乎所有环境污染事件所造成的损失都无法科学、准确地核算和分摊，因此系列估价方法不适于国民经济核算。

在满足四大原则的基础上，借鉴吸收现有绿色核算体系的优点，本文尝试性地提出了一个新的绿色国民经济核算方法——基于社会总效用衡量的"零排放"GDP 核算。该方法针对国民经济生产中每个可能造成环境生态损害的环节都采取了虚拟环境修复措施进行弥补，因此它核算的是净社会总效用的增加情况。由于引入了社会平均治理费用来计算虚拟环境修复部门的修复费用，因此，这个核算方法不仅操作上简便易行，而且数值上相当稳定，基本满足数据易采集原则和纵横向可比性原则，同时它又能从整体上较为准确地反映全社会经济福利的真实产出状况。

参考文献

[1] 雷明. 资源—经济一体化核算——联合国 93 SNA 与 SEEA[J]. 自然资源学报，1998，13（2）：145-153.

[2] 胡鞍钢. 我国真实国民储蓄与自然资产损失[J]. 北京大学学报：哲学社会科学版，2001，38（4）：49-56.

[3] 杨缅昆. 绿色 GDP 核算理论问题初探[J]. 统计研究，2001（2）：40-43.

[4] STAHMER C. Integrated Environmental and Economic Accounting：Frame

Work for A SNA Satelite System[J] .The Review of Income and Wealth，1991（37）：111-147.

[5] United Nations.Integrated Environmental and Economic Accounting // Handbook of National Accounting，Interim Version（Draft）[M]. New York：United Nations publication，1992.

[6] 雷明. 绿色国内生产总值（GDP）核算[J].自然资源学报，1998，13（4）：320-326.

[7] World Bank，Expanding the Measure of Wealth：Indicator of Environmentally Sustainable Development[R].The Environment Department，The World Bank，1997.

[8] MUNASINGHE M. Is Environmental Degradation an In evitable Consequence of Economic Growth；Tunneling through the Environmental Kuznets Curve[J]. Ecological Economics，1999（29）：89-109.

[9] WERNER H.Some Remarks on the System of Integrated Environmental and Economic Accounting of the United Nations[J].Ecological Economic，1999（29）：329-336.

[10] 钟定胜. 基于水资源有效利用的产业结构优化与调整方法研究[D]. 北京：北京大学博士学位论文，2003.

研究篇

中国绿色国民经济核算技术体系与方法概论[*]

於方[1]　蒋洪强[1]　曹东[1]　高敏雪[2]　王金南[1]

（1 国家环境保护总局环境规划院　北京　100012;
2 中国人民大学　北京　100872）

摘　要: 本文首先简要介绍了中国绿色国民经济核算体系的整体研究框架和基本概念。随后，围绕中国环境与经济核算体系框架，阐述了近期开展的环境污染实物量核算、环境污染价值量核算以及经环境调整的绿色 GDP 的核算内容，重点介绍了部门和地区水污染、大气污染以及固体废物污染的实物量，以及实际治理成本、虚拟治理成本和环境退化成本的核算方法与数据来源。同时，还介绍了在国家环保总局以及国家统计局支持下开展的试点省市绿色国民经济核算和环境污染损失调查工作所取得的最新进展；剖析了目前中国综合环境核算研究中存在的主要问题；最后，展望了中国综合环境经济核算的研究前景，并提出建议。

关键词: 绿色国民经济核算　环境经济核算　实物量　价值量　经环境调整的GDP

1 中国绿色国民经济核算体系框架

　　绿色国民经济核算又称资源环境经济核算、综合环境经济核算，其主旨是要将资源环境等因素纳入传统国民经济核算之中，描述经济系统与资源环境系统之间的相互关系，为更有效地评价发展成果提供技术支持。为进行绿色国民经济核算而确定的一套理论方法即所谓绿色国民经济核算体系，又称综合环境经济核算体系（SEEA，

---

[*] 摘自《环境保护》，2006 年 9 月。

联合国等国际组织文献语）。

根据 SEEA，环境对于国民经济体系具有 3 种功能：提供物质资源、接纳废弃物、提供生态服务。这样就有可能针对不同功能将绿色国民经济核算体系予以分解，建立具有不同主题的绿色国民经济核算体系。考虑到中国长期管理实践形成的习惯，中国绿色国民经济核算体系框架采取资源与环境（狭义）并列的方式，把整个绿色核算体系拆分为基于资源的绿色核算和基于环境（狭义）的绿色核算两个相对独立的体系。本文重点介绍基于环境的绿色核算，即环境（狭义）经济核算体系与核算方法。

按照 SEEA 给出的分类，考虑自然资源的存在形式以及日常经济生活中的约定俗成，自然资源主要包括以下 5 类：① 土地资源/土壤资源；② 森林资源；③ 矿物资源；④ 水资源；⑤ 动物资源。不同资源有一些共同的特性，但也存在不同特性，比如是否可再生、是否可耗竭。基于这些不同特性，不同资源类别的核算会具有一定的特殊性。资源核算首先要对某经济体所拥有的资源总存量进行核算，进而要对资源在一段时期内的变化量进行核算。以 GDP 为基础，扣除经济生产中所消耗的资源价值，得到"经资源耗减价值调整的国内产出"，即绿色 GDP $_{资源耗减}$，这就是资源耗减价值总量调整核算的思路和目标，具体核算表式见表1。

表1　绿色 GDP $_{资源耗减}$总量核算表

生产	使用
生产法 　　总产出 　　中间投入（－） 　　国内生产总值（GDP） 　　资源耗减价值（－） 　　经资源耗减价值调整的国内产出 收入法 　　固定资本消耗 　　劳动报酬 　　生产税净额 　　经资源耗减价值调整的营业盈余 　　营业盈余 　　资源耗减价值（－）	支出法 　　最终消费 　　　　居民消费 　　　　政府公共消费 　　经资源耗减价值调整的资本形成 　　　　资本形成总额 　　　　　　固定资本形成 　　　　　　存货 　　　　资源耗减价值（－） 　　净出口 　　　　出口 　　　　进口（－） 　　统计误差

2 中国环境经济核算体系研究框架

2.1 近期开展的环境经济核算体系框架

综合环境与经济核算研究包括实物量核算、价值量核算、环境保护投入产出核算以及经环境调整的 GDP 核算等内容。近期主要开展环境污染实物量、价值量和经环境污染调整的 GDP（Environmentally Adjusted Domestic Production，EDP）三项内容的核算，环境保护投入产出核算、生态破坏损失的实物量核算和价值量核算暂不考虑。核算框架如图 1 所示。

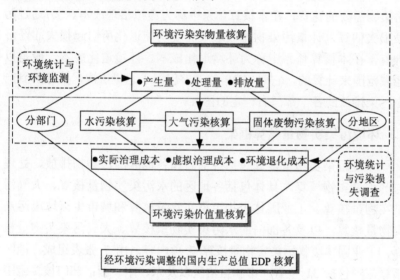

图 1 近期开展的中国环境经济核算体系框架

2.2 环境经济核算的技术路线

核算采用的技术路线如图 2 所示，计算步骤分为三步：① 污染实物量核算，包括污染物产生量、处理量和排放量；② 污染价值量核算：利用污染治理成本法计算实际污染治理成本和虚拟污染治理成本，利用污染损失法计算污染物排放带来的环境退化成本；③ 计算经环境（虚拟治理成本）调整的 GDP，以及虚拟治理成本和环境退化成本占 GDP 的比例，其中，本框架中将虚拟治理成本占 GDP

的比例称为污染扣减指数。

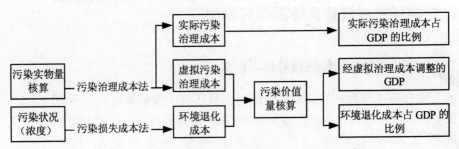

图2 中国环境经济核算的技术路线

目前，环境污染成本的核算方法有两种：① 计算治理已排放的污染物需要的花费，在本核算体系中称为虚拟治理成本；② 通过污染损失估算，计量污染物排放造成环境功能退化所引起损失的经济价值，在本核算体系中称为环境退化成本。环境退化成本一般是以地域范围来计算的，它对 GDP 的调整仅限于总量层次，要分解到产生污染排放的各个部门有一定的困难。

2.3 环境污染实物量核算框架

环境污染实物量核算包括各部门和各地区的污染物排放、处理与产生量实物核算，具体包括各地区的水污染实物量核算、大气污染实物量核算、工业固体废物污染实物量核算和城市生活垃圾污染实物量核算，以及各部门的水污染实物量核算、大气污染实物量核算、工业固体废物污染实物量核算 7 项内容，由 7 张表组成。地区核算范围包括 31 个省、市和自治区以及东、中、西；部门核算范围包括第一产业、第二产业和第三产业，其中，第一产业重点核算种植业、规模化畜禽养殖和农村生活，第三产业包括公共部门和城市生活。

2.4 环境污染价值量核算框架

环境污染价值量核算内容具体包括两个部分，① 对现存经济核算中有关环境污染的货币流量予以核算，主要是污染物实际治理成本的核算；② 估算因污染物排放而造成的环境退化成本和污染事故造成的损失成本。根据核算方法的不同，环境退化成本分为虚拟治理成本和污染损失成本。

环境污染价值量核算主要包括以下内容：各地区的水污染价值量核算、大气污染价值量核算、工业固体废物污染价值量核算、城市生活垃圾污染价值量核算和污染事故经济损失核算；各部门的水污染价值量核算、大气污染价值量核算、工业固体废物污染价值量核算和污染事故经济损失核算。环境污染价值量核算框架见图 3，将图 3 中的水污染、大气污染以及固废污染相对应的 7 张价值量核算表转化为实物量核算即组成实物量核算框架。

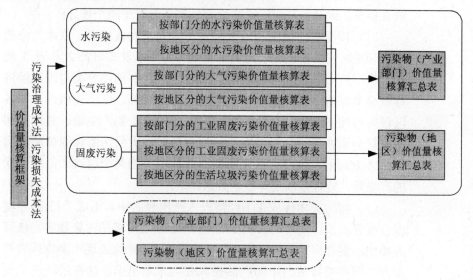

图 3　价值量核算框架

2.5 经环境污染调整的 GDP 核算

将水污染价值量核算、大气污染价值量核算和固体废物污染价值量核算的结果按行业和地区进行汇总，即得到经环境（虚拟治理成本）调整的 GDP 总量。核算方法有 3 种：

生产法：EDP＝总产出－中间投入－虚拟治理成本

收入法：EDP＝劳动报酬+生产税净额+固定资本消耗+经虚拟治理成本扣减的营业盈余

支出法：EDP＝最终消费+经虚拟成本扣减的资本形成+净出口

3 环境污染实物量核算内容与方法

3.1 环境污染实物量的核算内容

环境污染实物量核算包括各部门和各地区的污染物排放、处理与产生量实物核算，将污染物排放纳入经济投入产出表的经济-环境混合核算。因此，环境污染实物量核算分为以下两个部分：

（1）按照部门类别和地区编制污染物实物核算表。以水污染的部门和地区实物量核算表为例来说明，其基本表式如表 2 和表 3 所示。横行列示各类经济活动部门和地区，其中部门分类与国民经济行业分类保持一致；地区分类按区域分为东部、中部和西部，在各区域内再按省（市）分类；纵列将不同的污染物产生量、处理量和排放量分别在每一种污染介质（如水污染、大气污染和固体废物污染）之下列示，这样可以在污染介质和污染物两个层次上提供当期的产生量、处理量以及排放量数据。

（2）将污染物排放置于经济投入产出表之中，形成"经济-环境混合核算表"。简单的表式如表 4 所示。与单纯的污染物实物核算表相比，混合核算表具有以下特点：① 不是单纯表现污染物排放的来源，而是将排放与中间产品投入并列显示出来。这在某种意义上表现出，环境对经济活动提供污染物受纳服务，也是经济活动的投入。② 该表中，经济投入产出部分是价值表，按货币单位编制，而污染物排放部分则是实物数据，按实物单位编制，因此有混合表之称，显然这样的混合表不能进行列向合计。从实际应用看，这样并列的结果，为观察经济活动的污染物排放强度（如计算污染物排放系数）提供了基础。

3.2 环境污染实物量的核算

针对实物量核算存在的技术难点，框架提出的环境污染实物量核算思路为：以分地区的环境统计数据总量为主，以分别建立的相应水污染、大气污染和固体废弃物污染实物量核算模型为辅，建立一套完整有效的环境污染实物量核算方法，对各类污染物的产生、削减（处置）和排放量进行规范化的核算，获得全面的污染实物量数据资料。

表 2 污染物部门实物量核算表（水污染）

××××年度/实物单位

产业部门	水污染物 t									废水万 t		
	COD			......			重金属			排放量	排放达标量	排放未达标量
	产生量 (1)=(2)+(3)	去除量 (2)	排放量 (3)	产生量 (4)=(5)+(6)	去除量 (5)	排放量 (6)	产生量* (13)=(14)+(15)	去除量* (14)	排放量* (15)	(16)	(17)	(18)=(16)-(17)
第一产业												
种植业												
畜牧业												
农村生活												
小计												
第二产业												
煤炭开采业												
石油天然气开采业												
黑色金属矿采选业												
有色金属矿采选业												
......												
自来水生产供应业*												
建筑业*												
小计												
第三产业												
城市生活												
合计												

注：1）水污染物包括 COD、NH_3-N、氟化物、石油类、重金属五类，重金属包括汞、镉、六价铬、铅和砷；

2）由于缺乏统计数据支持，重金属产生量和去除量不核算；

3）带*表示空核算项。

125

表 3　污染物地区实物量核算表（水污染）

×××× 年度/实物单位

地区名称		水污染物/t						重金属*			废水/万 t		
		COD				……		产生量*	去除量*	排放量*	排放量	排放达标量	排放未达标量
		产生量 (1)=(2)+(3)	去除量 (2)	排放量 (3)	(4)=(5)+(6)	(5)	(6)	(13)=(14)+(15)	(14)	(15)	(16)	(17)	(18)=(16)-(17)
东部	北京												
	……												
	海南												
	东部小计												
	东部占全国比例，%												
中部	山西												
	……												
	湖南												
	中部小计												
	中部占全国比例，%												
西部	内蒙古												
	……												
	新疆												
	西部小计												
	西部占全国比例，%												
合计													

注：1）水污染物包括 COD、NH_3-N、氰化物、石油类和重金属五类，重金属包括汞、六价铬、镉、铅和砷；

2）由于缺乏统计数据支持，重金属产生量和去除量不核算；

3）各省（直辖市）按地级市（县、旗区）行政区进行核算，根据当地情况替换以上表中的地区名称。

3.2.1 水污染实物量的核算

（1）核算范围。种植业、畜牧业、工业、第三产业废水和生活废水。

（2）核算对象。废水和废水中的污染物——COD、氨氮、石油类、重金属和氰化物。

表4　经济－环境混合核算表　××××年度/货币单位，实物单位

产业部门	产业部门						最终消费	资本形成	净出口	产出总计
	种植业	煤炭开采业	建筑业	……	环境服务业	产业总计				
种植业										
……										
煤炭开采业										
……										
建筑业										
……										
环境服务业										
产业总计										
增加值										
投入总计										
污染物排放										
水污染物：										
COD										
……										
NH$_3$-N										
废水排放量										
大气污染物										
SO$_2$										
烟尘										
粉尘										
NO$_x$										
固体废物										
工业废物										
危险废物										
生活垃圾										

（3）核算指标：废水排放量、废水排放达标量、废水排放未达标量以及污染物去除量、排放量和产生量。其中，工业废水核算

COD、氨氮、氰化物、石油类 4 种污染物的产生量、去除量和排放量，以及重金属排放量；畜禽养殖业、种植业和生活废水仅核算 COD 和氨氮两种污染物的产生量、去除量和排放量。

（4）废水排放量、排放达标量和排放未达标量的核算方法。工业废水排放量以环境统计中各地区的工业废水排放量和各行业的废水排放量结构为基准，并修正排放达标率，进行废水实物量的核算；城市生活废水直接采用环境统计数据；种植业、畜牧业和农村生活废水分别采用耗水系数法、畜禽废水产生系数法和人均综合生活废水产生系数法进行推算。

（5）污染物产生。去除量和排放量的核算方法：与工业废水排放量的核算方法相对应，以环境统计的实物量数据为基准、进行适当修正后完成工业废水中污染物的核算；城市生活废水污染物直接采用环境统计数据；种植业、畜牧业和农村生活废水污染物分别采用单位污染物源强系数法、畜禽污染物排泄系数法和人均综合生活污染物产生系数法进行推算。

（6）数据来源。《中国环境统计年报》《中国城市建设统计年报》《中国和各省水资源公报》《中国统计年鉴》《中国畜牧业年鉴》，具体见表5。

3.2.2 大气污染实物量的核算

（1）核算范围。农业、工业、第三产业和生活废气。

（2）核算对象。SO_2、烟尘、工业粉尘和 N_x。

（3）核算指标。工业 SO_2、烟尘、粉尘和 N_x 的产生量、排放量和去除量，以及第三产业和城市生活[1]SO_2、烟尘和 N_x 的产生量、排放量和去除量，农业和农村生活 SO_2、烟尘和 N_x 的产生排放量。

（4）核算方法。大部分采用环境统计数据，第三产业和城市生活污染物去除量以及第一产业和农村生活污染物排放量采用能源消耗衡算和排放系数估算的方法。

（5）数据来源。中国环境统计年报、中国城市建设统计年报、中国能源统计年鉴、中国统计年鉴，具体见表5。

3.2.3 固废污染核算

（1）核算范围。工业行业和城镇生活固体废弃物。

（2）核算对象。一般工业固体废物、工业危险废物和生活垃圾。

---

① 不包括交通部门。

（3）核算指标。工业固体废物和危废的产生量、综合利用量、贮存量、处置量和排放量；城市生活垃圾的产生量、卫生填埋量、堆肥量、无害化焚烧量、简单处理量和堆放量。

（4）核算方法。一般工业固体废物和危险废物利用环境统计数据，城镇生活垃圾实物量除产生量通过人均垃圾产生量进行核算外，其他都利用城建年报统计数据。

（5）数据来源。中国环境统计年报、中国城市建设统计年报，具体见表5。

表5　中国环境经济核算数据来源

核算项目	数据来源	主要指标
实物量核算	《中国环境统计年报》	各地区工业和生活的废水排放量和排放达标量、废水中污染物的排放量和去除量；各地区和部门的大气污染物（SO_2、烟尘、粉尘）排放量和去除量，生活 SO_2 和烟尘排放量、工业固体废物产生量、处置量、综合利用量、排放量和城市生活垃圾污染实物量核算
	《中国能源统计年鉴》	分行业和分地区的能源消耗量（用于各地区和部门的 NO_x 实物量的核算、SO_2 实物量的修正，以及第一和第三产业大气污染物实物量的核算）
	《中国畜牧业统计年鉴》	各地区的畜禽养殖量（用于各地区畜禽废水和污染物实物量的核算）
	《中国统计年鉴》	各地区的化肥施用量和农作物种植面积（用于种植业废水和污染物的核算）、各地区农村人口（用于农村生活废水及其污染物的实物量核算）、住宅建筑面积（用于生活大气污染物产生量和去除量的核算）、主要工业产品产量（用于工业大气污染物实物量的核算）
	《中国城市建设统计年报》	城市生活垃圾产生、处理和堆积量，城市生活废水不同级别处理方式的处理率，各地区城市人口、城市燃气普及率、集中供热面积（用于生活大气污染物产生量和去除量的核算）
	《中国环境统计2005》	各地区降雨量（用于种植业废水和污染物的核算）
价值量核算	《中国环境统计年报》	各地区和行业的工业和生活废水以及工业废气的实际治理成本
	《试点省市绿色国民经济核算与污染损失调查》	工业和生活废水、工业和生活废气、工业固废、城市生活垃圾和畜禽养殖废水的单位治理成本

3.3 环境污染价值量的核算

如前所述，环境污染成本由实际治理成本和环境退化成本两部分组成。其中，污染实际治理成本是指在目前的治理水平下，处理生产和消费过程中所产生废弃物的实际已发生治理成本；环境退化成本是指在目前的治理水平下，生产和消费过程中所排放的污染物对环境造成的实际污染成本。污染物排放造成的环境退化成本是环境污染价值量核算中最关键也是最困难的部分，本框架将分别采用治理成本法和污染损失成本法核算环境退化成本，前者称为虚拟污染治理成本，后者称为环境退化成本。

3.3.1 实际污染治理成本

大部分实际污染治理成本采用统计数据，生活废气、工业固废、城市生活垃圾和畜禽养殖废水的实际治理成本，需要通过核算获得，计算实际污染治理成本，理论上比较简单，即利用污染物处理实物量和污染物治理的单位成本数据，两者相乘即为实际治理成本。基本计算公式为：

实际污染治理成本＝污染物治理（去除）量×单位实际治理成本

上式中，污染物的治理或去除量可以通过统计数据或计算获得，核算的关键在于单位污染物治理成本的确定。实际污染治理成本的数据来源见表4。

3.3.2 虚拟污染治理成本

虚拟污染治理成本核算方法与实际污染治理成本的计算方法相同，利用排放实物量数据和单位治理成本，计算为治理未达标排放或已经排放的污染物应该花费的成本。计算公式为：

虚拟污染治理成本＝污染物排放量×单位虚拟治理成本

虚拟污染治理成本是维护环境不发生退化需要花费的治理成本，是对环境退化成本的最低估计。计算方法与上述实际污染治理成本的计算方法相同，利用排放数据和单位治理成本，计算为治理所有要排放的污染物应该花费的成本。采用这种方法，可按污染物类别分别计算，并归集到产生污染的各个部门，进而可对各部门的增加值进行调整，即易于与目前的国民经济统计部门相接口。但这种算法核算结果偏小，如采用这种算法等于默认治理污染的成本与污染排放造成的危害相等，治理与不治理没有差别，治理的效益无从体现，容易造成概念上的混淆。因此，从严格的意义上来讲，利用这种思路计算得到的仅是防止环境功能退化所需的治理成本，是污染物排放可能造成的最低环境退化虚拟成本，并不是实际造成的环境退化成本。

3.3.3 环境退化成本

在本框架中，利用污染损失成本法计算得到的被称为环境退化成本。采用这种方法，需要进行专门的污染损失调查，采用一定的技术方法，确定污染排放对当地环境质量产生影响的货币价值，如对产品产量、人体健康、生态环境等的影响，并以货币的形式量化这些影响，从而确定污染所造成的环境退化成本。环境退化成本一般是以地域范围来计算的，要分解到产生污染排放的各个部门有一定的困难。但从理论上来说，污染损失才是真正的环境退化成本，只有进行污染损失估算才能体现污染治理的效益。

（1）污染经济损失的核算内容。按污染介质来分，本次核算包括大气污染、水污染和固体废弃物污染造成的经济损失；按污染危害终端来分，本次核算包括人体健康经济损失、工农业（种植业、林业、牧业、渔业）生产经济损失、水资源经济损失、材料经济损失、土地丧失生产力引起的经济损失和对生活造成影响的经济损失。本框架中污染经济损失的核算范围见表6。

表6　污染经济损失核算范围

污染因子＼危害终端	人体健康	种植业	牧业	渔业	土地	水资源	材料	工业	生活*
大气污染									
SO₂		√					√		
TSP（PM₁₀）	√	√							√*
酸雨		√					√		
水污染									
饮用水污染	√								
水环境污染		√	√	√				√	√
污染型缺水		√	√	√				√	√
固体废物污染									
污染事故	√	√	√	√				√	√

注：*生活指各种形式的污染对生活造成的影响，如大气中灰尘造成的劳务消耗、清洗费用增加以及水污染引起的清洁饮用水消耗和污染型缺水对生活造成的影响，不包括对人体健康造成的危害。

（2）各项污染经济损失的内涵。

➢ 大气污染造成的健康损失：物理终端包括因大气污染造成的城市居民全因过早死亡人数、呼吸和循环系统住院人数和慢性支气管炎的发病人数，经济损失核算终端包括过早死亡、住院和休工以及慢性支气管炎患者长期患病失能造成的经济损失。

➤ 大气污染造成的农业损失：危害终端为污染区相对于清洁对照区主要农作物产量的减产及其造成的经济损失，农作物包括水稻、小麦、油菜子、棉花、大豆和蔬菜。

➤ 大气污染造成的材料损失：危害终端为污染条件下材料使用寿命的减少及其造成的经济损失，评价材料包括水泥、砖、铝、油漆木材、大理石/花岗岩、陶瓷和马赛克、水磨石、涂料/油漆灰、瓦、镀锌钢、涂漆钢、涂漆钢防护网和镀锌钢防护网。

➤ 污染型缺水造成的经济损失：指由于污染造成的缺水给工农业生产和人民生活带来的经济损失。

➤ 水污染造成的健康损失：危害终端为农村不安全饮用水覆盖人口的介水性传染病和癌症发病造成的经济损失。

➤ 水污染造成的农业损失：指不符合农业灌溉水质或劣Ⅳ类农业用水对种植业和林牧渔业生产造成的减产降质经济损失。

➤ 水污染造成的工业防护费用损失：指工业企业预处理劣Ⅳ类工业用水的额外治理成本。

➤ 水污染造成的城市生活经济损失：水污染引起的城市生活经济损失由两部分组成，第一部分为城市生活用水的额外治理成本，第二部分为城市居民因为担心水污染而带来的家庭纯净水和自来水净化装置防护成本。

➤ 固废堆放侵占土地造成的损失：指工业固体废物、城市和农业生活垃圾堆放占地造成的土地机会丧失。

➤ 污染事故造成的损失：指一般环境污染事故造成的直接经济损失和渔业污染事故造成的直接经济损失和渔业资源损失。

各项污染损失的核算范围和核算对象见表7。

（3）各项污染损失的核算方法。各项污染损失的核算方法见表7。国外在评价污染对健康的影响时常采用支付意愿法，在进行绿色国民经济核算时，污染损失是和基于市场价值核算的传统 GDP 进行比较，因此，本课题评价健康损失时采用了同样基于市场价值的疾病成本法和人力资本法。

表 7　各项污染经济损失的核算范围、核算对象、污染因子和核算方法

	大气污染				水污染					固体废物占地损失	污染事故	
	健康	种植业	材料	生活	健康	农业	工业	生活	污染型缺水		渔业	其他
污染因子	PM₁₀	SO₂、pH	SO₂、pH	降尘量	不安全饮用水	污灌水或劣Ⅴ类水	劣Ⅳ类水	劣Ⅲ类水和因污染造成纯净水或净水的人口比例	因污染造成的缺水量	固废堆放面积		
核算范围	全国659个县及县以上城市	全国30个省、自治区和直辖市	上海、江苏、广东等14个酸雨比较严重的华东、华中、华南和西南省份①	北京、辽宁、山西等16个华北、东北和西北省份	全国30个省、自治区和直辖市	全国30个省、自治区和直辖市	全国30个省、自治区和直辖市	全国30个省、自治区和直辖市	全国30个省、自治区和直辖市	全国30个省、自治区和直辖市	全国30个省、自治区和直辖市	
核算对象	城市暴露人口	水稻、小麦、油菜子、棉花、大豆和蔬菜等六种农作物	水泥、砖、花岗岩、水磨石、镀锌钢、防护栏等13种和建筑用材料	城市暴露人口、街道、车辆和建筑物	2.8亿农村不安全饮用水暴露人口	种植业(水稻、小麦、玉米和蔬菜等)、林牧渔业的不达标的水	工业不达标水源水	城市不达标水源水和城市居民	工农业生产和人民生活		水产品损失、污染防护设施损失、渔具损失以及清除污染等实际费用及污染事故鉴定等费用的直接经济损失	废水、废气、固废、辐射等污染事故取证实际费用和渔业资源损失

133

	大气污染				水污染					固体废物占地损失	污染事故	
	健康	种植业	材料	生活	健康	农业	工业	生活	污染型缺水		渔业	其他
实物量核算方法	剂量反应关系法	剂量反应关系法	剂量反应关系法	问卷调查	剂量反应关系法、统计数据	剂量反应关系法、调查统计数据	调查数据	问卷统计调查	调查统计数据		统计数据	调查统计数据
价值量核算方法	疾病成本法、人力资本法	市场价值法	市场价值法	市场价值法、人力资本法	效益转换法	影子价格法	防护费用法	市场价值法、防护费用法	影子价格法		市场价值法	市场价值法
备注				暂缺							数据来源:《中国环境统计公报2004》	数据来源:《中国渔业生态环境状况公报2004》

注：上海、重庆、江苏、浙江、福建、安徽、江西、广东、广西、湖南、湖北、四川、贵州、云南14个省、自治区、直辖市。

4 经环境污染调整的 GDP 核算

用环境污染价值量核算中的虚拟治理成本去调整传统的国内生产总值（GDP），从而得到经虚拟治理成本调整的国内生产总值（EDP），即：EDP=总产出－中间投入－虚拟治理成本。同时，计算虚拟治理成本和环境退化成本占 GDP 的比例。各指标间的关系如表 8[①]所示。

表 8　经环境调整的绿色国内生产总值（EDP）总量核算表

×××× 年度 / 货币单位

项目	序号	项目	序号
总产出	（1）	污染损失成本	（6）
中间投入	（2）	污染损失占国内产出的比例 PEP_1	（7）=（6）/（3）
国内生产总值	（3）=（1）－（2）	生态破坏成本	（8）
虚拟治理成本	（4）	生态成本占国内产出的比例 PEP_2	（9）=（8）/（3）
经虚拟治理成本调整的国内产出 EDP	（5）=（3）－（4）	环境退化成本	（10）=（6）+（8）
		退化成本占国内产出的比例 PEP	（11）=（3）－（10）

注：EDP（Environ - Domestic Product）表示经虚拟治理成本调整的产业部门绿色国内生产总值；PEP（Percent - Environ - Product）表示环境退化成本占国内生产总值的比例。

5 试点省市核算调查工作内容与进展

为更好地开展中国环境经济的核算工作，国家统计局和国家环境保护总局决定首先选择 10 个试点省市开展绿色国民经济核算和污染损失调查，一方面解决核算中存在的技术难题，获得更具说服力的技术参数；另一方面，通过试点核算来检验先期提出的环境经济核算技术体系和计算工具。

[①] 由于 2004 年调整后的 GDP 只有生产法的相关统计数据，因此表中没有列出支出法和收入法的 EDP 计算方法。

5.1 试点省市核算调查工作内容

地方试点省市的具体工作内容包括：① 学习国家技术组提供的核算《技术指南》并制订试点省市的工作方案；② 开展污染治理成本与环境污染损失调查；③ 完成各试点省市的环境经济核算；④ 编写绿色国民经济核算与环境污染损失调查报告。

试点省市污染治理成本与环境污染损失调查共由九项调查组成[①]：① 企事业环保支出项目和污染治理状况调查；② 工业用水预处理手段和设施成本企业调查；③ 污染引起的清洁和劳务费用增加调查；④ 生活用洁净水替代成本调查；⑤ 大气污染与人体健康效应调查；⑥ 建筑类型与存量调查；⑦ 水污染对农作物危害调查；⑧ 固体废物环境污染损失调查；⑨ 环境污染事故经济损失调查。其中，前四项调查为向国家统计局申请正式表号的调查，在试点省市统一部署展开调查，后五项调查由试点省市核算调查工作技术组在充分挖掘以往各种统计资料和相关科研项目的数据信息的基础上，汇总完成。

5.2 试点省市核算调查工作进展情况

在试点调查工作开展之前，国家技术组先后召开了 3 次技术协调会议，完成了《中国资源环境经济核算体系框架》《中国环境经济核算体系框架》《中国环境经济核算技术指南》编写工作，国家环保总局和国家统计局两个部门共同制定了《试点省市绿色国民经济核算与环境污染损失调查方案》，并在核算调查工作过程中开发了《中国环境经济核算软件系统》。

自国家环保总局于 2005 年 7 月 1 日下发《关于开展绿色国民经济核算试点省市环境污染经济损失调查的通知》后，试点进入实际调查阶段。大部分试点地方成立了由省（市）主管领导参加、统计局和环保局领导组成的核算调查工作协调小组，以及由地方环保局、统计局以及技术支持单位组成的技术小组。两个部门和国家技术工作组先于 2005 年 3 月、6 月和 9 月、2006 年 6 月和 7 月分别在马鞍山、沈阳、重庆、成都和北京组织了试点工作的研讨培训班，并于 2005 年 11 月和 2006 年 2 月在京召开了绿色国民经济核算国际经

---

① 国家环境保护总局，国家统计局，试点省市绿色国民经济核算和环境污染损失调查方案，2005。

验研讨会和试点核算调查工作阶段总结会。

通过试点工作，得到了国家和各地方的主要污染物单位治理成本、工业和生活用水预处理单位治理成本等重要技术参数，同时，10个地方开展的污染引起的清洁和劳务费用增加调查、生活用洁净水替代成本调查等社会调查为环境退化成本的核算提供了重要依据，其中，后一项调查已经应用于 2004 年的核算，前一项调查的数据尚在分析整理之中，预计其分析结果将应用于 2005 年的核算。此外，重庆和广东还开展了建筑类型与存量调查。但由于基础工作薄弱，水污染对农作物危害调查和环境污染事故经济损失调查两项调查难以开展，同时，由于部分地方相关部门配合不够，大气污染与人体健康效应调查工作也难以获得预期效果。预计到 2006 年年底，国家和地方两级的 2004 年环境经济核算工作将全部完成，国家工作技术组将组织有关专家进行试点工作的验收评审。

6 中国环境与经济核算体系研究存在的问题和研究前景

由于中国开展绿色国民经济核算研究的历史并不长，核算的数据基础比较薄弱，国内外学术界关于绿色国民经济核算的研究也存在许多争议，关于中国是否向绿色 GDP 说再见的评论非常热烈。下面笔者简要剖析一下中国综合环境经济核算体系研究中存在的问题，对其研究前景做一展望。

6.1 存在的问题

从笔者两年来进行环境与经济核算的工作实践来看，目前我国开展的综合环境与经济核算研究主要存在以下 3 个方面的问题：

（1）工作平台尚未建立，宣传导向难以掌控。经过研究人员的努力，中国综合环境经济核算的基本体系已经构建。资源环境经济核算具有高度的复杂性，涉及政府多个部门以及社会各个层面，比如，统计部门、环保部门、水利部门、国土资源部门、林业部门、海洋管理部门、农业部门，以及国家和地方各个层面。因此，无论是开展全面的绿色国民经济核算，还是分主题的局部核算，都需要不同机构之间的合作配合，这是核算得以实施的组织保证。本次试点核算调查工作，虽然在国家层面由国家统计局和国家环保总局联合开展，但无论是国家技术组还是地方在收集其他相关部门的数据时仍然困难重重。同时，由于缺乏一个牵头部门，宣传导向上也容易出现不和谐的声音。

（2）研究工作不均衡，理论方法有待完善。从国内研究进展来看，森林、土地、环境等资源的研究进展很快，并且已经开展了试点工作，而有些重要资源如水资源、矿产资源、生态破坏、污染事故等的核算进展很慢，还没有成熟的理论和方法，这就从整体上制约了资源环境核算及其纳入国民经济核算体系的进程。同时，综合环境经济核算的理论方法还存在不完善的地方：① 资源价值理论尚没有统一，价值来源、价值确定方法、价值计量模型没有规范且争论较大，资源环境如何以价值量的方式纳入国民经济核算体系仍然没有突破性进展；② 如何将单项的资源环境核算（如水资源核算、森林资源核算、矿产资源核算、环境污染核算等）综合起来，构成整体的资源环境核算体系，它的实物量和价值量核算表达方式如何确定还没有实质性突破。

（3）基础工作重视不够，核算精度尚待提高。由于基础研究和投入的不足，给核算的开展带来许多困难，最终核算结果难免存在误差。主要表现在：① 基础统计数据匮乏。核算工作离不开统计数据和资料的支持，我国目前的许多资源、环境、经济和社会人口资料都难以满足核算的要求，同时，由于统计指标体系、统计方法和统计口径的不断变化，给连续性的年度核算带来一定的困难。② 基础研究投入不足。以污染损失核算为例，不同研究机构核算出的环境污染损失结果占当年 GDP 的 2.1%～7.7%，差距过大，实际指导意义不强，这很大程度上与污染与人体健康、农业、工业等危害对象之间关系的基础科学研究投入不足有关。③ 基础能力建设不足，缺乏一支软硬件设施齐备、业务熟练的基层统计核算队伍。

6.2 研究前景

根据以上分析，从近期来看，要按照联合国统计署发布的 SEEA 体系，进行完整的综合环境经济核算在中国还存在一定的困难。但毋庸置疑的是，党中央、国务院关于全面落实科学发展观，通过开展绿色国民经济核算推动经济发展观念改变的决心是不会动摇的，国家统计和资源环境部门正在着手建立中国的综合环境经济核算体系。为了把这项工作作为一项长期的工作任务开展下去，提出下列建议：

（1）加强部门协调，构建统一的工作平台。核算的工作平台可以按不同方式进行核算实施。第一种是统计局系统牵头，相关部门和科研机构介入；第二种是管理部门牵头，统计部门和科研机构介入；第三种是科研机构牵头，相关部门和统计部门介入。结合具体实施阶段考虑，在绿色国民经济核算初期，主要是各种主题式的核算，适宜由各主管部门牵头组织、国家统计局协调、有关科研机构介入的方式，在统一的《绿色国民经济核算框架》下组织实施，这种组织方式有利于保证核算结果的公正性和客观性。同时，除了国家层面各部门之间应加强协调沟通外，地方层面更应加强协调沟通。

（2）加强基础研究和工作力度，完善核算理论与方法。资源环境经济核算是一个复杂的体系，一方面涉及一个复杂的经济系统；另一方面涉及各种不同的自然资源和环境要素，面临着许多技术上的难点，主要表现在环境价值量核算方面，国际上也没有一套成功的经验可以借鉴。今后的研究重点主要是：① 继续完善资源环境经济核算体系的理论框架；② 进一步研究生态破坏实物量核算与自然资源的实物量核算的技术方法；③ 资源和环境价值量核算方法。

从环境部门来说，近期要和相关部门合作，做好全国土壤污染、地下水污染和污染源调查三项基础性调查工作，同时，尽快启动全国生态破坏损失调查，为环境退化成本的全面核算奠定数据基础。

（3）加快建立相关制度，提供数据保障。绿色 GDP 核算的相关制度建设对保证绿色 GDP 核算的顺利实施至关重要，需要引起有关部门的高度重视，应加快建立和完善。第一，完善现行的资源环境统计制度；第二，开展研究如何利用绿色 GDP 核算过程和结果指标制定环境经济政策，如环境税收、环境补偿、政府领导干部绩效考核制度等；第三，建立相关的标准法规制度，如绿色 GDP 核算方法和标准的统一规范、核算过程的监督管理制度、核算结果发布制度和奖惩制度等；第四，实施绿色 GDP 核算的工作制度。

（4）正确开展宣传教育，创建良好社会氛围。推行绿色国民经济核算，是对我国国民经济核算方法和社会经济增长评价方法的重大改革，这个改革意味着我国经济发展观的重大转变。要实现这个重大的根本性转变，需要克服许多障碍。首先，要端正各级领导干部的指导思想，转变各级领导干部的观念。一个合格的干部应该具有可持续发展观念和环境保护意识，不应只考虑本地区 GDP 的增长，更应考虑长远利益和全局利益。其次，通过统一工作平台的构建以及正确的宣传引导，为这项具有研究性质政府工作的顺利开展营造一个良好的社会氛围。

参考文献

[1] UN. Integrated Environmental and Economic Accounting-2003. 综合环境经济核算-2003. 高敏雪，等译. 2004.

[2] 王金南，葛察忠，曹东，蒋洪强. 基于卫星账户的中国环境资源核算初步方案//建立中国绿色国民经济核算体系国际研讨会论文集. 北京：中国环境科学出版社，2007.

[3] 过孝民，王金南，於方，蒋洪强. 我国环境污染和生态破坏经济损失计量研究的问题与前景//建立中国绿色国民经济核算体系国际研讨会论文集. 北京：中国环境科学出版社，2007.

[4] 王金南，於方，蒋洪强，等. 建立中国绿色 GDP 核算体系：机遇、挑战与对策//建立中国绿色国民经济核算体系国际研讨会论文集. 北京：中国环境科学出版社，2007.

关于绿色 GDP 核算的若干问题分析

王金南　蒋洪强　於方

（中国环境规划院　北京　100012）

摘　要： 建立绿色国民经济核算体系是一个充满探索、实验的研究领域，其研究与实施必然涉及认识观念、制度层面和技术层面的问题，面临着许多困难。同时，对于绿色 GDP 核算，各位政府官员、专家学者以及媒体公众等都表现出了极大的热情，提出了不少意见和建议，也提出了不少疑问。本文针对绿色 GDP 核算研究与实践中出现的各类问题，作了深入全面的分析，涉及绿色 GDP 核算的必要性、核算基础理论、核算范围、核算定位、核算内容、核算数据基础、核算的国际与国内比较、核算的制度保障、部门合作机制、核算的技术难点等 13 个方面。这些分析必将有助于各相关方对绿色 GDP 核算这些工作进行全面客观认识，从而有助于推动绿色 GDP 核算在中国的研究与实践进程。

关键词： 绿色 GDP 核算　若干问题　分析

科学发展观的确立适时为我国经济增长模式由单纯追求经济增长模式向追求以人为本的经济增长与自然保护和谐统一模式的转换提供了重要契机和理论依据。为确保这一模式转换目标的实现，摆在我们面前的一个十分重要并亟待解决的基础性任务是：从可持续发展的角度，建立以科学发展观为指导的绿色国民经济核算体系，提供资源环境核算数据，为决策部门提供参考，使经济发展具有可持续性。为此，国家环境保护总局和国家统计局决定联合开展绿色国民经济核算的工作。

自 2004 年 3 月份，国家环保总局和国家统计局联合召开绿色 GDP 核算工作讨论会、正式启动《综合环境与经济核算（绿色 GDP）研究》项目以来。经过两局有关专家的辛勤工作，《中国环境经济核算体系框架》《中国环境经济核算技术指南》《中国绿色国民经济核算调查方案》等均已初步完成，并于 2005 年 3 月份和 6 月份分别在安徽省马鞍山市和辽宁省沈阳市成功举办了北京、天津、广东等 10 省市的绿色 GDP 核算试点工作培训班,这标志着绿色 GDP 核算在中国正式开始实施。目前,各试点省市已成立了领导小组、协调小组和技术小组,正在加紧开展绿色 GDP 核算与环境污染经济损失调查工作。

在短短一年多时间里,在国家环保总局和国家统计局等部门的努力下,绿色 GDP 核算工作取得了积极进展。绿色 GDP 这个陌生的名词逐渐为大家所理解和接受,绿色 GDP 核算理论研究也逐步深化,从学术界开始走向社会,从政府文件、学术会议和宣传培训走向决策者、管理人员和公众。但建立绿色国民经济核算体系仍然是一个充满探索、实验的研究领域,其实施必然涉及许多具体的操作性问题,面临着许多困难。因此,对于绿色 GDP 核算这项工作,各位政府官员、各位专家学者、各位媒体记者等都表现出了极大的热情和兴趣,提出了不少意见和建议,也提出了不少质疑。归纳起来,这些问题涉及认识观念、制度层面和技术层面,主要表现在以下 12 个方面。

1 无论是从理论方面还是实践方面,绿色 GDP 核算都具有必要性

在关于中国当前开展绿色 GDP 核算到底有没有必要方面,存在着不同的观点。一些人认为当前中国还主要着眼于经济发展,在传统国民经济核算还没有完全搞清楚的情况下,超前搞绿色国民经济核算不符合中国实际。同时,认为绿色国民经济核算的许多技术方法还不成熟、不科学,特别是资源与环境没有严格的市场价格,环境污染和生态破坏经济损失计算方法的复杂性,资源环境统计制度还不成熟,因此对于资源环境核算必然相当复杂,核算结果也必然不准确,很难取得一致意见。

对于以上两种观点,我们认为,都存在片面的认识。首先,第一种观点认为,中国当前主要着眼于经济发展,这是无可非议的。但结合中国现实考虑,近年来的经济高速增长凸显了经济发展与环境保护之间的矛盾,进行环境经济核算对实施可持续发展战略、落实科学发展观、建立资源节约型与环境友好型社会都具有重要的现实意义。同时,我们认为,不能因为传统国民经济核算没有完全搞清楚,就不研究和实施绿色 GDP 核算了。其实,两种核算制度对经济发展的指导作用是不同的,传统 GDP 核算体系是在经济系统内的

市场框架下衡量经济系统运行的国民经济核算体系，它对指导国民经济的运行具有重要指导意义，绿色 GDP 核算建立在传统 GDP 核算体系的基础上，是在经济与环境大系统内，着重于核算资源与环境代价，它对于经济与环境协调发展更具有指导意义。

由于中国进行现行的国民经济核算的历史并不长，核算基础尚不算十分牢固，开始时制度和方法也是不成熟，经过多年的研究，在原有基础上逐步完善而成的。随着社会经济的发展，传统国民经济核算需要研究和完善的内容和方法越来越多，在实践中总是不断地完善与发展。同样，绿色国民经济核算由于研究的时间更短，基础更差，更需要逐步完善。不能因为技术方法和统计制度的不成熟，就停滞不前，不研究绿色 GDP 核算体系。这样的话，绿色 GDP 核算体系将永远无法实施。

2 绿色 GDP 核算建立在市场价格与非市场价格的基础上

绿色 GDP 核算与传统 GDP 核算一样，所涉及的许多问题不仅仅是技术性的，而且也涉及经济理论和原理等基本问题。在绿色 GDP 核算的研究与实践中，必须考虑到背后的经济理论基础，只有这样，才能深刻理解和认识绿色 GDP 核算的技术与方法。

传统 GDP 核算的理论基础是新古典经济学和凯恩斯宏观经济学，绿色 GDP 核算的理论基础是环境经济学，环境外部性理论。传统 GDP 核算是建立在市场价格的基础上，对市场经济活动的一种理性化的描述和说明。绿色 GDP 核算涉及核算资源与环境代价问题，而资源与环境往往没有市场价格。因此，其核算必然以市场价格和非市场价格为基础相结合进行。对于不能用市场价格、货币度量的资源环境代价，需要借助一定的方法，如机会成本法、支付意愿法等，转化为以货币度量的经济代价。同时，不同地区选用的核算方法和范围不同，可能给核算的结果带来较大的不确定性。要取得尽量科学合理、令人信服的核算结果，一方面，我们需加强绿色 GDP 核算的理论方法研究，突破技术上的难点问题，逐步完善绿色 GDP 核算的内容、方法，提高核算的科学性；另一方面，我们需加强绿色 GDP 核算的制度建设，特别是资源环境统计制度、核算方法和标准的规范制度、核算过程的监督管理制度、核算结果的发布制度等，通过立法程序，将绿色 GDP 纳入统计范畴，与传统 GDP 同时进行核算。

3 绿色GDP核算目前主要着眼于局部核算

绿色GDP核算是一个复杂的体系，从国际研究进展看，绿色GDP核算一般是从局部核算开始，或者着眼于特定资源类型，或者着眼于特定环境问题。由于中国进行绿色GDP核算研究的历史并不长，核算基础十分薄弱，不具备完成所有资源、环境经济核算的条件，其实施也将是一个逐步探索、逐步规范的过程。对于绿色GDP核算研究，我们工作总的原则是：先易后难、重点突破，从试点和局部开始，逐步完善，通过对这些局部核算经验予以总结，逐步完善中国绿色GDP核算理论与方法。

在核算内容的选择上，按照传统国民经济核算和国际上大多数国家通行的做法，首先选择目前基础较好、方法较为成熟的内容进行。对那些核算难度较大、不容易调查统计、基础较差和方法不完善的内容需要进一步研究。例如，对于自然资源核算，首先应选择森林资源、水资源、矿产资源、土地资源进行核算。对于环境核算，首先进行环境污染核算，再进行生态破坏核算。环境污染核算，又主要选择传统污染物（废水、COD、氨氮、SO_2、NO_x）进行实物核算，在价值核算方面，如果利用污染损失评估法，目前主要核算大气污染与人体健康、大气污染与农作物、大气污染与建筑材料、大气污染与清洁费用、水污染与人体健康、水污染与农作物、水污染与洁净水、水污染与工业预处理、固体废物与土地占用这10项污染经济损失，对于其他范围的污染损失，如臭氧对人体健康和农作物造成的损失、物理污染对人体健康造成的损失等，由于研究基础较为薄弱、技术方法不成熟、调查统计困难，还需要进一步研究完善。

在核算地区和时间选择上，从近期看，由于环境问题的复杂性，特别是对于生态破坏损失的核算，其基础还比较薄弱；另外，考虑到资金和时间的因素，要在全国31个省（市）开展框架中提出的全部核算内容，也是比较困难的。因此，从地区方面，我们在全国选择了10个省（市）首先开展环境污染试点核算；从时间跨度看，重点核算"九五"以后，即近五年间的环境污染实物量与价值量。通过局部的核算探索，为整个核算体系的建立和实施积累技术、人才和经验。

4 绿色 GDP 核算目前主要定位于政府主导下的核算项目研究

面对复杂的环境经济关系，面对在技术方法上的困难，绿色国民经济核算目前仍然是一个充满探索、实验的研究领域，尚不是一套成熟、规范的统计实务。这就是说，绿色 GDP 距离可以实际准确计量，目前还存在着许多理论上和实践上的困难，尚难以像 GDP 那样作为经常统计的结果加以应用，更难以在不同经济层面上计量，满足各级政府的考核管理需要。因此，目前将绿色 GDP 核算主要定位于项目研究阶段。

尽管绿色 GDP 核算方法还不十分成熟，但我们可以通过逐步试点，探索和完善相应的核算方法和制度。在中国当前国情下，核算试点等相关工作的开展，必须通过政府部门主导才能顺利实施。首先，绿色 GDP 核算不仅仅是为了核算而核算，而是要与国家、地区的环境政策导向一致，要为国家和地区经济与环境管理服务。在设计环境经济核算调查方案时，需要考虑到各地的实际情况和不同的需求等因素，而这些问题的把握，需要与当地政府部门进行沟通。同时，我们知道，绿色 GDP 核算体系包括的核算内容繁多，涉及许多部门的管辖范围，需要政府各部门之间进行协调沟通；另外，绿色 GDP 核算要在 10 个省（市）进行试点核算，光靠某个研究部门是不行的，需要国家和各级政府推动才能保证整个工作的顺利开展。

因此，当前绿色 GDP 核算定位于项目研究，而且必须是政府主导下的项目研究，只有这样，才能保证绿色 GDP 核算体系在中国早日实施。

5 价值量核算与实物量核算在绿色 GDP 核算中同等重要

当前，在绿色 GDP 核算上，一些观点认为，由于价值量核算涉及资源环境的非市场价格问题，主观性较强，准确度难以把握，因此价值量核算不具有意义，只需进行资源环境的实物量核算就可以了。

这种观点的局限性在于对绿色国民经济核算体系的理解不全面。我们知道，绿色国民经济核算包含两个层次：①实物型核算；②价值型核算。所谓实物型核算，是在国民经济核算框架基础上，运用实物单位建立不同层次的实物量账户和经济－环境混合核算表，描述与经济活动对应的各类污染物排放量、生态破坏量。在价值量核算中，具体包括两个部分：①对现存经济核算中有关环境的货币流量予以核算，主要包括污染物治理成本（或环境保护成本）核算；②在实物核算基础上，估算环境退化成本和生态破坏的货币价值（生态破坏成本）。进而，将货币型核算的结果与国民经济核算的内容合并起来，对传统的宏观经济总量进行调整，进一步形成包含环境要素的宏观总量指标，即绿色 GDP。

因此，价值量核算与实物量核算是绿色 GDP 核算体系的两个不可缺少的组成部分，实物核算是价值核算的基础，又是环境保护和生态保护的落脚点，价值核算是计算绿色 GDP 总量指标的基础，而绿色 GDP 总量指标是衡量环境与经济和谐和可持续发展程度的综合性指标。只有进行价值量核算，才能称得上是真正的绿色 GDP 核算。

6 绿色 GDP 核算主要以统计调查数据为基础，统计与核算并重

绿色 GDP 作为一项新的核算制度，涉及统计学、经济学、环境科学、水利学、农业学、植物学和生态学等多学科领域，要反映资源环境的真实代价，不仅需要研究相关的核算技术和方法，还需要大量的多部门基础统计调查数据支持。

目前世界各国对经济社会活动的统计都比较重视，而对于绿色 GDP 核算，应该用哪些指标来衡量，采用怎样的统计方法和调查体系来搜集数据，无论在理论还是实践方面都还比较薄弱。一般来说，针对经济管理本身而言，我国的经济统计已经相对比较成熟，但这样的经济统计并不是针对描述资源环境与经济的关系而建立的；近年来资源环境的计量和记录有了长足的发展，但仍然无法全面地描述资源环境的现状及其变化；如果从资源环境与经济活动的对应关系上考虑，统计计量的完成程度就更加有限，或许存在特定场景下的个案记录，但这些基于个案记录的微观数据并不能满足一个宏观总体（比如一个国家）的计量需求，这时就需要建立有关数学模型，在现有统计数据的基础上进行科学推算。传统国民经济核算体系对有关内容的处理也是这样做的。

我们认为，要建立绿色 GDP 核算体系，必须从基础工作抓起，统计部门应会同有关专业部门抓紧建立健全资源环境统计指标体系和相应的统计调查制度及工作体系，切实做好有关数据的采集和分析工作。但对那些不能统计调查的资源环境代价，尤其是以货币量

表示的资源环境成本及相关系数，需进行一定推算，统计与核算同时运用，以便比较全面准确地对经济发展的资源环境代价情况作出定量描述，有效地进行监测、检查和督促。

7 绿色 GDP 核算必须与国际接轨，但主要着眼于国内比较

有人认为，到目前为止，还没有看到哪一个国家做出了完整的经济环境核算，更没有看到哪个国家官方拿出了绿色 GDP 的数据。目前，联合国、世界银行、国际货币基金组织、OECD、欧盟五家国际组织正在联合修订全球通用的国民经济核算体系（SNA1993），由于条件不成熟，尚不具备可实施性，并没有将绿色 GDP 列入修订内容。在这种情况下，即使中国的绿色 GDP 算出来了，又怎么进行国际比较？

我们认为，世界各国围绕环境污染、生态破坏等方面的核算已经进行了大量研究探索，国际组织一直致力于这方面的研究和实践，其中影响广泛的就是在联合国主持下所进行的关于环境经济综合核算体系（SEEA）的三次整合，通过整合，形成了环境经济核算的理论框架，体现了从基本概念扩展到经环境调整的国内产出（EDP）的完整思路，从理论框架的提出开始向具体实践推进的进程。SEEA 为各国绿色国民经济核算的研究提供了起点和指导，对促进和规范国际范围内的绿色国民经济核算发挥了重要作用。中国的绿色 GDP 核算应尽可能与联合国推荐的综合环境与经济核算体系（SEEA）框架相接轨，在基本概念的定义、核算内容的确定、核算表式的设计、操作规程的制定等方面尽可能保持与国际做法一致。

但我们知道，环境问题具有地域性特征和不同的管理目标，各国进行环境核算的基础也存在很大差异。因此，中国的绿色 GDP 核算一方面要借鉴国际上的经验，尽可能与国际 SEEA 核算框架相接轨，另一方面，要适应中国现实情况，在核算目标模式、核算内容、表式设计等方面都要依托中国国民经济核算体系和环境统计体系的特点以及开展绿色国民经济核算已经取得的实际经验，尽可能与中国的环境统计、自然资源统计、国民经济统计，以及中国现有国民经济核算基础相衔接。中国绿色 GDP 核算必须要具有中国的特点，是未来中国国民经济核算体系的重要组成部分，服务于中国的社会经济与环境的协调发展。在核算结果的比较上，也主要着眼于中国内部的比较。

8 绿色 GDP 是干部绩效考核的重要指标，但目前时机还不成熟

当前干部绩效考核指标中已经纳入了环境和自然资源保护的指标，但是只是个别单一性指标，难以衡量发展的可持续程度。由于绿色 GDP 核算将自然资源耗减、环境污染与生态恶化造成的经济损失加以货币化，检验社会生产力发展得失的同时，检验自然生产力的消长，可以督促决策者从根本上提高资源配置效率，解决资源、环境与经济相互制约的现状，构建与环境和谐的新经济体系。因此，绿色 GDP 是人们在经济活动中处理经济增长、资源利用和环境保护三者关系的一个综合、全面的指标，具有引导社会经济发展不但注重眼前效益、更追求长远利益的导向作用，它为干部政绩考核提供了科学依据。但是目前绿色 GDP 纳入干部绩效考核指标尚不成熟，仍存在技术和制度上的困难。

绿色 GDP 核算面临着许多技术上的难点，主要表现在环境价值量核算方面，尽管我们进行了深入研究，提出了不少核算模型与方法，但是，仍有许多理论和方法上的难题没有解决，没有取得共识，需要我们在试点工作中进一步完善。在法规制度建设上，一是现行的资源环境统计制度还不完善，统计数据无论在质量上还是统计范围上都不能满足绿色 GDP 核算的需要；二是绿色 GDP 核算方法和标准还没有统一规范、核算过程的监督管理制度、核算结果审核和发布制度等还没有建立。绿色 GDP 核算的诸多困难表明，在近期将绿色 GDP 指标纳入干部政绩考核制度时机还不成熟，但从长远来看，在"考核官员的环保绩效"已成为国际趋势的大背景下，绿色 GDP 纳入干部的政绩考核制度具有重要意义。

绿色 GDP 核算体系的建立需要有一个过程，绿色 GDP 纳入干部的政绩考核制度也可以分步进行，在核算方法没有完全规范化之前，进行横向比较不具备条件，但是或许可以用纵向比较的指标考核干部在可持续发展方面的业绩。

9 绿色 GDP 核算需要统计部门和其他专业部门的大力合作，统计部门应在绿色 GDP 核算起主导作用

由于绿色 GDP 核算体系的构建对应的层次是"自然环境+社会

经济"，处于生态学、环境学、资源学、经济学、社会学等众多学科研究的范围，同时，绿色 GDP 核算也是一项涉及多部门的工作，所以，需要进行跨学科研究，各部门之间、各课题组之间以及国际国内之间的协调配合。

搭建跨学科、跨部门的统一工作机构是绿色 GDP 核算体系构建成功的保证。这也是正确引导目前绿色 GDP 核算研究"热"的一个重要措施。国家统计局作为国民经济统计与核算的最高权威部门，是绿色 GDP 核算的主导者、总设计师和总协调员。在诸如总体核算框架设计、总体要求、法规标准的建立、部门核算协调、核算与统计制度改革等工作方面应发挥主导作用。同时，国家统计局要建立跨部门的工作领导小组和有关部门参加的统一工作平台，下设若干核算专题小组，包括水资源核算、森林资源核算、矿产资源核算、土地资源核算、环境污染和生态破坏损失核算等专题，在统一协调部署下，共同制订工作方案及目标，并负责组织试点及实施工作。

环保与资源部门是重要的参与者，要负责部门核算工作，包括核算技术指南建立、核算与统计数据、部门核算报告等。同时建立相应的专家顾问组和专家技术组。顾问组要充分吸收国际专家，发挥国际机构的作用。

10 环境效益核算在绿色 GDP 核算中具有重要意义，但目前主要着眼于环境成本核算

绿色 GDP 核算即绿色国民经济核算体系，是指在全面、协调和可持续的发展观指导下，把经济活动过程中的资源环境因素反映在国民经济核算体系中，将资源耗减成本、环境退化成本、生态破坏成本以及污染治理成本（或环境保护成本）从 GDP 中加以扣除，同时加上环境保护的效益，是一种新的国民经济核算体系。胡锦涛总书记在 2004 年中央人口资源环境工作座谈会上提出："要研究绿色国民经济核算方法，探索将发展过程中的资源消耗、环境损失和环境效益纳入经济发展水平的评价体系，建立和维护人与自然相对平衡的关系"。由此可见，环境效益核算和环境成本核算在绿色 GDP 核算中都具有重要意义。

但目前绿色 GDP 核算的重点主要着眼于环境成本核算，即对经济发展过程中的资源消耗、环境污染损失和生态破坏损失进行核算，这是由绿色 GDP 核算研究进程和中国所处的经济发展阶段所决定

149

的。当前，中国经济正处于高速增长时期，是对资源消耗最快、对环境污染影响最大的时期。如果将中国经济发展分为弱可持续发展阶段和强可持续发展阶段，现有经济发展阶段可以说是弱可持续发展阶段，从指导国民经济发展的方向和环境保护出发，主要核算经济发展带来的资源环境代价，即环境成本。在经济发展的更高阶段，到了强可持续发展阶段，应对环境效益进行核算，同时核算环境保护的投入与产出，以完善整个绿色 GDP 核算体系。

11 资源环境统计制度与核算结果的监督发布制度是绿色 GDP 核算制度建设的核心

在进行绿色 GDP 核算研究与实践中，我们逐步发现，由于现行的资源环境统计制度的不完善成为建立绿色 GDP 核算体系的障碍之一。要保持经济的可持续发展，建立和实施绿色 GDP 核算体系，必须完善资源环境统计制度这一基础性工作。首先，需要建立一套科学、完整的资源环境统计指标体系。这一指标体系的基本框架包括：反映自然资源的统计指标；反映生态环境的统计指标；反映环境污染的统计指标，包括环境监测、环境污染防治及环境污染造成的经济损失三部分。其次，要规范原始数据填报规则与程序，提高基础数据质量。针对当前环境统计中可能引起填报错误问题，将从以下三个方面改进数据质量：明确统计指标含义，完善统计报表填报规范，编写专门的环境统计填报技术指南，明确统计指标含义，严格界定各项指标填写数据的含义；提高基层管理人员素质，建立环境统计审核制度；开发方便快捷的专用统计软件，提高数据统计水平。

绿色 GDP 核算的结果是否科学，如何保证绿色 GDP 核算结果的科学性，是目前绿色 GDP 核算制度建设中非常关键的问题之一，它关系到能否客观、科学地反映国家和各地区的环境与经济发展状况。客观、科学的绿色 GDP 核算结果需要两方面的保障：一是从技术方法方面保证，建立一套科学规范的绿色 GDP 核算体系框架和技术指南。二是从制度安排方面保证：① 建立完善的环境监测、统计和审核制度，目前有关部门正在着手进行环保统计制度的改革，相信会较快地看到成效；② 严格执法，要通过绿色 GDP 核算制度法制化，保证核算过程及操作方法的科学性和合法性，进而保证最终计算结果决策导向的正确性；③ 建立完善的监督制度和绿色 GDP

核算结果发布制度。绿色 GDP 核算关系到国家、地方、人民切身利益的事情，对此，必须建立畅通的信息沟通平台和完善的监督制度，建立绿色 GDP 核算结果发布制度。

12 从环境代价角度考虑，用污染经济损失去调整传统 GDP 不存在重复计算

在本次试点省（市）核算中，对污染经济损失共核算 9 项，其中有专家对"因污染引起的工业预处理成本核算"提出质疑，认为在算绿色 GDP 时，这一项不应该被扣减，因为每个企业，他们都会把在工艺流程中的成本消耗（不管是工艺费用或是设施添置）加在最终的产品价格中，事实上在核算 GDP 时已经被作为中间投入扣除了，现在又核算，必然造成重复扣除。

对于这个问题，需要从传统 GDP 核算和绿色 GDP 核算的理论基础去回答。的确，目前污染损失中的许多计算项都已经反映在传统的 GDP 中了，除工业用水预处理成本外，污染健康死亡损失、农业经济损失、林业经济损失等都已经实际扣减过了。如果直接从传统 GDP 核算理论上来说，如果再扣减，就是重复扣减。

但由于绿色 GDP 核算以环境经济学、外部效应理论为基础，一般来讲，环境资源（包括环境质量）没有市场价格，也没有实际的市场交换，对环境污染损失，即"环境代价"的评价是通过各种途径对经济外部性造成的环境功能的降级，即环境资源价值贬值的一种估计。打个比方，一台机床如果损耗，那么它的生产力必然退化，传统 GDP 中通过固定资产折旧反映它的损耗，污染造成环境的损耗，环境的生产力也会退化，传统 GDP 却无法反映，而污染损失的计算恰恰是要反映环境的这种降级损耗。因此，根据环境经济学理论，这种降级损耗（如由于污染引起的预处理成本增加、水污染造成农作物损失等）无论是否已在传统 GDP 中核算，在绿色 GDP 核算中都应进行核算，通过绿色 GDP 核算得到 GDP 核算不能揭示的信息，弥补传统国民经济核算体系的缺陷，以更好地反映经济发展带来的"环境代价"，为有关部门提供决策服务。

绿色 GDP 的认识误区及其辨析

——主观愿望、理论定义和现实可行性[①]

高敏雪

（中国人民大学统计学院　北京　100872）

摘　要: 伴随发展观的进步，对传统常用的经济指标 GDP 进行"绿化"计算"绿色 GDP"的呼声日见响亮。但是，关于"绿色 GDP"及其应用的认识，目前还存在着严重的误区。本文结合国际研究进展，试图说明：绿色 GDP 在实际核算上还存在很多技术上的障碍，尚难以像 GDP 那样进行经常、稳定的统计，尤其不能直接用于政府业绩考核；以环境因素对传统经济指标进行调整，并非只是计算绿色 GDP，可持续收入、真实储蓄和真实投资等，都属于这样的调整总量；不应该将环境经济核算简化为"绿色 GDP"的核算，积极推进不同层次、不同领域的环境经济核算，为管理和决策提供全面、具体的数据信息，才是当前的努力方向。

关键词: 绿色 GDP　绿色核算　误区

1 引言

伴随对环境问题日益加深的关注，经济增长和保护环境应该兼顾的观点日益被人们所接受。这种情形反映在管理上就是，人们越来越认识到，传统的以国内生产总值即 GDP 为基础计算的经济增长指标存在片面性，不能表现与经济增长相伴随的环境状况；于是这样的呼声日见响亮：国内生产总值应该被实施"绿化"，将环境因素纳入其中，计算考虑环境因素的国内生产总值，即所谓"绿色

---

① 摘自《理论参考》，2006 年 4 月。

GDP"。

这种呼声当然有其合理性。确实，我们不能再继续以往的发展道路，片面追求以牺牲环境为代价的经济增长，那样的结果，可能会换来短期的"繁荣"，但却很可能永久地失去可持续发展所赖以存在的基础。适应这样的管理需求，对管理中得到广泛应用的经济指标加以修改调整，使之适应可持续发展的长期要求，是非常必要和非常重要的，尤其是在中国，政府主导下的经济发展，层层贯彻以 GDP 及其增长率为中心的政绩考核，这些都使得管理上对绿色GDP 的诉求更加迫切。

然而，只有良好的愿望还是远远不够的。能否实现 GDP 的"绿化"，并使其在实际管理中发挥作用，还需要对有关理论和实际方法有更透彻的认识。事实上，目前尽管许多人（包括一些在不同层面参政议政的有识之士）认识到了 GDP "绿化"的重要性和必要性，但对绿色GDP 及其应用的认识还存在不小的误区。

误区之一 要反映经济与环境的关系，似乎首先就要计算绿色GDP，环境经济核算也就是绿色 GDP 核算。实际上，统计上描述经济发展与保护环境的关系，并非就是要计算一个孤零零的绿色 GDP总量。就像 GDP 是国民经济核算的产物一样，绿色 GDP 来自所谓环境经济核算，代表其最终形成的一个总量指标。计量 GDP，首先要建立国民经济核算体系（System of National Accounts，SNA），同样，要想获得绿色GDP，也离不开综合环境经济核算体系（System of Integrated Environmental and Economic Accounting，SEEA）的建立。这样一个核算体系，可以提供一整套反映经济与环境关系的数据，为决策和分析提供依据，如果将环境经济核算等同于绿色GDP，那将是一种过于简单化的认识。

误区之二 是否核算绿色 GDP，似乎只是一个主观认识问题，只要有关方面认识到其重要性和必要性，就可以完成其核算并加以广泛应用。事实上，即使从国际范围看，环境经济核算也是一个正处于研究探索过程中的领域，而且是近年来的热点研究领域。在联合国等国际组织的倡导下，理论研究和核算实践都取得了很大进展，但即使如此，到现在为止，尚没有哪一个国家能够完成全面的环境经济核算，计算出一个全面的绿色 GDP。这就是说，绿色 GDP 距离一个可以实施实际计量的指标，目前还存在着许多理论上和实践上的困难和障碍，尚难以像 GDP 那样作为经常统计

的结果加以应用，更难以在不同经济层面上计量，满足各级政府的考核管理需要。

误区之三 一提到绿色 GDP，就是指用环境因素对 GDP 这个特定总量的调整修正。实际上，国民经济核算提供的是一系列总量指标，GDP 只是其中之一，尽管是最重要的总量指标，除此之外还有国民收入、国民可支配收入、最终消费支出、总储蓄、总投资等；与此相似，环境经济核算中要解决的总量指标调整常常有不同的角度，调整对象不一定是 GDP，所形成的调整总量也是各有名目；即使是针对 GDP 的调整，也会因为调整内容的不同侧重、所采用的不同方法而有不同名称和结果。就是说，我们可以将绿色 GDP 作为一个泛称，一个形象化的名称，一个面向公众的名称，但从核算及其应用来说，应该将其做更明确的界定。

有鉴于上述误区的存在，本文将结合国际研究的进展和成果，围绕所谓绿色 GDP 所显现的各个问题进行讨论，以期纠正人们在认识上的偏误，加深各方面对环境经济核算的理解，进而促进这方面研究、实践、应用的进一步拓展。

2 从 GDP 到绿色 GDP，其间要经过所谓环境成本的调整，从不同方面计量不同的环境成本，结果是形成不同口径的绿色 GDP

GDP 的缺陷最集中地体现在，其计算过程中没有考虑经济生产对资源环境的消耗利用，由此过高估计了经济活动的成就。通过环境经济核算估算所谓绿色 GDP，就是要将经济生产对资源环境的利用予以价值核算，将这样形成的环境成本从 GDP 中予以扣除。GDP 的核算方法是比较成熟和稳定的，因此，绿色 GDP 核算的关键就是环境成本的核算。

所谓环境成本，从经济过程看，是指被经济过程中所利用消耗的资源环境价值，它代表了获得经济产出的必要投入（或代价）而包含在经济产出的价值之中；从环境角度定义，环境成本则是指由于经济过程的利用消耗而使环境存量得以减少的价值，体现为环境存量的数量减少或功能质量下降。

确定环境成本的概念比较容易，而实现环境成本的计量却是非

常困难的事情。原因在于:

(1) 关于资源环境与经济活动之间的对应关系,并不是一目了然的。尽管我们已经观察到多种现象,认为某些环境变化应该由某些经济活动的发生负责,某些经济活动可能会形成对某些环境要素的影响后果,但是,如何在资源环境变化和经济活动发生之间建立起明确的对应关系,却远远没有形成系统认识。资源环境对于经济活动具有哪些功能?哪些资源环境要素会受到经济活动影响?哪些经济活动会对资源环境产生影响?多大规模、强度的经济活动就会超出资源环境自身的恢复能力而导致资源环境发生变化?资源环境在何种条件下会形成不可恢复不可逆转的变化?这些问题会因为二者之间的时空错位而更趋复杂:一地区的经济活动可能会在其它地区显现出环境影响后果,一时期的环境变化可能要把原因追溯到以往其他时期。

(2) 统计上还无法就资源环境和经济活动及其对应关系提供全面的计量。一般来说,针对经济管理本身而言,经济统计已经相对比较成熟,但这样的经济统计并不是针对描述资源环境与经济的关系而建立的;资源环境的计量和记录有了长足的发展,但仍然无法全面地描述资源环境的现状及其变化;如果从资源环境与经济活动的对应关系上考虑,统计计量的完成程度就更加有限,或许存在特定场景下的个案记录,但这些基于个案记录的微观数据并不能满足一个宏观总体(比如一个国家)的计量需求。

(3) 估算环境成本的技术方法问题还远远没有解决。要估算环境成本,必须对资源环境进行货币估价,但是,由于现实中资源环境问题产生于经济活动的外部效应,是在市场之外发生的,资源环境要素在很大程度上并未内化为经济活动成本的实际组成部分,就是说,资源环境并没有明确的市场价格。这就极大地影响了环境成本估算的可操作性。为了克服没有现实价格的困难,环境成本估算不得不采取了各种虚拟的方法,以间接方式予以估算,这就不可避免地使估算结果附带假定条件。

从目前已有研究成果看,对环境成本的估算主要在两个维度上区分。① 覆盖对象的区分。按照所提供的功能类别,环境成本具体区分为资源消耗成本和环境退化成本。前者着眼于环境对经济提供资源的功能,经济活动的发生会使资源数量减少,资源耗减成本就是指这种资源数量减少的价值;后者则着眼于环境接受经济过程排放废弃物的受纳功能，经济活动的发生会使环境质量下降，环境退化成本就是指这种环境质量下降的价值。② 按照估价方法进行的区分，分为实际成本和虚拟成本。前者是依据实际发生的价值来确定环境成本，可能是资源交易的市场价格，也可能是其他实际发生的支出流量，比如资源税费等；后者是依据经济对资源环境的利用、影响关系，以间接方式虚拟估算的成本价值。将这两个维度结合起来，可以用表 1 表示。

表 1　环境成本估算的维度分析

	实际成本	虚拟成本
资源耗减成本	根据实际交易价格确定的成本，根据资源税费确定的成本	虚拟确定资源价格计算的成本
环境退化成本	根据环境税费确定的成本，根据环境防护活动支出确定的成本	根据环境损失和环境保护虚拟估算的成本

在实践中，已形成了以下 3 个环境成本概念进行总量调整：虚拟估算的资源耗减成本、实际发生的环境防御成本、虚拟估算的环境退化成本；与此相对应，就形成了宏观总量调整的 3 个结果：经资源耗减调整的 GDP（或 NDP）、经环境退化调整的 GDP（或 NDP）、经防御支出调整的 GDP（或 NDP）。除此之外，还有一种立足"绿色经济"而计算的"绿色 GDP"。

2.1　经资源耗减调整的国内产出（dpGDP，或 dpNDP）

经资源消耗调整的国内产出，是在传统经济产出总量 GDP（或 NDP）基础上扣除资源耗减成本所得到的调整结果。这种调整只涉及经济过程对资源的消耗，而不包括其他内容，因此该总量的基本含义是，如果考虑经济活动对资源的消耗，国内经济产出总价值应该是多少。

如何确定资源耗减成本，一是要统计资源耗减数量，二是要确定资源估价方法。由于大多数自然资源尚不具备完备的市场价格，因此在实际估算中需要应用一些间接方法确定资源耗减的价值，其中应用最广的方法是所谓净价格法。该方法的逻辑思路是，资源价格是通过开采资源后形成的产品的出售来实现的，已经包含在该产品（简称为资源产品）的价格中；而目前的经济核算只核算了资源的开采成本，而没有核算资源本身的成本；因此，如果从资源产品的价格中扣除资源的边际开采成本，剩余部分就是资源价格。这样，一时期的资源耗减成本就是资源耗减数量与该资源价格的乘积①。

2.2 经环境退化调整的国内产出（eaGDP 或 eaNDP）

经环境退化调整的国内产出总值，是要从传统经济总量 GDP（或 NDP）中扣除环境退化成本，以此得到的调整总量。其调整思路与资源耗减相同，但是，二者相比，无论在调整方法的成熟性上，还是在调整后总量的释义上，环境退化成本之总量调整要更加具有争议性。

环境退化是一个质量问题，代表着环境提供服务的功能下降。环境退化成本就是要对环境质量的下降赋予一个价值，把它作为经济活动成本的一部分。但是，事实上我们无法通过市场对环境退化进行直接的货币估价，而只能借助于外部效应所形成的结果或者采取相对应行动所花费的代价，来估价其退化的价值。目前主要基于两种思路形成了两种估价方法。① 基于环境退化所造成的损害（包括对资产的损害和对人体健康的损害）对环境退化进行货币估价，其潜台词是：如果没有环境退化发生，这些损害就不会出现，由此就可以把环境退化引起的损害价值作为环境退化的价值，即环境退化成本；② 基于避免环境退化应该花费的成本而对环境退化进行货币估价，比如减少或禁止排污活动的成本，以一定技术减少污染物排放或在排入环境之前进行治理的成本，对污染了的环境进行治理恢复的成本，其逻辑思路是：要保证环境不发生退化应该花费多少成本，该成本反过来就是现在环境退化的成本。

对应这两种环境退化估价方法，形成的调整总量也具有不同的意义。"经损害调整的总量"所试图回答的问题是：考虑环境退化对资产和人体健康所造成的损害，有效的国内生产总量应该是多少；"经成本调整的总量"所回答的问题是：如果所有与防止环境退化有关的成本都发生了，并内部化为市场价格，那么，国内经济产出总

---

① 在一些案例应用中，还具体采用了这样的变通方法：以国际市场上的资源产品价格，减去该产品出口装船前的离岸价格作为资源价格。比如印度尼西亚计算森林资源价值就应用了这样的方法。参见 Robert Repetto, Wasting Assets: Natural Resources in the National Income Accounts。

量将是多少。

2.3 以环境防御支出调整的国内产出

用环境防御成本调整经济总量的理由是，这些支出的发生只是为了抵消其他经济活动给环境所带来的负面影响（这些负面影响会进一步传递给人本身和经济过程），它本身不会（像其他经济产出一样）直接增加人们所获得的福利。所以，经这样调整的总量的含义是，在扣除了那些无效的经济活动产出之后，能给国民带来实际福利的国内经济产出是多少。

哪些活动可以包括在环境防御支出中，国际上尚没有统一的看法。目前主要是以环境保护支出作为环境防御支出进行调整，所覆盖的内容与上述环境退化成本大体相同，其差别在于，这里计量的环境保护支出是当期为保护环境实际发生的支出，是依据实际活动计量的支出，而环境退化成本所估算的则是为了维护环境质量而应该付出的代价，是在一定假定之下虚拟估算的成本费用。如果实际环境保护活动可以达到保证环境质量不下降的理想水平，就无须计量假定的环境退化成本。在此意义上，环境防御成本与环境退化成本具有互补的关系。

2.4 "绿色经济"GDP

以上各种调整的思路，都旨在对宏观经济总量 GDP 本身进行调整，以形成一个不同（通常会较小的）总量；而基于"绿色经济"计量的 GDP，却并非要调整原来的 GDP 总量，使 GDP 得以"绿化"，而是要试图建立一个"经绿化的经济"，然后按照国民经济核算的方法测度该经济将会形成多少 GDP，这样一个较绿色经济的 GDP 被称作"绿色经济 GDP"或 geGDP。可以想象，该 GDP 在数量上肯定不同于原来的 GDP。

这是一个在维护环境水平不变前提下虚拟构造的经济体系。为构造这样的"绿色经济"体系，需要设定保证环境水平不变的各种环境标准，确定达到该标准的实际措施，并计算贯彻这些措施所必要的成本。这一切都需要通过在宏观上构造模型来完成，所模拟计算出来的 geGDP 的含义是：如果应用当前的成本和技术使得环境达到所假设的环境标准，那么国内生产总量会是多少。

由以上讨论可以看出，GDP 总量调整过程中充满了估算的成分，估算充满了或然性，常常要依赖于一定的假定条件，不同人的估算结果可能会有很大差异，难以作到重复操作。这些，都与现实应用的 GDP 形成了比较明显的差别。

3 以 GDP 为代表，传统国民经济核算提供的是一组相互联系的宏观总量指标，与此相对应，用环境因素对其进行调整，有不同的切入点，由此形成不同的宏观调整总量

到目前为止，如何以环境因素对宏观经济总量进行调整，研究者进行了多方探索，形成了多种思路，除了所谓绿色 GDP 以外，还有可持续收入、真实储蓄、真实投资，以及关于资产的调整。要理解各种总量调整之间的关系，需要从国民经济核算的内容说起。

3.1 国民经济核算的总量指标系列

国民经济核算是关于一国一时期经济状况的整体核算，核算的结果是为宏观经济管理提供一整套经济数据。在此数据体系里，有一系列的经济总量为人们所关注，它们以国内生产总值（GDP）为中心，相互联系起来，共同反映了该时期经济运行过程及其结果。

国内生产总值（GDP），是度量一国经济当期生产成果的总量指标，它一方面表现为当期生产的全部最终产品总价值，即用于最终消费、积累或出口等最终用途的产品总价值；另一方面表现为各生产单位在提供产品过程所新创造的价值，即所谓增加值。

国民收入及国民可支配收入，是反映一国经济当期所获得收入的总量指标，其中，国民收入反映初次分配的结果，国民可支配收入反映收入再分配的结果。收入产生于生产中创造的价值，因此，GDP 的大小决定了收入总量的大小。如果是一个封闭的经济体系，收入分配只是在一国经济体内各成员之间进行，在总体上，国民收入、国民可支配收入会与 GDP 完全相等；面对一个现实的开放经济体，收入分配有可能发生在本国与世界其他国家之间，由此收入不会与 GDP 完全相等，但是，除非出现例外的情况，

一般来说，与国外发生的收入分配不会对经济总量产生根本性的影响。

GDP 的使用去向主要是国内消费和国内投资（此外还有出口），其中，反映国内消费的总量是总消费，是当期被国民消费掉的产品总量；反映国内投资的总量是总投资，又称资本形成，是当期被积累起来、增加资产的产品总量。与此相对应，可支配收入也分解为两个使用去向：用于最终消费的部分，称为最终消费支出；总储蓄，是收入用于消费后的节余，体现进行投资的资金来源。这样，就形成了最终消费支出（总消费）、总储蓄和总投资三个总量概念。进一步看，投资是对资产的积累，通过投资累积，形成相应的资产总量；反过来，这些资产又构成了进行生产（产生 GDP）的前提条件。

3.2 不同的宏观总量调整及其关联

最广为人知的是对 GDP（或者说是 NDP）进行调整，以得到所谓 EDP（经环境调整的国内产出），或称绿色 GDP。调整的理由和思路已于前述，是希望将资源环境成本从经济产出价值中予以扣除，以消除被夸大了的经济成就。

可持续收入也是许多研究者所致力达到的总量调整，其调整的基础总量是国民可支配收入。之所以要对收入进行调整，渊源在于对所谓"希克斯收入"定义的延伸理解。

按照希克斯对收入的定义，一时期的收入是在贫富不变前提下可能用于消费的最大数额。所谓贫富不变，实际上就是所持有的财富不变。以此为前提定义收入，其意义在于，不能用财富变现供当期消费之用，收入、消费的前提是要保证其财富到期末仍然维持在期初水平上，使资本得以保全，这样才能保证下一时期仍然可以以此为基础获得同样的收入，保证同样的消费，这样收入才是可持续的。

国民经济核算的可支配收入在经济核算范围内符合希克斯收入定义，因为，在其形成之前，各种生产中的消耗都得到了补偿。但是，如果将资源环境因素纳入经济核算，情况就发生了变化：可支配收入形成时，并没有补偿资源环境的消耗；如果把该收入全部用于消费，实际上已经变"穷"了，因为你持有的资源环境存量已减少或下降了，被当作当期收入而消费掉了，这样就不能保证下一时期你可以得到同样的收入。所以，只有在可支配收入基础上，扣除应该补偿资源环境消耗价值的部分，所形成的收入才是可持续收入。

也有人主张对消费予以调整。这主要是从福利角度出发，认为在现实消费计量中，有一部分内容并不能增进人们的福利，而只是抵消了环境变化对人们带来的负面影响。为了更好地度量人们从消费中获得的福利，应该将这部分消费支出予以扣除。这部分消费支出就是与环境防御有关的消费支出。

还有真实储蓄、真实投资的计量，显然这是对储蓄、投资总量的调整。其根源在于，按照经济核算，储蓄、投资都是对经济资产尤其是生产资产的积累和追加，却没有将资源环境作为资产的组成部分予以考虑，现实情况有可能是，在追加生产资产的同时，存在着自然资产的存量下降。为了完整地体现当期经济活动对所有资产的积累，必须调整原来的经济投资概念，扣除资源环境的消耗退化，结果才是"真实的"投资。储蓄作为投资资金的来源，也应该做同样的调整，才能体现"真实的"投资潜力。

综上所述，如果我们了解了宏观经济总量之间的关系以及与资产存量之间的关系，就可以理解，上述不同调整思路之间是相互关联的，从一个特定角度对某一个总量的调整，在最终意义上是对整个总量体系的调整。比如，对 GDP 的调整，会沿着收入、消费、储蓄和投资的总量序列进行系列调整；对收入的调整，一方面会上溯到对 GDP 的调整，另一方面会向下传递到对消费、储蓄投资的调整。这样，就使我们有可能对来自不同方面的调整结果加以整合，得到一个完整的总量调整结果。就是说，无论从哪一个点切入，最终实现的是对整个总量体系的调整。

在国民经济核算中，系列总量的源头是生产总量，即 GDP，它在根本意义上决定了收入、储蓄、投资的概念和核算范围。因此，宏观总量调整的中心目标归根结底就是 GDP 的调整，调整的缘由就是我们应该扩展对资产定义的范围，正确认识经济生产与资源环境的关系。随后就是收入的调整、储蓄的调整、投资的调整。

4 不能简单地将环境经济核算等同于计算绿色 GDP，实际上，在不同层面上建立环境经济核算的相关内容，对于决策更具有现实的意义，且可以在很大程度上可以淡化绿色 GDP 计量上的障碍

实际上，如何进行总量调整，甚至是否要进行总量调整，到目前为止仍然是存在许多争议的。由于环境成本估算在技术上、资料来源上存在巨大的障碍，从目前水平看，几乎不可能完成全部资源环境成本的估算；在核算所及范围内，估算过程中应用了各种特定意义的假定，决定了其估算结果具有明显的不确定性，其含义也常常不甚明确。所以，进行环境经济核算的专家通常以为，国民经济核算作为依托市场经济规则而建立的核算体系，各种经济总量如 GDP、可支配收入、储蓄、投资等，其核算方法与应用领域均已得到广泛认可，目前所估算的环境成本并不能与其完全匹配，因此，不宜简单、贸然地进行调整。但是，另一种声音认为，环境经济核算的建立实施来自于对经济核算总量尤其是 GDP 的批评，从整个环境经济核算的基本思路来说，以环境因素调整原有的经济总量，获得新的调整后的宏观总量，是整个体系的逻辑顶峰，如果没有该调整，不仅环境经济核算的内容就会显得不甚完整，也不能满足管理层面日甚一日的需求：希望有一个能够逐渐替代 GDP 的总量指标，以作为衡量可持续发展的综合尺度，在此意义上，这个指标非绿色 GDP 莫属。

确实，像 GDP 一样，绿色 GDP 是一个经过高度综合的总量，代表核算的最终结果。但是，无论绿色 GDP 核算能否实现，都不能将环境经济核算的功用仅仅归结于最终得到一个绿色 GDP。实际上，环境经济核算是一个核算体系，其意义在于在不同层面、从不同角度、应用不同手段描述环境与经济之间的关系。所谓不同层面是指，① 在国家层面上建立核算，这是环境经济核算的中心；② 在部门层面上的核算，主要是产业部门，描述了各部门对资源的消耗和对污染物的排放，而这两个层面的核算都是建立在微观环境经济核算基础上的，如着眼于特定对象的核算。所谓不同角度是指，要一方面从经济角度描述对资源环境的利用，另一

方面从环境角度描述经济利用所带来的环境变化。所谓不同手段是指，应该一方面采用实物计量方法，使资源环境与经济之间的关系得以具体展现，同时采用货币价值估算方法将整个资源环境与经济的关系予以综合性概括。从现实的管理需求来看，要处理好发展经济与保护环境之间的关系，对决策最有用的信息是在具体核算中所描述的各种经济活动与环境后果之间的关系，比如，是谁在消耗资源？是谁在排放污染物？经济最终需求如何通过产业结构最终决定了对环境的影响？谁在进行环境保护活动？谁在为环境保护付费？绿色 GDP 的大小及其与 GDP 的比较结果充其量只是给出一个模糊的指示，它已经将各种具体的信息统统平均化了；而且，和环境成本这样的不确定性估算相比，在具体层面上进行核算所提供的信息也更具有可靠性。

面对复杂的经济环境关系，面对在资料来源和估算方法上的巨大困难，环境经济核算目前仍然是一个充满探索、实验的研究领域，尚不是一套成熟、规范的统计实务。到目前为止，尽管国际组织和各国的政府、民间研究机构已经给出了不少的研究案例，但是，对这些案例进行总结归纳，获得的结论是，目前尚无法进行完整意义上的环境经济核算，在各国应用中，大都局限于特定的经济活动范围（比如农业活动、能源消耗）或者特定的资源环境范围（比如矿物资源、大气环境），而且更多的是集中在实物核算方面。实际上，按照有关国际组织的建议，环境经济核算的前提就是要确定针对本国的优先领域，这样，既可以提高核算的可行性和工作效率，又可以服务于各国的具体环境经济管理实践。

参考文献

[1] United Nations，Integrated Environmental and Economic Accounting，New York，1993.

[2] United Nations，Integrated Environmental and Economic Accounting：An Operational Manual，New York，2000.

[3] United Nations，Integrated Environmental and Economic Accounting（2003），final draft，2003.

[4] Robert Repetto，Wasting Assets：Natural Resources in the National Income Accounts，World Resources Institute Report，1989.

[5] 罗杰·珀曼，等. 自然资源与环境经济学. 北京：中国经济出版社，2002.

[6] Tom Tietenberg. 环境与自然资源经济学. 5版. 北京：经济科学出版社，2003.

[7] 大卫·皮尔斯，等. 世界无末日：经济学、环境与可持续发展. 北京：中国财经出版社，1996.

[8] 联合国. 国民经济核算体系—1993. 北京：中国统计出版社，1995.

[9] J. 迪克逊，等. 扩展衡量财富的手段. 北京：中国环境科学出版社，1998.

[10] 高敏雪. 环境统计与环境经济核算. 北京：中国统计出版社，2000.

关于绿色 GDP 核算问题的再认识[*]

王金南[1]　蒋洪强[1]　於　方[1]　曹　东[1]　过孝民[1]　高敏雪[2]
（1 国家环保总局环境规划院　北京　100012;
2 中国人民大学统计学院　北京　100872）

摘　要：绿色 GDP 核算已经不是一个"要做不要做"的问题，而是一个如何"科学地去做"的问题。最关键的问题是，要在统计部门的统一指导下，积极组织资源管理和环保部门，加快建立绿色国民经济核算框架体系，全面开展资源和环境核算试点研究。但建立绿色国民经济核算体系仍然是一个充满探索、实验的研究领域，其实施必然涉及许多具体的操作性问题，面临着许多困难。本文结合原国家环保总局和国家统计局两个部门联合开展的绿色 GDP 核算研究项目的体会，从理论认识、核算方法和实际应用三个方面对目前各方较为关注的 14 个问题进行了分析，提出了一些看法。对这些问题的分析和认识必将有助于各相关方对绿色 GDP 核算这些工作进行全面客观认识，从而有助于推动绿色 GDP 核算在中国的研究与实践进程。

关键词：绿色 GDP 核算　若干问题　再认识

　　全面、协调、可持续的科学发展观是中国新时期的重要发展战略理念。建立绿色国民经济核算体系就是落实科学发展观的一项重要手段。胡锦涛总书记在 2004 年中央人口资源环境工作座谈会上提出："要研究绿色国民经济核算方法，探索将发展过程中的资源消耗、环境损失和环境效益纳入经济发展水平的评价体系，建立和维护人与自然相对平衡的关系。"为此，国家环保总局和国家统计局2004 年 3 月决定联合开展以环境污染为主题的绿色国民经济核算的研究工作，并于 2005 年 1 月选择了全国 10 个省市进行试点。两部门于 2006 年 9 月联合发布了第一份关于污染的中国绿色 GDP 核算

---

* 摘自《环境经济》，2007 年 9 月。

研究报告《中国绿色国民经济核算研究报告 2004》。同时，在总结地方经验和建议的基础上，进一步改进核算方法，扩大核算范围，于 2006 年底完成了第二份《中国环境经济核算研究报告 2005》，标志着我国绿色 GDP 核算研究取得了重要的阶段性成果。

1 问题提出的背景

自 2004 年国家环保总局和国家统计局联合启动《综合环境与经济核算（绿色 GDP）研究》项目以来，国家技术组已经研究提出了《中国环境经济核算体系框架》《中国环境经济核算技术指南》《中国环境经济核算软件系统》，并于 2005 年开始开展 10 个省市的试点调查工作。截止到 2006 年 12 月，10 个省市的试点工作已经结束，并通过两个部门组织的评审和验收。

与此同时，国家统计局也与国家林业局、水利部、国土资源部等部门以及与加拿大、挪威等国家合作，开展或启动有关森林资源、水资源、矿产资源、能源资源等核算研究工作。在短短三年多时间里，在国家统计局等部门的努力下，绿色 GDP 核算研究工作取得了重要进展。绿色 GDP 核算这个陌生的名词逐渐为大家所理解和接受，绿色 GDP 核算理论研究也逐步深化，从学术界开始走向社会，从政府文件、学术会议和宣传培训走向决策者、管理人员和公众。但建立绿色国民经济核算体系仍然是一个充满探索、实验的研究领域，其实施必然涉及许多具体的操作性问题，面临着许多困难。因此，对于绿色 GDP 核算这项工作，政府官员、专家学者、媒体记者等都表现出了极大的热情和兴趣，提出了不少意见和建议，同时也提出了不少质疑。

本文结合国家环保总局和国家统计局两个部门联合开展的绿色 GDP 核算研究项目的体会，从理论认识、核算方法和实际应用三个方面对目前较为关注的 14 个问题进行分析，提出我们的一些看法。

2 核算意义与理论基础

2.1 绿色 GDP 核算的现实意义

在关于中国当前开展绿色 GDP 核算到底有没有必要方面，存在着不同的观点。一些人认为当前中国还主要着眼于经济发展，在传统国民经济核算还没有完全搞清楚的情况下，超前搞绿色国民经济核算不符合中国实际。同时，认为绿色国民经济核算的许多技术方法还不成熟、不科学，特别是资源与环境没有严格的市场价格，环境污染和生态破坏经济损失计算方法的复杂性，资源环境统计制度还不成熟，因此对于资源环境核算必然相当复杂，核算结果也必然不准确，很难取得一致意见。另一种观点认为，应该加快绿色 GDP 核算的研究，把"绿色 GDP"纳入地方政府领导的政绩考核中，遏制地方对 GDP 的强大冲动，促进经济增长方式的根本转变。

对于以上两种观点，我们认为，都存在片面的认识。首先，第一种观点认为，中国当前主要着眼于经济发展，这是不符合中国国情和国家发展战略的。结合中国现实考虑，近年来的经济高速增长凸显了经济发展与资源环境之间的矛盾，温家宝总理在第六次全国环保大会上提出了"三个历史性转变"新环保战略思想，进行绿色 GDP 核算对实施可持续发展战略、落实科学发展观、建立资源节约型与环境友好型社会都具有重要的现实意义，是最符合中国国情的。同时，我们认为，不能因为传统国民经济核算没有完全搞清楚，就不能开展绿色 GDP 核算。其实，两种核算制度对经济发展的指导作用是不同的，传统 GDP 核算体系是在经济系统内的市场框架下衡量经济系统运行的国民经济核算体系，它对指导国民经济的运行具有重要指导意义，绿色 GDP 核算建立在传统 GDP 核算体系的基础上，是在经济与环境大系统内，着重于核算资源与环境代价，它对于经济与环境协调发展更具有指导意义。正是中国发展的这种特殊阶段决定了在中国开展绿色 GDP 核算具有很强的现实意义。

由于中国进行现行的国民经济核算的历史并不长，核算基础尚不算十分牢固，开始时制度安排和核算方法也是不成熟，经过多年的研究，在原有基础上逐步完善而成的。随着社会经济的发展，传统国民经济核算需要研究和完善的内容和方法越来越多，在实践中总是不断地完善与发展。即使到现在，许多国内外专家对我国的国民经济核算，尤其是 GDP 的统计核算也有着各种不同的质疑。同样，绿色国民经济核算由于研究的时间更短，基础更差，更需要逐步完善。不能因为技术方法和统计制度的不成熟就停滞不前，不研究绿色 GDP 核算体系。更不能国际上没有核算标准我们就不能搞绿色 GDP 核算，研究本身就是一种探索。

当然，绿色 GDP 核算也不能采用快速成长法。目前研究的核算体系离纳入统计和考核体系还有很长的路要走，至少近期之内还不可能纳入党政领导的考核体系中。

2.2 绿色 GDP 核算的科学性

一些学者对绿色 GDP 核算的提法提出了质疑，认为这种提法或概念缺乏科学性。我们认为，绿色 GDP 是一种大众性的提法，它是与传统 GDP 的概念相对应的，比较适合被政府官员、公众和媒体接受。简单地说，绿色 GDP 就是传统 GDP 扣减掉资源消耗成本和环境退化成本以后的 GDP。正如传统 GDP 是传统国民经济核算的一个重要指标一样，绿色 GDP 是绿色国民经济核算的一个重要指标，或者说是一个被公众广泛接受的指标。绿色 GDP 核算不完全等同于绿色国民经济核算。绿色国民经济核算提供的政策信息要远多于绿色 GDP 本身包含的信息。

对于国家环保总局和国家统计局两个部门开展的绿色国民经济核算试点工作来说，从科学的意义上讲，最后核算出来的是一个"经环境污染调整后的 GDP"，是一个局部的、有诸多限制条件的绿色 GDP，是一个仅考虑环境扣减的绿色 GDP。严格意义上，我们只是提出了两个指标：一是经虚拟治理成本扣减的 GDP，或者是 GDP的污染扣减指数；二是环境污染损失占 GDP 的比例。而且，我们第一步核算出来的环境污染损失还不完整，还未包括生态破坏损失、地下水污染损失、土壤污染损失等内容。完全意义上的绿色 GDP 是一项全新的、涉及多部门的工作，既包括资源核算，又包括环境核算，只能由国家统计局组织有关资源和环保部门经过长期的努力核算得到，是一个理想的、长期的核算目标。

2.3 绿色 GDP 核算的局部性和完整性

绿色 GDP 核算是一个复杂的体系。从国际研究进展看，绿色 GDP核算一般是从局部核算开始，或者着眼于特定资源主题，或者着眼于特定环境主题。由于中国进行绿色 GDP 核算研究的历史并不长，核算基础十分薄弱，不具备完成所有资源、环境经济核算的条件，其实施也将是一个逐步探索、逐步规范的过程。对于绿色 GDP 核算研究，我们工作总体原则是：先易后难、重点突破，从试点和局部开始，逐步完善，通过对这些局部核算经验予以总结，逐步完善中国绿色 GDP 核算理论与方法。因此，从这意义上讲，目前任何有关绿色 GDP 核算的结果都只能是局部的，全面的绿色 GDP 核算是一个系统的、长期的、艰巨的、复杂的任务。

在核算内容的选择上，按照传统国民经济核算和国际上大多数国家通行的做法，首先选择目前基础较好、方法较为成熟以及政策需求强烈的内容进行。对那些核算难度较大、不容易调查统计、基础较差和方法不完善的内容需要进一步研究。例如，对于自然资源核算，首先应选择森林资源、水资源、矿产资源、土地资源进行核算。对于环境核算，首先进行环境污染核算，再进行生态破坏核算。环境污染核算，又主要选择传统污染物（如 COD、氨氮、SO_2、NO_x 等）进行实物核算。在价值核算方面，目前主要利用污染损失评估法核算大气污染与人体健康、大气污染与农作物、大气污染与建筑材料、大气污染与清洁费用、水污染与人体健康、水污染与农作物、水污染与洁净水、水污染与工业预处理、固体废物与土地占用这 10 项污染经济损失。对于其他污染损失，如臭氧对人体健康和农作物造成的损失、物理污染对人体健康造成的损失等，由于研究基础较为薄弱、技术方法不成熟、调查统计困难，目前还不能进行核算。

在核算地区和时间选择上，从近期看，由于环境问题的复杂性，特别是对于生态破坏损失的核算，其基础还比较薄弱；另外，考虑到资金和时间的因素，要在全国 31 个省市中开展核算框架中提出的全部核算内容，也是比较困难的。因此，从地区方面，我们在全国选择了 10 个省（市）首先开展环境污染试点核算，而基于环境污染的绿色 GDP 核算只是完整绿色 GDP 核算中的一个部分。

3 核算技术和方法

3.1 绿色 GDP 核算与实物量和价值量核算

有人认为，由于价值量核算涉及资源环境的非市场价格问题，主观性较强，准确度难以把握，价值量核算不具有意义，因此绿色 GDP 核算只需进行资源环境的实物量核算就可以了。这种观点的局限性在于对绿色国民经济核算体系的理解不全面，没有完全认识到绿色 GDP 核算价值量核算的重要意义。

绿色国民经济核算包含两个层次：一是实物型核算；二是价值

型核算。就环境污染主题来说，所谓实物型核算，是在国民经济核算框架基础上，运用实物单位建立不同层次的实物量账户和经济一环境混合核算表，描述与经济活动对应的各类污染物排放量、生态破坏量。在价值量核算中，具体包括两个部分，一是对现存经济核算中有关环境的货币流量予以核算，主要包括污染物治理成本（或环境保护成本）核算；二是在实物核算基础上，估算环境退化成本和生态破坏的货币价值（生态破坏成本）。进而，将货币型核算的结果与国民经济核算的内容合并起来，对传统的宏观经济总量进行调整，进一步形成包含环境要素的宏观经济总量指标，如经环境调整后的 GDP 总量指标。

因此，价值量核算与实物量核算是绿色 GDP 核算体系的两个不可缺少的组成部分，实物核算是价值核算的基础，又是环境保护和生态保护的落脚点，价值核算是计算绿色 GDP 总量指标的基础，而绿色 GDP 总量指标是衡量环境与经济协调发展和可持续发展程度的综合性指标。只有进行价值量核算，才能称得上是真正的绿色 GDP 核算。

3.2 绿色 GDP 核算中的环境污染价格

绿色 GDP 核算与传统 GDP 核算一样，所涉及的许多问题不仅仅是技术性的，而且也涉及经济理论和原理等基本问题。在绿色 GDP 核算的研究与实践中，必须考虑到背后的经济理论基础，只有这样，才能深刻理解和认识绿色 GDP 核算的技术与方法。

传统 GDP 核算的理论基础是新古典经济学和凯恩斯宏观经济学，绿色 GDP 核算的理论基础是环境经济学和福利经济学以及环境外部性理论。传统 GDP 核算是建立在市场价格的基础上，对市场经济活动的一种理性化的描述和说明。绿色 GDP 核算涉及核算资源与环境代价问题，而资源与环境往往没有在市场价格中得到全面的反映。因此，其核算必然以市场价格和非市场价格为基础相结合进行。对于资源环境代价，需要借助一定的方法，如机会成本法、人力资本法等，转化为以货币度量的经济代价。但是，这些方法的基础都是国民经济分析中采用的市场价格和影子价格。因此，绿色 GDP 核算和传统 GDP 核算的价格基础是基本一致的，特别是我们提出的采用治理成本法核算的虚拟治理成本，价格基础与 GDP 核算是完全一致的。这也是我们为什么采用两种方法核算环境代价的主要原因。

3.3 绿色 GDP 核算的数据支持问题

绿色 GDP 核算作为一项新的国民经济核算制度，涉及统计学、经济学、环境科学、水利学、农业学、植物学和生态学等多学科领域，要反映资源环境的真实代价，不仅需要研究相关的核算技术和方法，还需要大量的多部门基础统计调查数据支持。

目前，世界各国对经济社会活动的统计都比较重视，而对于绿色 GDP 核算，应该用哪些指标来衡量，采用怎样的统计方法和调查体系来搜集数据，无论在理论还是实践方面都还比较薄弱。一般来说，针对经济管理本身而言，我国的经济统计已经相对比较成熟，但这样的经济统计并不是针对描述环境与经济的关系而建立的；近年来环境监测与统计有了长足的发展，但仍然无法全面地描述环境的现状及其变化；如果从环境与经济活动的对应关系上考虑，统计计量的完成程度就更加有限，或许存在特定场景下的个案记录，但这些基于个案记录的微观数据并不能满足一个宏观总体（比如一个国家）的计量需求，这时就需要建立有关数学模型，在现有统计数据的基础上进行科学推算。传统国民经济核算体系对有关内容的处理也是这样做的。

我们认为，要建立绿色 GDP 核算体系，必须从基础工作抓起，统计部门应会同有关专业部门抓紧建立健全资源环境统计指标体系和相应的统计调查制度及工作体系，将各部门的核算基础数据统一归口到国家统计局。国家环保总局要在环境经济核算方面统一负责基础数据工作，同时争取水利、卫生和农业等部门的支持，建立必要的数据信息交换机制，为后续研究和核算工作提供数据保证。对那些不能统计调查的资源环境代价，尤其是以货币量表示的资源环境成本需要进行一定推算，统计与核算同时运用，以便比较全面准确地对经济发展的资源代价和环境代价情况做出定量描述。

3.4 绿色 GDP 核算与环境效益核算

绿色 GDP 核算即绿色国民经济核算体系，是指在全面、协调和可持续的发展观指导下，把经济活动过程中的资源环境因素反映在国民经济核算体系中，将资源耗减成本、环境退化成本、生态破坏成本从 GDP 中加以扣除，同时加上环境保护的效益，是一种新的国民经济核算体系。由此可见，环境效益核算和环境成本核算在绿色

GDP 核算中都具有重要意义。

但是，目前开展的绿色 GDP 核算的重点主要着眼于环境成本核算，即对经济发展过程中的资源消耗、环境污染损失和生态破坏损失进行核算，这是由绿色 GDP 核算研究进程和中国所处的经济发展阶段所决定的。当前，中国经济正处于高速增长时期，是对资源消耗最快、对环境污染破坏最大的时期。如果将中国经济发展分为弱可持续发展阶段和强可持续发展阶段，现有经济发展阶段可以说是弱可持续发展阶段，从指导国民经济发展的方向和环境保护出发，主要核算经济发展带来的资源环境代价，即环境成本。在经济发展的更高阶段，到了强可持续发展阶段，应对环境效益进行核算，同时核算环境保护的投入与产出，以完善整个绿色 GDP 核算体系。

3.5 绿色 GDP 核算中的重复计算问题

在国家环保总局和国家统计局开展的绿色 GDP 核算中，对污染经济损失共核算了 9 项，其中有专家对"因污染引起的工业预处理成本核算"提出质疑，认为在算绿色 GDP 时，这一项不应该被扣减，因为每个企业，他们都会把在工艺流程中的成本消耗（不管是工艺费用或是设施添置）加在最终的产品价格中，在核算 GDP 时已经被作为中间投入扣除了，现在又核算一次，必然造成重复扣除。对于这个问题，需要从传统 GDP 核算和绿色 GDP 核算的理论基础去回答。的确，目前污染损失中的许多计算项都已经反映在传统的 GDP 中了，除工业用水预处理成本外，污染健康死亡损失、农业经济损失、林业经济损失等都已经实际扣减过了。如果直接从传统 GDP 核算理论上来说，如果再扣减，就是重复扣减。

然而，绿色 GDP 核算以环境经济学、效用价值理论为基础，一般来讲，环境资源（包括环境质量）没有市场价格，也没有实际的市场交换，对环境污染损失，即"环境代价"的评价是通过各种途径对经济外部性造成的环境功能的降级，即环境资源价值贬值或者环境资产品质退化的一种估计。打个比方，一台机床如果损耗，那么它的生产力必然退化，传统 GDP 中通过固定资产折旧反映它的损耗，然而，污染造成环境的损耗，环境的生产力也会退化，传统 GDP 却无法反映，而污染损失的计算恰恰是要反映环境的这种降级损耗。因此，根据环境经济学理论，这种环境降级损耗的估计，如环境降级损耗估计采用的污染引起的预处理成本增加、水污染造成农作物损失等，无论是否已在传统 GDP 中核算，在绿色 GDP 核算中都应进行核算。这样，才能通过绿色 GDP 核算得到 GDP 核算不能揭示的信息，弥补传统国民经济核算体系的缺陷，以更好地反映经济发展带来的环境代价。

3.6 绿色 GDP 核算中的污染跨界和时效

从理论上说，单项污染损失相加总和就是总污染损失，但由于污染物之间存在着相互转化和影响、污染物存在着跨界污染的问题，以及污染产生的影响存在着时间累积的问题等，因而，在实际计算中经常出现重复计算、漏算甚或错算以至于算不清楚的情况。此时，在建立污染剂量－反应关系模型时，就需要充分考虑污染物之间的转化关系、污染的空间地域转移特征和污染的时间累积效应等问题。

污染的空间地域转移。大气污染、水污染和固体废物污染都存在空间上的地域转移问题。在污染损失估算时，污染的空间转移问题向我们提出了挑战。在实际核算时，我们坚持"污染终端危害"的核算原则，即只计算当地发生污染损失费用。由于虚拟治理成本不存在污染空间地域转移问题，因此同时根据虚拟治理成本法核算出环境污染的虚拟治理成本。通过污染损失费用和虚拟治理成本的比较就可以核算出各地方的污染跨境转移程度。

污染的时间累积效应。污染问题大多表现为量变引起的质变，当污染物排放量小于环境容量时，一般是不会造成显著污染损失的。污染造成的质变往往是污染时间累积效应的体现。例如，一个人如果暂时生活在大气污染物浓度稍高于健康影响临界阈值之上的环境中，不会对人体健康造成明显的危害，但如果长期生活在这种暴露环境中，就会引起人体健康的负面反应；水体污染物对人体健康危害的时间累积效应尤其明显。污染型缺水肯定也不是一年污染造成的，而是长期排污造成的水环境容量超限造成的。

由于现有的科学研究还不能给诸如此类的问题一个确切的答案，在核算某一类污染物造成的某一年损失时就存在一个问题，即某一年的污染损失可能是多年污染累积而凸显出来的。但是，在建立剂量-反应关系模型时，需要考虑到污染的这种慢性效应。通常，采用的剂量反应关系都考虑了污染的慢性效应，即已经考虑了累积效应对某一年污染损失的贡献，这种累积效应对下一年的污染损失仍有贡献。由于最终的污染损失价值量是流量的概念，即在核算每一年环境质量的变化所引起的污染损失的增大或减小量。因此,在核算时指明基准年,后一年的减去前一年的,即为当年的损失,但在归因时对慢性累积效应不同情况加以具体说明。时间累积效应的一个特例是,固体废弃物堆积所造成的土地生产力永久性丧失,需要计算它的永久性机会成本,最后通过贴现计算出当年的污染损失。

4 实际操作和应用

4.1 绿色 GDP 与党政领导绩效考核

当前党政领导干部绩效考核指标中,已经纳入了环境和资源保护的指标,但是只是个别单一性指标,难以衡量发展的可持续程度。一些地方在建立全面小康社会评价指标体系方面也引入了一些环境保护指标。由于绿色 GDP 核算将自然资源耗减、环境污染与生态恶化造成的经济损失加以货币化,检验社会生产力发展得失同时,检验自然生产力的消长,可以督促决策者从根本上提高资源配置效率,构建与环境和谐的新经济体系。因此,绿色 GDP 是人们在经济活动中处理经济增长、资源利用和环境保护三者关系的一个综合、全面的指标,具有引导社会经济发展不但注重眼前效益、更追求长远利益的导向作用,它为干部政绩考核提供了科学依据。但是,目前核算体系与完全意义上的绿色 GDP 核算体系还有很大的差距,绿色 GDP 还不能作为指标纳入干部绩效考核体系,存在许多技术和制度上的困难,但主要是体制上的困难。

在体制与制度方面,一是现行的资源环境统计制度还不完善,统计数据无论在质量上还是统计范围上都不能满足绿色 GDP 核算的需要;二是绿色 GDP 核算方法和标准还没有统一规范、核算过程的监督管理制度、核算结果审核和发布制度等还没有建立。绿色 GDP 核算的体制和技术等诸多困难表明,在近期将绿色 GDP 指标纳入干部政绩考核制度时机还不成熟,但从长远来看,绿色 GDP 纳入干部的政绩考核或评价制度具有重要意义。

绿色 GDP 核算体系的建立需要有一个过程,绿色 GDP 纳入干部的政绩考核制度也可以分步进行。在绿色 GDP 核算没有完全规范化之前,也可以选择一些与绿色 GDP 相关的、体现可持续发展的环境经济指标,纳入党政领导绩效考核指标体系中,如万元 GDP 能耗、

万元 GDP 水耗、万元 GDP 土地消耗、万元 GDP 污染物排放、环境
支出占 GDP 比例、主要水体水质达标、空气质量达标等指标。

4.2 绿色 GDP 核算中的部门协调问题

由于绿色 GDP 核算体系的构建对应的层次是"自然环境+社会
经济"，处于生态学、环境学、资源学、经济学、社会学等众多学
科研究的范围，同时，绿色 GDP 核算也是一项涉及多部门的工作，
所以，需要进行跨学科研究，各部门之间、各课题组之间以及国际
国内之间的协调配合。搭建跨学科、跨部门的统一工作机构是绿色
GDP 核算体系构建成功的保证。这也是正确引导目前绿色 GDP 核
算研究"热"的一个重要措施。

国家统计局作为国民经济统计与核算的最高权威部门，是绿色
GDP 核算的总设计师和总协调员。在诸如总体核算框架设计、法规
标准建立、部门核算协调、核算与统计制度改革等工作方面发挥主
导作用。同时，国家统计局应该建立跨部门的工作领导小组和有关
部门参加的统一工作平台，下设若干核算专题小组，包括水资源核
算、森林资源核算、矿产资源核算、土地资源核算、环境污染和生
态破坏损失核算等专题，在统一协调部署下，共同制订工作方案及
目标，并负责组织试点及实施工作。因此，从这一角度出发，开展
完整绿色 GDP 核算是统计部门的工作职责。在绿色 GDP 核算中，
环保部门是重要的参与者和政策需求用户，主要开展环境经济核算
工作。

4.3 绿色 GDP 核算的发布制度问题

在进行绿色 GDP 核算研究与实践中，我们逐步发现，由于现行
体制的不完善成为建立绿色 GDP 核算体系的障碍之一。要建立绿色
GDP 核算体系，必须建立和完善相关的制度工作。首先，要建立和
完善环境监测、统计和审核制度，目前有关部门正在着手进行环保
统计制度的改革，相信会较快地看到成效；其次，要逐步提升绿色
GDP 核算方法的规范化和制度法，保证核算过程及操作方法的科学
规范，进而保证最终计算结果决策导向的正确性；第三，建立和完
善环境经济核算年度报告制度、核算过程监督管理制度和核算结果
的发布制度。绿色 GDP 核算关系到国家、地方、人民切身利益，对
此，必须建立畅通的信息沟通平台和完善的监督制度，建立绿色 GDP

核算结果发布制度。当前，比较适合的发布平台是研究机构发布，这样更能客观地评价地方政府的发展绩效。

4.4 绿色 GDP 核算与国际接轨问题

有人认为，到目前为止，既没有国际公认的绿色 GDP 核算标准，也没有看到一个国家做出了完整的绿色 GDP 核算，更没有看到一个国家官方发布了绿色 GDP 核算报告。目前，联合国、世界银行、国际货币基金组织、OECD、欧盟等国际组织正在联合修订全球通用的国民经济核算体系（SNA1993），准备推出 SNA2008。由于条件不成熟，尚不具备可实施性，并没有将绿色 GDP 列入修订内容。但是，世界各国围绕环境污染、生态破坏等方面的核算已经进行了大量研究探索，国际组织一直致力于这方面的研究和实践，其中影响广泛的就是在联合国统计署主持下的关于综合环境经济核算体系（SEEA）的三次整合，通过整合，形成了环境经济核算的理论框架，体现了从基本概念扩展到经环境调整之国内产出（EDP）的完整思路，从理论框架的提出开始向具体实践推进的进程。最近，联合国成立了联合国环境经济核算委员会，继续推动 SEEA2003 的修订工作，一个专门支持联合国环境经济核算委员会的伦敦专家小组准备提出综合环境与经济核算体系 SEEA2008 版本。SEEA 为各国绿色国民经济核算的研究提供了起点和指导，对促进和规范国际范围内的绿色国民经济核算发挥了重要作用。我国目前开展的绿色 GDP 核算与联合国推荐的综合环境与经济核算体系（SEEA2003）框架是基本接轨的，在基本概念定义、核算内容确定、核算表式设计、操作规程制定等方面保持了与国际做法的一致性。

众所周知，环境问题具有地域性特征和不同的管理目标，各国进行环境核算的基础也存在很大差异。因此，中国的绿色 GDP 核算一方面要借鉴国际上的经验，尽可能与国际 SEEA 核算框架相接轨，另一方面，要适应中国现实情况，在核算目标模式、核算内容、表式设计等方面都要依托中国国民经济核算体系和环境统计体系的特点以及开展绿色国民经济核算已经取得的实际经验，尽可能与中国的环境统计、自然资源统计、国民经济统计，以及中国现有国民经济核算基础相衔接。中国绿色 GDP 核算必须要有中国的特点，是未来中国国民经济核算体系的重要组成部分，服务于中国的社会经济与环境的协调发展。在核算结果的比较上，也主要着眼于国内地区之间的比较，主要引导地方真正落实科学发展观。

4.5 绿色 GDP 核算的研究探索性

面对复杂的环境经济关系，面对在技术方法上的困难，绿色国民经济核算目前仍然是一个充满探索、实验的研究领域，尚不是一套成熟、规范的统计实务。这就是说，绿色 GDP 距离可以实际准确计量，目前还存在着许多理论上和实践上的困难，尚难以像 GDP 那样作为经常统计的结果加以应用，更难以在不同经济层面上计量，满足各级政府的考核管理需要。因此，目前将绿色 GDP 核算主要定位于项目研究阶段，试点是一种探索性的研究，当然允许失败和成功。

尽管绿色 GDP 核算方法还不十分成熟，但我们可以通过逐步试点，探索和完善相应的核算方法和制度。在中国当前国情下，核算试点等相关工作的开展，必须通过政府部门主导才能顺利实施。首先，绿色 GDP 核算不仅仅是为了核算而核算，而是要与国家、地区的环境政策导向一致，要为国家和地区经济与环境管理服务。同时，我们知道，绿色 GDP 核算体系包括的核算内容繁多，涉及许多部门的管辖范围，需要政府各部门之间进行协调沟通；另外，绿色 GDP 核算要在 10 个省（市）甚至更大范围进行试点核算，光靠研究部门是不行的，需要国家和各级政府推动才能保证整个工作的顺利开展。因此，当前绿色 GDP 核算定位于项目研究，而且必须是政府主导下的项目研究，只有这样，才能保证绿色 GDP 核算体系在中国早日实施。

5 结语

国务院 2005 年颁布的《关于落实科学发展观加强环境保护的决定》明确提出，要研究建立绿色国民经济核算体系，将发展过程中的资源消耗、环境损失和环境效益纳入经济发展水平的评价体系。绿色 GDP 核算已经不是一个"要做不要做"的问题，而是一个如何"科学地去做"的问题。最关键的问题是，要在统计部门的统一指导下，积极组织资源管理和环保部门，加快建立绿色国民经济核算框架体系，全面开展资源和环境核算试点研究，选择若干重点领域核算取得突破，让绿色 GDP 核算尽早成为落实科学发展观、促进经济增长方式转变、建设资源节约和环境友好型社会的重要指南。

参考文献

[1] 许宪春. 中国经济发展与绿色国民经济核算. 中国统计，2005（5）：6-7.

[2] 杨树庄. 该不该计算绿色 GDP. 中国统计，2005（6）：30-32.

[3] 朱启贵. 绿色国民经济核算的现状分析. 中国软科学，2002（9）：24-28.

[4] 王世杰. 绿色 GDP 核算应当缓行. 宏观经济研究，2005（11）：48-49, 63.

[5] 杨缅昆. 国民福利核算的理论构造——绿色 GDP 核算理论的再探讨. 统计研究，2003，1：35-38.

[6] 厉以宁. 谈绿色 GDP 核算方式. 见 http://theory.people.com.cn/ GB/40534/ 4007382.html. 2006.1.8.

[7] 萧灼基. 传统 GDP 存在三大缺陷. 第三届中国竞争力论坛，2005.12.11.

[8] 梁小民. 绿色 GDP 思路上有意义但不具有可操作性. http://business. sohu.com/2005 0404/n225015640.shtml. 2005.4.4.

[9] 王金南，等. 建立中国绿色 GDP 核算体系：机遇、挑战与对策//建立中国绿色国民经济核算体系国际研讨会论文集. 北京：中国环境科学出版社，2005.

[10] 牛文元. 绿色 GDP 与国民经济核算制度//建立中国绿色国民经济核算体系国际研讨会论文集. 北京：中国环境科学出版社，2005.

[11] 高敏雪. 绿色 GDP 核算：争议与未来走向//中国环境与发展评论：第 3 卷. 北京：社会科学文献出版社，2007.

[12] 侯元兆. 中国的绿色 GDP 核算研究：未来的方向和策略//中国环境与发展评论：第 3 卷. 北京：社会科学文献出版社，2007.

[13] 钟兆修. 研究推行绿色 GDP 核算是时候了//建立中国绿色国民经济核算体系国际研讨会论文集. 北京：中国环境科学出版社，2005.

[14] 曹克瑜. 绿色国民经济核算体系框架与实现途径//建立中国绿色国民经济核算体系国际研讨会论文集. 北京：中国环境科学出版社，2005.

中国绿色 GDP 核算解析[①]

雷　明

（北京大学光华管理学院　北京　100871）

摘　要： 基于研究绿色国民经济核算方法，探索将发展过程中的资源消耗、环境损失和环境效益纳入经济发展水平的评价体系，建立和维护人与自然相对平衡的关系等的基本思想，本文阐述了绿色 GDP 核算的重大意义及重要作用，深刻地分析了现今绿色 GDP 核算面临的主要问题，并在此基础上对如何构建绿色 GDP 体系提出了建议。

关键词： 绿色 GDP　绿色 GDP 核算

自 2004 年，胡锦涛主席在中央人口资源环境工作座谈会上基于科学发展观，提出要研究绿色国民经济核算方法，探索将发展过程中的资源消耗、环境损失和环境效益纳入经济发展水平的评价体系，建立和维护人与自然相对平衡的关系以来，国家环保总局和国家统计局在经过 2003 年广泛深入的可行性调查分析之后，于 2004 年 3 月正式联合启动了构建中国绿色核算体系国家级项目。

2006 年 9 月 7 日，国家环保总局和国家统计局联合发布了《中国绿色国民经济核算研究报告 2004》。这是我国第一份考虑环境污染调整的 GDP 核算的国家研究报告。可以视为国家全面对"绿色 GDP"进行核算和考核的一次全面预演。该报告的出台标志着我国"绿色 GDP"核算工作正式提上了议事日程。

绿色核算体系和绿色 GDP 核算与数据发布制度的建立，对于客观公正地评价中国社会经济增长进程，促进"十五"乃至更远的将来中国社会经济发展与自然环境间和谐统一，最终实现以人为本的经济增长、社会进步和环境保护三位一体的可持续发展，实现构建

---

① 摘自《科学决策月刊》，2007 年 4 月。

社会主义和谐社会伟大的战略目标，具有广泛而深远的理论和实践意义。

绿色 GDP 意味着观念的深刻转变，它能更科学地衡量地方经济社会发展的成果。绿色 GDP 核算体系的建立是落实科学发展观战略思想的具体体现。通过绿色 GDP 核算，不仅可以确定出国民经济运行中环境退化成本和资源消耗成本，而且可以让我们了解哪些部门、哪些地区是资源消耗"高强度区"，哪些部门、哪些地区是环境污染和生态破坏"重灾区"？给出各个部门和各个地区的具体环境退化成本和资源消耗成本，并以此制定科学的政绩考核制度，促进地方经济可持续发展；通过绿色 GDP 核算，可以为区域发展定位、产业结构调整、产业污染控制和环境保护治理提供政策建议。同时，分部门和分地区的核算结果对未来环境污染治理重点、污染物总量控制、环保投资规模的确定和加强重点源监控体系建设提供了科学依据；通过绿色 GDP 核算，可以看出环境污染对人类生活和生命健康的危害程度，从而制定出"以人为本"的环境保护政策。

当然绿色 GDP，人们心中的发展内涵与衡量标准就要随之改变，同时由于扣除环境损失成本，也会使一些地区的经济增长数据大大下降。人们不自觉地会产生一种回避甚至抵触的倾向。

从客观上看，绿色 GDP 核算主要问题包括以下几个方面

（1）理论有待进一步完善，如资源环境估价等，由于目前国际上还没有任何一个国家能够计算出一个完整的绿色 GDP，可借鉴经验比较少，加之由于对环境业务不熟悉，而感到" 任务不明确"、"无从下手"。

（2）基础支撑数据还不完善，而调查统计工作琐碎、繁难，大量需要直接测量的原始数据采集难度很大，难以满足调查和核算需要。

（3）问题经费成了开展核算工作必须解决的首要问题，一些有意无意回避或者浅尝辄止，其理由正是"经费不足"。

（4）现实中，绿色 GDP 核算的制度安排基本空白，而相关制度建设对保证核算的顺利实施至关重要。

（5）绿色 GDP 是一项繁杂的系统工程，需要多个部门共同开展工作，合作得好，可以发挥各部门的优势；合作不好，难免相互掣肘，工作就难以开展，目前缺乏必要的协调合作机制。

如何将我国绿色 GDP 核算工作推向一个新的水平，最终建立科学实用、系统完备的中国绿色 GDP 核算体系和绿色 GDP 核算数据发布制度，是摆在我们面前的一项重要任务。

绿色 GDP 核算的根本意义在于：通过核算过程和结果有关数据、信息的分析，揭示出有关的问题，为综合环境与经济决策提供参考依据，从而制定出有利于环境保护和经济发展"双赢"的发展战略和政策；它是可持续新发展观的重要实践，有助于从根本上改变党政领导的政绩观，推动粗放型增长模式向低消耗、低排放、高利用的集约型模式转变。

同时绿色 GDP 核算又是一个庞大的系统工程，建立中国绿色 GDP 核算体系是一个长期的目标，中国能否在将来真正建立绿色 GDP 核算制度，能否真正使用绿色 GDP 指标反映国民经济的真实增长质量，有赖于统计、环境、资源等部门以及社会公众的共同努力才能实现。

构建绿色 GDP 核算体系包括 3 个主要目标层次：① 建立绿色核算制度，确立绿色统计核算标准和规范，确立绿色核算方法，构建绿色核算体系；② 进行实际绿色核算，提供绿色（资源、经济、环境、人口等）综合核算结果，形成可持续发展综合基础数据库；③ 在绿色核算数据库基础上，为实现可持续发展提供决策政策制定的有效支持，在这一层次，除了需要绿色核算数据库所提供的基础数据之外，还需要其他相关经济社会等相关政策分析工具的支持。

如何围绕这三层次，将中国绿色 GDP 核算工作深入而持久地进行下去，我们还应从以下几个方面入手

（1）进一步规范现有自然资源环境统计体系，完善绿色 GDP 核算的核算标准和规范，完善绿色 GDP 核算体系框架和技术方法体系。

（2）进一步扩大核算范围，在自然资源核算方面，有水资源核算、森林资源核算、矿产资源核算等，在环境核算方面，有生态破坏损失核算以及本次核算未包括的环境污染损失核算等内容。

（3）进一步做好试点省市的绿色 GDP 核算试点推广工作。

（4）建立绿色国民经济核算的长效机制，并逐步形成中国环境经济核算报告制度，完善核算过程的监督管理制度、核算结果发布制度。

（5）深入挖掘绿色 GDP 核算的政策含义，包括重点研究如何利用绿色 GDP 核算结果来制定相关的污染治理、环境税收、生态补偿

等环境经济和管理政策。

（6）研究如何利用绿色 GDP 核算结果来进一步完善相关领导干部绩效考核制度。

（7）以绿色 GDP 核算为核心，建立对在实现可持续发展过程中，受环境损害影响最大的弱势承担者的合理补偿机制。

（8）适时建立企业绿色会计准则和规范，推行与国际接轨的企业绿色会计和审计制度，为全面实施绿色 GDP 核算奠定雄厚的微观基础。

（9）大力宣传和普及教育，培养和树立绿色 GDP 核算的公众参与意识。

（10）加强立法，同时加强执法和立法的协调配合，从法律上为开展绿色 GDP 核算提供坚强保障和支持。

另外，由于构建全面完善的绿色 GDP 核算体系是一项长期的工作，要将绿色 GDP 纳入干部政绩考核，除了绿色 GDP 核算工作外，还须建立相应的考核制度，而这一过程可能需要较长时间。因此，在近期内，绿色 GDP 核算与干部考核挂钩可分步实施，通过绿色 GDP 核算过程与结果的数据分析，建立一系列的与绿色 GDP 相关联的指标，纳入到干部政绩考核中。这些指标可以是：单位增加值能源消耗、单位增加值水资源消耗、单位增加值土地资源消耗、单位增加值废水、COD、SO_2、CO_2 的排放强度等。

两种基于不同理论的绿色国民核算方法比较①

向书坚　平卫英

（中南财经政法大学信息学院　湖北武汉　430060）

摘　要：本文主要介绍了两种基于不同理论的绿色国民核算方法——GREENSTAMP（Greened National Statistical and Modelling Procedures）方法和GARP（Green Accounting Research Project）方法的发展和应用。GREENSTAMP方法是以可持续发展理论为基础的模型计量方法，目的在于发展一种理论上严密、实行上可行的衡量满足可持续环境标准的经济产出总量的方法。GARP方法是搜集能够用于估计绿色NNP或者能够用于解释标准国民账户（SNA）的卫星账户的信息的实证研究方法，目的在于给出一个经济活动净福利的准确计量值。通过比较发现，两种绿色国民核算方法均存在一定的优点和缺点。因此，本文提出了将以可持续发展为基础的方法和以福利为基础的方法相结合的两种潜在方法。

关键词：绿色国民核算　GREENSTAMP　GARP

1 基于可持续发展理论的 GREENSTAMP 方法

以可持续发展理论为基础的 GREENSTAMP 方法把经济、环境可持续性作为计量的根本出发点，关注经济与环境、资源之间的协调发展。

1.1 GREENSTAMP 方法的理论基础——可持续发展理论

近年来，国内外对可持续发展问题进行了深入的研究和探讨，

---

① 摘自《当代财经》，2007 年第 4 期。

可持续发展思想在不同经济发展水平和不同文化背景的国家均得到了普遍认同，并正在付诸实践。可持续发展所追求的目标是：既要使人类的各种需要得到满足，个人得到充分发展，又要保护资源和生态环境，不对后代人的生存和发展构成威胁。它特别关注各种经济活动的生态合理性，强调对资源、环境有利的经济活动应给予鼓励；反之，则应予摒弃。在衡量发展指标上，不是单纯用国民生产总值作为衡量指标，而是用社会、经济、文化、环境等多项指标来衡量。这种发展观较好地把眼前利益与长远利益、局部利益与全局利益有机地统一起来，使经济能够沿着健康的轨道发展。

GREENSTAMP 方法的理论基础主要是强可持续发展理论。强可持续发展除了包含实现现代经济可持续发展本身的内容外，还要求满足以下两个条件：① 不认为自然资本与人造资本之间存在高替代弹性，即人造资本并不能完全替代自然资本，经济增长必然要付出一定的自然环境代价；② 任何经济发展都客观存在着一个生态环境临界价值，实现经济增长必须考虑其特定资源环境的生态适度承载力。而弱可持续发展包括以下两个基本假设条件：① 自然资本与人造资本之间的高替代弹性；② 不同自然资本的同质性，即不区分关键自然资本与非关键自然资本。可见，强可持续发展要求"本质的"环境资源存量被保持，而弱可持续发展要求保持资本存量总量价值不变，这里不断增长的人造资本可以替代耗减的自然资源，所以，后者并没有深入贯彻可持续发展的思想。

1.2 GREENSTAMP 方法的基本思路

GREENSTAMP 方法的创立者认为，以福利为基础的方法不可能准确可靠地计量自然资本的折旧，计算的国民收入值不能作为可持续发展的指示器指标。他们想依赖多部门的国民经济模型计量得到所设定的环境标准的切实可行的经济产出量。在估计达到设定的环境标准的机会成本问题上，创立者受到了 Hueting 方法的启发，[①] 但却没有采纳 Hueting 方法，即没有从实际的国民收入中扣除达到环境标准的成本的建议。他们认为，这样计算的可持续收入将可能低于真实的可持续收入。既然达到给定的环境标准意味着零边际改变量，那么局部平衡框架就不适用了，而一般平衡框架下的经济模

---

① 针对以福利为基础的绿色国民收入不是对可持续收入的计量的事实，Hueting（1989）提出了对可持续国民收入（SNI）的计量方法。

型将是更好的选择。在一般平衡框架下的经济模型中，只有在切实可行的经济产出是内生变量的情况下，满足环境可持续标准的国民收入才能在模型中被估计出来。[1]

捷克（2000）和法国（1999）的学者应用 M3ED（Model Economic Energy Environment Development）多部门动态模型实践了 GREENSTAMP 方法，采用模型的 GREENSTAMP 方法的优点在于，它可以在不同的环境标准假定下运行，模型连续动态并以未来为导向。在模型中，只要给定未来合理的假设值，那么某一时期内可行的经济产出就可以被估计出来。模型中任何设立的环境标准或假定的未来环境标准都是外生的，即是主观决定的，因此，方法的创立者认为，这种方法便于人们更好地理解达到可持续标准所需要的条件。也就是说，从模型中得到的总量指标并不是最有价值的信息，真正有价值的是对模型假设条件和结论的理解和比较。如，法国在应用 GREENSTAMP 方法时，就针对悲观的和乐观的技术进步假定、宽松的和严厉的环境标准假定，建立了四种不同的模型。[2]

1.3 GREENSTAMP 方法存在的问题

这种方法的缺点在于真实的国民经济是非常复杂的，但它试图把经济过程完全用模型来描述。显然，这是不切实际的，模型的估计精度也无法得到保证。另外，该方法在克服绿色 NNP 缺点的同时，偏重于考察经济达到可持续标准需要付出的成本，却没有充分考虑环境破坏造成的福利损失。如有些经济活动对环境的影响并没有导致自然资源的耗减，但确实影响了人们当期的福利水平，如噪声污染等。

2 基于福利经济学的 GARP 方法

在过去的几十年中，人们开始关注环境破坏对经济福利的抵消作用。GARP 方法就是传统的以福利经济学为基础的绿色国民核算方法，主要是计算经济活动的环境负效用的实物和价值损害，以更准确地估计经济活动提供的净福利水平。创立该方法的代表人物是 Weitzman，他于 1976 年提出了绿色 NNP 的定义，即绿色 NNP 是对 NNP（国民生产净值）进行环境影响调整后得到的反映经济福利的衡量指标。绿色 NNP 仍表现为消费加净投资的和，只是在计算中考虑了自然资源存量的损耗价值。GARP 方法体系有两个版本：GARP Ⅰ 和 GARP Ⅱ。前者的目的是使用更好的计量方法确定欧盟成员国——德国、意大利、荷兰和英国的环境破坏货币价值的估计量。后者的目的是进一步扩展涉及的污染物的范围，确定不同污染物对环境的破坏程度以及各种被破坏资源环境的保护性费用支出水平。

2.1 GARP 方法的福利经济学基础

福利经济学产生于 20 世纪初期的英国，其奠基人是著名经济学家庇古（A. C. Pigou）。经过近一个世纪的发展演进，福利经济学走过了旧福利经济学和新福利经济学两个阶段，成为现代经济学的一个重要分支。

GARP 方法的福利经济学基础主要体现在以下两点：① 经济福利等于国民收入的命题。庇古认为，福利经济学"研究增进世界的或某一国家的经济福利的主要影响"。福利分为个人福利和社会福利，个人福利是指一个人获得的满足，既包括个人物质生活需要的满足，也包括个人精神生活需要的满足。社会福利是指一个社会全体成员的个人福利的总和或个人福利的集合。在社会福利中，能够直接或间接用货币来衡量的那部分社会福利，叫做经济福利。庇古认为：个人福利可以用效用来表示，整个社会的经济福利应该是所有个人效用的简单加总。在此基础上，庇古提出了两个福利基本命题：国民收入水平越高，社会福利就越大；国民收入分配越平均，社会福利就越大。也就是说，在收入分配均等化的假定下，一国的经济福利会随着国民收入的变化而增减。庇古就是借助国民收入指标，找到了福利这一原属于主观满足范畴的"客观对应物"。[3] ② 有关外部效应的研究。根据庇古的分类，社会福利可区分为经济福利和未经过市场体系而形成的非经济福利。虽然庇古认为，由于非经济福利含义广泛且难以测量，研究重心应放在能与货币尺度相联系的经济福利上，但他对外部性理论的研究涉及了非经济福利问题。所谓外部性，是指某种交易活动通过非价格机制传递而对第三者产生有利的或不利的经济影响。若某一交易活动引起他人效用的降低或成本的增加，则称为外部不经济，如大气污染、噪声公害等。若引起他人效用的增加而受益者并没有增加支出或成本，则称之为外部经济，如蜜蜂为果树传授花粉等。有关外部性的研究，使环境外部影响成为绿色国民核算的重要核算内容。

2.2 GARP 方法的基本思路

Weitzman 最早提出：反映经济最优化过程的汉密尔顿函数可以用来计量福利收入，[①]因为现价的汉密尔顿函数代表了效用现值与净人工资本和自然资本存量的效用之和。其后的几位研究者已将这一结论用于计量资源耗减和污染的价值的相关模型中，以计算经环境影响调整后的国民生产净值，即绿色 NNP。

较早探索如何对国民账户进行环境和其他非市场化因素调整的学者是 Mailer，他在 1991 年的论文中给出了一种从国民账户中扣除相应耗费的理论方法。主要是依照效用的三因素模型，即效用水平由生产出来的产品、环境质量、闲暇共同决定的经济模型，而产出又是投资资本、劳动、环境质量和自然资源存量的函数。他指出：既然对福利的准确计量要求给传统的 NNP 加上环境产品的净福利，那么环境的保护性费用支出不应在 NNP 中被扣除，否则，会导致重复计算。不过，用于优化环境资源存量的花费因对当期福利没有贡献，所以，它应从 NNP 中扣除。同样，环境资源存量的改变值和人工资本的折旧额都应在 NNP 中扣除。

以上介绍的是 GARP 方法的基本思想，这种方法体系有两个版本，它们都是由欧盟委员会资助的项目研究成果，目的是在欧盟范围内计量经济活动对经济其他方面的影响，包括经济活动的环境外部影响。GARP Ⅰ（Markandya and Pavan，1999）考察大气污染对人类健康、农作物、财产和自然环境 4 方面的影响，考察的国家包括德国、意大利、荷兰和英国。GARP Ⅰ是非常有价值的方法，因为它在一定的可靠度下给出了污染影响的货币估计值。但它也存在一些缺陷，如污染物的范围过窄、使用的方法不能保持一致性、未能形成在各国适用的统一模式等。GARP Ⅱ（Markandya and Tamborra，2000）是对 GARP Ⅰ的发展，也是对德国、意大利、荷兰、英国四个国家的污染损害价值进行估计，不同之处在于 GARP Ⅱ扩展了污染物的范围，并考察污染造成的具体原因。[4]

2.3 绿色 NNP 衡量福利水平存在的问题

GARP 方法计算绿色 NNP 的第一个缺陷是，它没有考虑外生价

---

① 汉密尔顿函数：最优控制理论中的重要函数。

格变化或外生技术进步导致的资本存量的增减额。计算绿色 NNP 的 Weitzman-Hartwick 研究框架的基础——Weitzman 于 1976 年提出的模型，是一个不包括技术进步的封闭经济模型，因此，该模型没有包括外部效应及相应的资本增减额。

Usher 在 1994 年指出：收入的汉密尔顿计量值是一年内经济活动生产的以现价计算的消费额和经过折算后的未来消费额的总和。收入的更完整定义应包括经济活动对经济的外部影响。Sefton 和 Weale 在 1996 年进一步发展了收入的计量方法，在计算中考虑了资源价格和投资利率的未来走势对经济福利水平的影响。这意味着，如果经济单纯依赖资源进口，经济福利水平应依据不断增长的资源价格走势进行相应的缩减，反之亦然。另外，尽管资本增值在理论上应包含在国民收入的计量中，但在实践中，这涉及对未来价格走势的估计，因此，实行起来是非常困难的。

GARP 方法计算绿色 NNP 的第二个缺陷是对绿色 NNP 的解释不清晰。其原因之一是，"收入"一词在传统的国民账户中至少有两种不同的含义。第一种含义是等同以福利为基础的收入，理论基础就是福利经济学。第二种主要含义是"可持续收入"，即在没有降低资本存量以及没有降低将来的消费可能水平意义下的可消费的最大值，它源自 Hicksian（1946）关于收入的定义，也被称为 Hicksian 收入。

以福利为基础的收入计量是假定经济增长按这样的途径进行——即使用一个不变的贴现率使消费的净现值最大（简称 P—V 最大化途径）。但这样的增长途径不一定是可持续发展的增长途径，因为在某些特定的环境下，P—V 最大化途径可能在某种程度上降低了未来的效用水平。[1]Pezzey（1994）和 Asheim（1994）指出：总的来说，以福利为基础的收入和可持续收入是不相等的。如果 P—V 最大化途径是唯一的和可变的，那么按 Weitzman 方法计算的以福利为基础的收入是不能作为可持续收入的。只有在不可持续的消费途径能够转化为可持续的消费途径，而又没有改变相应的供给价格时，即在价格是外生的条件下，以福利为基础的收入才可作为可持续收入的"上限"。这对小型的开放经济是适用的，因为这时经济面临的是给定的国际价

---

[1] Dasgupta and Heal 在 1974 年举了这样的例子，以说明最大化效用净现值的消费最终是会降低的。这个例子是假定在生产中只使用一种人造的不可再生资源，资源的消耗量由增长的人造资本存量的增加来弥补，若人造资本的利率下降低于不变效用折算比率，那么有效的消费和效用水平将会降低。

格，在 Weitzman 分析的封闭经济中不适用。

3 GREENSTAMP 和 GARP 方法的实证结果

如上所述，GREENSTAMP 和 GARP 方法体系在理论基础、设计思路等方面都存在差异，因而它们提供给政策制定者的相关信息也存在明显不同。GREENSTAMP 方法提供给政策制定者关于为满足既定的环境保护标准而发生的社会成本数据，即在一个给定的行动标准下达到这一标准需要的最小开支。这里的既定环境标准在一定意义上可被认为是源于政治上的要求和决定，是政府为遵从可持续发展政策所设定的符合环境可持续发展的标准。一旦标准被建立，下面的工作就是确定达到标准需要付出的成本。这一方法使政策制定者能够运用成本—效益分析法做出符合环境标准的政策决定，但缺陷是，做出的政策很可能是以预算控制目标为基础，而不是以可持续发展目标为基础。GARP 方法的主要目的是准确计算国民净福利，向政策制定者提供以实物、货币两种形式计量的环境破坏损失。从长远看，这些信息是非常重要的，因为它们准确体现了社会对环境控制的有效程度，是建立科学的环境标准的基础。然而，这些标准并不一定是代表环境（或经济）可持续发展要求的标准。下面将介绍这两种方法在实际应用中得到的实证结果。

3.1 GREENSTAMP 方法的实证结果

GREENSTAMP 方法最早的实证结果是，对捷克的一项研究中得到的。主要是对氮氧化物（NO_x）和硫氧化物（SO_x）两种污染物估计了相应的避免成本曲线，NO_x 和 SO_x 是导致光化学烟雾和酸雨的主要污染物。研究涉及的污染源都是静态污染源（污染源有静态和可移动之分），目前静态污染源的 NO_x 和 SO_x 排放量呈下降趋势，而可移动污染源的排放量却是呈上升趋势，因此，NO_x 和 SO_x 总排放量是不能确定的。在对捷克的研究中，给出了 1996 年的 NO_x 和 SO_x 总排放量和 2000 年、2010 年的估计量（仅对静态污染源来讲）的数据，它们都是根据捷克大气污染源和排放量的记录估计出来的，[5] 实证结果见表 1。

表 1 捷克 NO_x 和 SO_x 的排放量 单位：kt/a

时间	NO_x 排放量		SO_x 排放量	
	静态污染源	总污染源	静态污染源	总污染源
1996	205	430	n.a.	n.a.
2000	205	n.a.	336	n.a.
2010	85~90	n.a.	186	n.a.

数据来源：1999 年 8 月"挪威自然资源和环境账户"的完成稿；n.a.表示没有数据。

从表 1 中可看到，NO_x 和 SO_x 的排放量都是逐年减少的，用 GREENSTAMP 方法得到的每吨 NO_x 减少量的避免成本在 200~400 欧元的范围内。对于硫氧化物 SO_x 的减少量和相应的避免成本的估计需要合理的技术上的假定，不同的污染处理方法对应着不同的成本数据。如采用低硫燃料降低 SO_2 的排放量的避免成本为每吨 300~400 欧元，而采用燃料气体脱硫降低 SO_2 的排放量的避免成本为每吨 400~1 100 欧元，低硫气态油降低 SO_2 排放量的避免成本特别高，每吨成本在 2 000 欧元以上。

3.2 GARP 方法的实证结果

GARP Ⅱ 的最终报告提供了德国、意大利、荷兰和英国 4 个国家的污染损害估计值，特别是大气污染造成的环境损害估计值。考察的主要对象是硫氧化物（SO_x）、臭氧（O_3）和大气中可吸入颗粒物（PM_{10}）对人类健康、农作物、财产的损害。德国、意大利和荷兰的相关估计值都是基于 1994 年的数据计算得到的，而英国是基于 1996 年的数据，[6]实证结果见表 2。

表 2 欧盟四国的环境损害估计值

环境损害估计值（占 GDP 的百分比）	德国	意大利	荷兰	英国
人类健康	2.73%	4.41%	3.61%	1.75%
农作物	0.10%	0.000 2%	0.06%	0.08%
财产	0.01%	n.a.	0.004%	0.14%
总值	2.80%	4.40%	3.70%	2.00%
人均损害估计值（欧元）	554	778	662	306

数据来源：1998 年 11 月 GARP Ⅱ 对欧盟的最后报告的摘要；n.a.表示没有数据。

表 2 中的数据说明，四个国家的环境污染都对人类健康的损害值

较大，在三种污染物中，影响最大的是大气中可吸入颗粒物（PM_{10}）。德国、意大利、荷兰、英国四国的环境污染损害估计值分别占本国 GDP 的 2.80%、4.40%、3.70%、2.00%。而 1990 年 GARP I 的相应估计值为意大利 4.1%，荷兰 5%，英国 3.3%。当然，GARP I 和 GARP II 的数据不具有可比性，因为两个项目采用的方程和计量方法是有差异的。总体上说，GARP I 的估计值普遍高于 GARP II 的对应估计值（除意大利外）。

以上两种方法的实证结果不能作系统比较，原因有三：① 涉及的国家不同。GREENSTAMP 只有捷克的实证数据，而 GARP II 提供了德国、意大利、荷兰、英国四个国家的相关数据。② 考察的污染物不同。大体来说，两种方法都是把注意力放在对大气污染的计量上，而没有考虑相同的污染物。GREENSTAMP 着重考察了 SO_x 和 NO_x 的排放量，而 GARP II 没有估计 NO_x 的相关损害。尽管有关于臭氧的数据，但是 NO_x 的排放量与臭氧的水平之间的关系很难建立。另外，假设 PM_{10} 及 SO_2 都在臭氧的形成过程中起作用，把 NO_x 作为臭氧的先行者进行相应的损害计算，将会导致重复计算的问题。③ 对污染物的处理方式不同。GREENSTAMP 分析实际的排放量数据，而 GARP 主要考虑污染物造成的损害影响。

4 综合扩展两种方法的基本思路

以上两种方法均存在一定的优点，但也存在明显的缺点。为了确定在经济上有效，同时又满足可持续发展要求的产出和福利的指示性指标，下面介绍将以可持续发展为基础的方法和以福利为基础的方法相结合的两种潜在方法。

4.1 福利扩展的 GREENSTAMP 方法

GREENSTAMP 方法旨在发展一种理论上严密、实际上可行的衡量满足可持续环境标准的经济产出总量的方法，也被看作是可行的"可持续消费"和强可持续发展的计量方法。对这种方法的扩展，应充分考虑到经济计量评价的重要性及以福利为基础的产值代表政府可行的环境标准的可能性。福利扩展的 GREENSTAMP 方法的第一阶段是计算每一种环境影响的可持续标准。第二个阶段是基于 GARP 方法提供的成本数据，确定满足环境标准的以福利为基础的需求曲线，再将这些与可持续标准相结合，以确定环境保护的"有效可持续"水平。GARP 方法确定的影响成本也可用于确保以最有效的方式达到可持续标准，即以排放量的减少导致边际影响减少量取最大值为目标。

这些目标减少量将会合并入 GREENSTAMP 使用的生产校正模型，结果将是对同时符合环境可持续和经济有效性环境标准相一致的经济产出的一种衡量。这种方法可以为可再生的和不可再生的资源的可持续使用设定一个准则，但其缺点在于建立达到某种程度上的真实性的模型本身将十分复杂，如再将福利因素纳入，则会使这一模型更为复杂。因此，这一方法的实用性、操作性还需要进一步探讨。

4.2 可持续发展约束下的 GARP 方法

以福利为基础的 GARP 方法有它积极的一面，即用经济计量技术来估计福利的净值，揭示福利随时间的改变量，在计量过程中充分考虑经济活动的负效应，特别是经济活动对环境的影响。而可持续发展约束下的 GARP 方法的目的是，建立一个能够指示可持续经济福利的指标。其优点在于能同 GDP 和 NNP 指标的标准计量相联系，可以揭示出为满足可持续标准而不得不放弃的福利水平。

这一方法扩展的第一阶段是确定强经济和环境可持续性的一些准则，即经济要沿着可持续的路径发展必须遵从的准则。比如，对于污染物，准则必须是限制排放；对于生物多样性，准则必须是限制栖息地的破坏；对于投入生产的可再生和不可再生的资源，所确定的可持续发展准则必须被遵守。第二个阶段是计算达到这些标准的经济成本，这一成本应尽可能地在一个一般平衡框架中计算得到，这就必须考虑依据这一标准以外的其他所有标准减少的成本而确定的、满足每一项可持续发展标准的收益。

考虑一个有以下 3 个限制条件的绿色国民账户模型：

$$\dot{K} = F(K,\ R) - dK - C - D$$
$$\dot{P} = -\gamma(S)P - h(D) + E(R)$$
$$\dot{S} = g(S) - R$$

第一个方程表示人造资本 K 等于产出值（人造资本和自然资源的函数值 $F(K,\ R)$）减去人造资本的折旧额（d 为折旧率），再减去消费 C 和污染控制成本 D。第二个方程表示污染存量 P 随着污染物影响的自然恶化率，环境控制的费用成本 $h(D)$ 和使用的自然资源数量 $E(R)$ 变化而变化。第三个方程表示资源存量 S 是自然资源增长量和资源损耗之间的差值。

假定这个模型有两个可持续发展的限制条件：① 自然资源一定会随着时间的推移而再生，以达到被认为的长期可持续水平；② 环境污染水平一定会随着时间的推移而逐渐降低到科学确定的可持续水平。很明显，这两个限制条件是互相依赖的。资源损耗和使用的减少也意味着生产造成的污染的减少，资源存量的任何增加同时也会提高环境吸收的同化污染的能力，这两点都说明，为达到可持续发展标准而在污染治理上的花费要少于在其他方面的花费。因此，分别计算为达到每一可持续发展标准的产出而花费的成本将会高估其真实值。

可持续发展约束下的 GARP 方法对净经济效应的计算，不仅考虑到为可持续发展而必须牺牲的产出和消费量，而且考虑了提高的环境标准和更高的环境安全水平引起的福利增加。即如果设定的可持续标准意味着较低水平的污染，那么将会提高现有的福利水平。如果模型中包括自然资源存量对效用水平的贡献，那么第二个可持续限制条件也会对福利产生积极的影响。

5 结语

以上主要介绍了两种基于不同理论的绿色国民核算方法——GREENSTAMP 方法和 GARP 方法，目的在于分析它们在理论和实践方面存在的问题，以提供将两种方法合理地综合在一起的初步建议。

GREENSTAMP 方法没有考虑环境破坏所造成的福利效应，GARP 方法的明显缺点在于没有充分考虑到可持续发展的含义，特别是环境可持续发展的能力。尽管两种方法都有明显的缺点，但它们都有其合理之处，都为政策制定者提供了相关的有用信息。由此，本文最后探讨将两种方法综合在一起的基本思路。第一种方法是应用 GREENSTAMP 修正模型来计量同时符合环境可持续和经济有效性环境标准相一致的经济产出水平。第二种方法是"可持续发展约束下的 GARP 方法"，这一方法主要是应用 GARP 方法计量满足既定的有效和可持续发展标准的净福利水平。

参考文献

[1] AsheimGB. Net National Product as an Indicator of Sustainability[J]. Scandinavian Journal of Economics，1994（96）：257-265.

[2] BrowerR，O'ConnorM and RadermacherW. GREEned National Statistical and Modelling Procedure：the GREENSTAMP approach to the calculation of environmentally adjusted national income figures[J]. International Journal of Sustainable Development，1999，2（1）：7-31.

[3] 杨缅昆. 绿色 GDP 核算理论问题初探[J]. 统计研究，2001（2）．

[4] GREENSTAMP Project. Methodological Problems in the Calculation of Environmentally Adjusted National Income Figures [R]. Final Report to the European commission DGXII，1997.

[5] O'Connor M. Natural Resources and Environmental Accounting in the Czech Republic[R]. Draft Report OSS，1999.

[6] Markandya A and Tamborra M（eds）. Green Accounting in Europe——A Comparative Study（Vol. 2）[M]. Kluwer Academic Publishers，Dordrecht，forthcoming，2000.

绿色国民经济核算基本问题研究①

李　昕　董德明　沈万斌　邱惠哲

（吉林大学环境与资源学院　长春　130012）

摘　要：绿色国民经济核算为自然资源存量价值与耗竭价值核算、环境污染损失价值核算及环境质量恢复与改善价值核算；绿色国民经济核算理论应依据马克思主义的经济理论、价值补偿理论、效用价值理论和可持续发展理论；自然资源存量和耗竭价值核算可采用支付意愿和供求定价模型法；环境污染造成的生产和固定资产损失价值核算可采用市场法；环境污染对人体健康造成的损失价值核算可采用人力资本法；绿色国民经济核算指标体系包括自然资源核算指标和环境保护核算指标；系统讨论绿色国民经济核算内涵、基本理论和方法以及指标体系以促进绿色国民经济核算的深入研究。

关键词：绿色国民经济核算　指标体系　自然资源耗竭　环境污染损失

绿色国民经济核算体系研究的理论与实践的意义表现在：完善和发展经济核算的理论与方法，建立与可持续发展模式相适应的经济核算与分析体系；推动经济学的发展；改革与完善经济核算制度，建立既适合中国国情，又具有国际可比性的经济核算制度；明确各部门之间的资源资产的产权关系，建立自然资源高效使用、合理补偿和法制化管理制度；保护自然资源和生态环境，促进社会经济的可持续发展。

长期以来，环境问题没有受到国民经济核算部门的重视，绝大多数与环境问题相关的经济信息没有在国民经济核算体系中反映出来，如为减少和防治环境污染以及恢复生态环境而发生的成本与费用没有在生产成本中体现出来，因环境污染给社会带来的危害或因治理环境对社会的贡献没有确切地计算和评价，忽视了环境污染和

---

① 摘自《地理科学》，2007 年第 27 卷第 2 期。

资源耗竭所带来的社会成本和环境成本，从而就造成了人们对经济指标的片面追求，再加之人口的膨胀，社会需求的膨胀，使生态环境受到了严重的破坏。绿色国民经济核算作为解决可持续发展的良方，一旦建立起来，将会在自然资源的合理利用和环境质量的提高等方面发挥巨大的促进作用。

1 绿色国民经济核算基本理论

资源与环境价格的确定，是资源—环境—经济一体化核算研究的核心问题之一。自然资源与环境定价，不仅仅是单纯的经济学问题，而且涉及经济体制、价值观念、社会制度等问题，被众多学者称之为"两难的选择"。国内外学者都对这一问题进行了大量研究，提出了相应的理论和方法，但是，迄今为止尚未达成共识。

1.1 马克思主义的经济理论

马克思曾高度抽象地把社会再生产过程划分为四个环节，即生产、分配、交换和消费，并且论述了它们之间的关系。生产是起点，消费是终点，生产决定分配、消费和交换，而分配和交换、消费反作用于生产。再生产四环节的活动构成了国民经济活动的基本内容，并把它看成是揭示国民经济运行的基本规律，作为设计具有中国特色的国民经济核算体系的指导思想。

对于绿色国民经济核算来说，传统的马克思主义经济学原理认为自然资源是没有价值的，是无限的。也就是说人们可以随意地使用资源并且不用考虑它的价值损失。因此，以前国民经济核算基于这种理论大多数没有考虑环境与资源给国民生产总值带来的损失。

1.2 价值补偿理论

价值补偿理论的提出是与社会经济发展，资源加速消耗，生态环境恶化相伴而生的。经济发展依赖自然资源和生态环境的支撑，同时又对资源存量和环境质量产生严重影响，在全世界范围内都普遍感到资源短缺和环境问题已经威胁到了人类自身的生存和经济的发展。中国改革开放以来，经济获得了持续高速增长，国民生产总值已跃居世界前列，各项事业都取得了巨大成绩，大大增强了综合国力，显著提高了人民物质生活水平。然而在中国经济建设取得巨大成就的同时，也付出了巨大的代价，即资源的加速消耗，生态环境趋于恶化。

长期以来，中国的资源全部归国家所有，许多自然资源低价，甚至是无价开采使用，致使财源流失现象十分严重。按照传统财政理论，财政分配只局限于国民收入分配领域，对于自然资源配置，资源耗费一直是被忽视的。资源的乱采滥伐，国有资源价值的流失，必然导致国家财政困难和生态环境的恶化。要解决这些问题，关键仍是一个价值补偿问题，只有对资源进行合理的价值补偿，才能从根本上解决上述问题。

1.3 效用价值论

资源价值核算的理论基础是西方经济学中的主观价值论，即效用价值论。资源价值效益可以通过支付意愿、消费者剩余和影子价格来表达。

（1）支付意愿。支付意愿是指消费者为获得一种商品、一次机会或一种享受而愿意支付的货币资金。它是西方经济学中的一个基本概念，用以表达一切商品、效用或服务的价格，是资源效益核算的根本。目前，支付意愿已被美、英等西方国家的法规和标准规定为资源及环境效益核算的标准指标，并用来核算各种资源和环境的效益。

（2）消费者剩余。消费者剩余是指消费者为获得一种商品、一次机会或一种享受而愿意支付的资金与实际支出资金之差。在西方经济学中，私有商品的消费者剩余可以通过其价格资料求得，而公共商品的消费者剩余主要通过两种方法求得：① 利用"影子价格"，与私有商品类似，可以根据公共商品"影子价格"来求其消费者剩余。② 利用支付意愿，询问人们对某商品的支付意愿和实际支出的费用，从而求出消费者剩余。

（3）影子价格。由于资源效益属公共商品，没有市场交换和市场价格，但可以利用替代市场技术，先寻找替代市场，再以其"影子价格"来表达资源的效益。例如，计算森林产生氧气的价值，可先计算森林每年产生氧气的总量，并假设这些氧气可用于市场交换，再以氧气的市场价格作"影子价格"来计算森林产生氧气的价值。

1.4 可持续发展理论

近年来，可持续发展的几种观点可表述为：① 不重视可持续性：追求资源开发与纯经济增长；② 重视可持续性：注重资源节约与管理；③ 强调可持续性：强调资源保护；④ 极端强调可持续性：极端强调资源保护。目前，中国实行的可持续发展属于重视可持续性。可持续发展主张在生产和消费活动中发展循环经济，以解决当前的人口膨胀、资源枯竭、环境退化等危机。

2 绿色国民经济核算基本方法

作为绿色国民经济核算的基本方法应该与国民经济核算的基本方法相一致，包括数据来源的调查方法，整理汇总方法和分析研究方法。这里所说的绿色国民经济核算方法是指分析研究方法并为此建立了一套指标体系（表1）。

表 1　绿色国民经济核算指标体系

绿色国民经济核算指标体系																		
自然资源核算指标										环境保护核算指标								
土地资源核算			森林资源核算			水资源核算			矿产资源核算		环境污染损失核算			自然保护区核算		环境污染治理核算			生态效益核算		
耕地	荒地	草地	可利用草地	森林	有林地	林木蓄积量	农业用水	工业用水	生活用水	保有储量	已开采量	大气污染	水污染	固废污染	珍稀动植物	各类保护区	大气治理	污水处理	固废处理	经济效益	环境效益	社会效益

2.1 自然资源核算基本方法

自然资源价值核算方法是国民经济核算体系的一个重要组成部分。自然资源的核算，是在自然资源成本定价的基础上进行的核算，既包括存量的核算，又包括流量的核算；既要有实物形态的核算，又要有价值形态的核算；既要对各类自然资源分别进行分类核算，又要进行综合核算。由于核算的内容与要求不同，其核算的计算方法也各不相同，一般可采用供求定价模型法。同时，要把自然资源核算同国民经济增长变化核算以及国民经济运行中的投入、产出核算联系起来。自然资源的核算可分 3 个层次进行：① 对每一种自然资源进行核算，包括自然资源的存量价值核算和耗竭损失价值核算，反映其增减变化；② 对自然资源进行综合核算，反映自然资源总量的变化；③ 把自然资源核算纳入国民经济核算体系，全面地反映国民经济的增减变化，资本形成的规模以及国民生产总值（GNP）与净值（NNP）的实际状况。这 3 个层次的核算相互联系，相辅相成。

2.2 环境保护基本核算方法

2.2.1 环境保护与治理支出核算

环境保护与治理支出包括企业投入、政府投入、居民投入和各种环境保护治理设施捐助，这部分投资支出以实际发生额为准。环境保护与治理支出主要用于：① 城市环境保护基础设施投资，如污水处理厂、集中供热工程、气化工程、生活垃圾处理工程等；② 工业污染源治理投资；③ 环境管理服务支出；④ 基本建设"三同时"环保投资；⑤ 居民环保支出等。环境污染治理的费用和投资按实际费用支出和投资的性质分为三部分：

（1）治理环境的基础设施建设投资，它将形成固定资产，是治理环境污染的重要基础和前提，它的支出具有资本性质，因此，应按照固定资产折旧率计算的折旧额作为当期的经济损失。

（2）当年为维护环保设施、环境费用的支出和为监测管理污染治理情况和科研费用的支出。这部分应当作为当年的经济损失。

（3）当年治理污染时的费用支出，它是对污染物排放的直接治理费，应作为当期的经济损失。计算公式为：污染治理总费用=已治理费用+虚拟治理费用=实际污染治理投资额/已达标率或实际污染处理率。

2.2.2 环境质量降级核算

环境质量降级主要是由生产中所产生的废水、废气和固体废物以及环境噪声所造成的环境污染。一方面生产中的原材料使用量越大，生产规模越大，自然资源的消耗也越多，排放的污染物也越多，造成的环境质量降级也越快，如水体污染、大气污染、噪声污染和固体废物污染等。环境质量降级核算可采用恢复法进行，如大气环境质量由二级降到三级，水环境由Ⅲ类水体降到Ⅳ类水体等。治理大气环境质量由三级升到二级，进行污水处理使水环境质量由Ⅳ类水体升到Ⅲ类水体的费用即为环境质量降级的损失。

2.2.3 环境污染损失核算

环境污染损失可分为以下6部分：

（1）环境污染造成的生产损失：环境污染造成的生产损失包括对工业、农业、畜牧业、养殖业及其他行业所造成的经济损失，表现在2个方面：一是环境污染使产品减产；二是环境污染使产品质量下降。可以用市场法对这部分损失进行核算。

（2）环境污染对固定资产造成的损失：固定资产主要是指各类机械、仪器、厂房及其他公共建筑物和设施等。环境污染对固定资产造成的损失主要是加速固定资产折旧，缩短使用寿命，以及增加维修保养等造成的经济损失。可以用市场法对环境污染造成的固定资产损失进行核算。

（3）环境污染对人体健康造成的损失：环境污染对人体健康造成经济损失的核算是一个非常复杂的问题。可考虑环境污染造成的医疗费增加、直接劳动力和间接劳动力损失等几部分，可采用人力资本法进行核算。

（4）水污染损失核算：根据环境规划最终目标，工业废水排放达标率应为100%，生活污水处理后应符合《污水综合排放标准》一级排放标准，把此目标作为理想状况，对比现阶段与目标值的差值，算出应处理的污水量，并根据一定的处理费用，核算出水污染损失的价值。计算公式为：

水污染损失价值=（生活污水排放量+工业废水未达标排放量）×
污水处理费

（5）大气污染损失核算：污染物的排放是造成大气环境质量退化的主要原因。排污收费为对环境外部影响附加一个真实的价格提供了一种机制，从而确保环境影响被纳入到污染者的决策框架之中。理论上，理想的收费水平应该反映与污染物有关的边际损失成本。但实际上，目前各省都用征收 CO_2 和 SO_2 排污费来弥补对大气环境造成的污染损失，实际征收的 CO_2 和 SO_2 排污费都远远低于大气污染环境损失成本。

（6）固体废物堆放污染损失核算：工业固体废物的污染损失，主要为工业固体废物的堆存费用。堆存费用是指工业固体废物的排放或堆存直接造成的人、财、物等方面的额外费用，估算方法采用"工程费用法"。计算公式为：

$$堆存费用＝堆存量×堆存系数$$

3 结语

　　绿色国民经济核算的基本指标包括两部分。一是自然资源核算指标，包括：土地资源核算、森林资源核算、水资源核算、矿产资源核算、草地资源核算等；二是环境保护核算指标，包括：环境污染治理核算、环境污染损失核算、环境保护支出核算、环境保护效益核算和环境资产变动核算等。随着可持续发展研究的深入开展，国民经济核算的"绿色"，即将自然资源耗竭损失和环境污染损失纳入到国民经济核算中，以及对自然资源的资产化管理，已成为国民经济核算发展的必然。

参考文献

[1]　朱启贵. 绿色国民经济核算的现状分析[J]. 中国软科学, 2002, （9）: 24-28.

[2]　李昕, 董德明, 沈万斌, 等. 循环经济发展规划及实例研究[J]. 地理科学, 2006, 26（4）: 409-413.

[3]　姜文来, 武霞, 林桐枫. 水资源价值模型评价研究[J]. 地球科学进展, 1998, （2）: 178-183.

[4]　张坤民, 温保国, 杜斌, 等. 生态城市评估与指标体系[M].北京: 化学工业出版社, 2003: 94-95.

中国绿色社会核算矩阵
（GSAM）研究[①]

雷 明 李 方

（北京大学光华管理学院　北京　100871）

摘　要：基于包含环境账户的国民经济核算矩阵（NAMEA）的基本思想，在绿色投入产出核算（GIO）构造技术的基础上，本文从社会核算矩阵（SAM）和绿色投入产出核算双重拓展的角度，对绿色社会核算矩阵的编制方法进行了深入研究，尝试编制了 1997 年中国宏观绿色社会核算矩阵，并探讨了绿色社会核算矩阵的调整平衡方法。

关键词：绿色投入产出核算　绿色社会核算矩阵　NAMEA

把资源和环境因素纳入现有的社会经济核算，拓展和修整现有社会核算矩阵（SAM），使其成为绿色核算分析工具，是众多国家、学者和组织不懈探索和尝试的目标。其中，具有代表意义的当数荷兰学者提出的《包含环境账户的国民经济核算矩阵（NAMEA）》（De Haan et al.，1993）。自 NAMEA 提出后，已先后在欧盟国家荷兰和芬兰等国进行了试核算，欧盟随后结合自身特点及各成员国已有的理论和实践，将其列入环境经济综合核算欧盟统一模式，并于 1997 年开始，相继在德国、奥地利、丹麦、挪威等国开展了试点工作。澳大利亚和日本等多国也随后开展了 NAMEA 试核算。在多年考量的基础上，联合国于 2003 年将 NAMEA 纳入其环境与经济综合核算体系（SEEA）第三版本之中，正式向所有会员国推出（UN，2003）。

为进一步探索将资源和环境因素纳入社会核算矩阵的有效途径，构造中国绿色社会核算矩阵（GSAM），本文基于 NAMEA 的基本思想，在绿色投入产出核算（GIO）（雷明，1993，1999，2000）

[①] 摘自《经济科学》，2006 年第 3 期。

构造技术的基础上，从 SAM 和绿色投入产出核算双重拓展的角度，在现有数据较为缺乏情况下，对绿色社会核算矩阵的结构设计和核算矩阵的编制方法进行了深入研究，尝试编制出了 1997 年中国宏观绿色社会核算矩阵，并探讨了绿色社会核算矩阵的调整平衡方法。

1 绿色社会核算矩阵设计

在 GSAM 设计中，我们沿用绿色投入产出表思路，采取了以下设计原则：① 将生产活动对资源环境的消费作为生产的成本进行核算；② 将消费活动消耗的资源及造成的环境污染计入消费部门的支出中；③ 生产活动核算的范围包括经济产品的生产活动、资源恢复活动和污染消除活动；④ 绿色 SAM 中的资源环境账户，主要应用于消耗性资源和环境污染方面的流量核算；⑤ 同时从实物和价值两方面进行核算。总体上说，绿色 SAM 的基本账户包括三大类：① 在"投入"账户增加的资源环境账户；② 从"活动"账户分离出来单独进行核算的资源恢复和环境恢复账户；③ 保持 SAM 表式不变的其它各账户。下面我们分别对资源环境账户，资源环境恢复账户及其它相关账户进行说明。

1.1 环境资源账户

社会经济活动中对环境资源的损耗，主要包含资源耗减和环境退化，前者是指对资源环境的有形损耗，后者则是指对环境资源的无形损耗。资源环境账户包括这两方面内容的核算，对前一种损耗直接用资源环境资产数量的变化进行核算，对后一种损耗则通过替代指标如污染指数等进行核算。另外由于资源环境账户是一个虚拟的部门，在进行实物交换的同时并没有进行价值的支付。因此，资源环境账户首先需要从实物角度进行核算，然后进行价值核算。而资源环境的实物核算又有两方面内容：① 核算生产和消费活动中对自然环境要素的恢复和消耗；② 核算自然环境资产存量的变化。鉴于无论把 SAM 看作是 SNA 账户的矩阵表示，还是作为投入产出的扩展，SAM 都是对各经济部门间价值流量的核算；同样在 GSAM 中，对于新增加的资源环境资产账户也只是对流量进行核算。因此资源环境账户分为对应的两类：一是资源环境要素账户，二是资源环境存量变动账户。

1.2 资源环境恢复账户

经济系统内的供给部门不仅向经济系统内部提供商品，同时还进行资源再生和环境保护活动，其产出即为资源环境要素。也就是说经济系统内部资源环境要素的实物交换有两个方向：一方面各经济部门使用和消耗资源环境要素，另一方面供给部门提供和增加资源环境要素。我们把供给部门增加资源环境要素的活动分离出来，形成虚拟的资源环境恢复账户。它包括环境保护和资源的节约和再生，是从生产活动中分离出来、产出为各种资源环境要素的那部分活动，例如，污水的处理，"三废"的处理等。由于资源环境恢复账户在现实生产活动中并不存在，而是从生产活动中分离出来的，因此其投入和产出应从原来生产活动的投入和产出中扣除。

1.3 其他账户

其它账户的划分，同传统宏观 SAM。

2 中国绿色宏观 SAM 框架

基于上述绿色 SAM 设计的基本思想和原则，我们具体设计了中国绿色宏观 SAM 框架。对于资源环境账户，由于自然资产的异质性，原则上对于每一种自然资源和环境资产都应该设立账户进行核算，而且对于自然资产的核算不仅是数量上的核算，更重要的往往是质量的核算，尤其是非生产性资产如水和空气等。然而在考虑数据的可得性以及编表目的后，在中国 GSAM 中，我们进行了相应简化处理，如资源环境账户仅对煤炭、石油、天然气能源资源和废水、废气和固体废物的排放进行核算；能源资源在宏观 GSAM 中以发电煤耗法计算的能源标准量进行核算。对 GSAM 细化时再细分为：煤炭、石油、天然气 3 个子账户；对环境污染核算则分为废气、废水和固体废物 3 个子账户；另外，在中国 GSAM 中资源环境账户同时包括相应的资源环境要素账户和资源环境存量变动账户两类，而 GSAM 中的资源恢复和环境恢复账户，则是从 SAM "活动" 账户中分离出资源恢复和环境恢复部门，单独进行核算形成。

而中国 GSAM 中的其它账户则同传统宏观 SAM 表，具体包括活动、商品、要素、居民、企业、政府、国外、资本和存货变动 9 个账户。其中"活动"和"商品"账户，分别反映国内厂商的生产投入与产出以及国内市场的商品供给与需求。"要素"账户，反映了两种主要的生产要素，即劳动力和资本。该账户主要反映要素的投入及要素收益分配，即劳动者报酬和资本收益及其分配。"居民"账户反映的是居民的各种收入来源，如要素收入、转移收入等，同时反映居民的各种开支项目和收支节余（储蓄），如消费支出、纳税支出等；"企业"账户反映的是企业收益的来源与去向。政府账户反映政府的收支，即各种税收和政府支出。"世界其它地区"反映的是对外经济联系，主要涉及国际贸易（进出口）和经常性的国际收入转移。资本形成账户，分为"资本账户"和"存货变动"账户，前者反映的是固定资本形成和储蓄来源，后者反映的是当期存货的净变动。表 1 即为中国描述性宏观 GSAM 框架。

其中生产活动的总产出包含资源再生和环境保护活动的产出，而生产部门的总投入则包括生产活动所使用或占用的资源和造成的环境污染。消费部门中从事环保工作的群体收入是从消费部门总收入中分离出去的，而消费部门的支出中则分离出了对资源环境的消耗或破坏。

行账户中，资源环境账户的收入来自于生产活动和消费活动对资源环境的耗用，而其支出是指资源环境账户对原经济系统的投入。在这里，生产活动中对资源环境的消耗被认为是成本，而不是资本投入。资源环境部门的收入有 3 个主要来源：① 源于供给和住户账户对资源环境的使用；② 来自政府部门的转移支付；③ 来自于资源环境出口的收入。后两部分可以得到收入的货币形式，但第一部分由于现实中使用资源环境要素所支付的费用远远不能反映资源环境要素的真实价值，而且很多情况下是免费的，所以应首先进行实物核算，然后再进行价值估算。而资源再生、环境保护活动的费用被视为资源环境的支出，其产出增加了自然资源或者改善了环境状况，在核算时从两方面进行核算。对资源环境账户进行实物核算有利于分析一国的资源环境状况对经济发展的制约以及二者之间的相互影响。

表 1　描述性宏观绿色社会核算矩阵

（行方向为"收入"，列方向为"支出"）

收入 \ 支出	1 资源	2 环境	3 商品	4 活动	5 要素	6 居民	7 企业	8 政府	9 国外	10 资本账户	11 存货变动	12 资源恢复	13 环境恢复	14 资源存量变动	15 环境存量变动	16 总计
1 资源				资源消耗		资源消耗			资源出口					资源损耗		资源总需求
2 环境				废物排放		废物排放									环境损耗	环境损耗
3 商品				中间投入		居民消费		政府消费	出口	固定资本形成	存货净变动	中间投入	中间投入			总需求
4 活动			净产出													总产出
5 要素				要素报酬								要素报酬	要素报酬			要素收入
6 居民					劳动资本收入		企业转移支付	政府转移支付	国外收益							居民总收入
7 企业					资本收入											企业总收入

表头：支出（列 1–16），收入（行 8–16）

收入＼支出	1 资源	2 环境	3 商品	4 活动	5 要素	6 居民	7 企业	8 政府	9 国外	10 资本账户	11 存货变动	12 资源恢复	13 环境恢复	14 资源存量变动	15 环境存量变动	16 总计
8 政府			进口税	生产税		直接税	直接税		国外收入	政府债权收入						政府总收入
9 国外	资源进口		进口		国外资本投资收益			对国外的支付								外汇支出
10 资本账户						居民储蓄	企业储蓄	政府储蓄	国外净储蓄							总储蓄
11 存货变动									存货变动							存货净变动
12 资源恢复				中间使用												资源资产产出
13 环境恢复				中间使用												环境治理产出
14 资源净损耗	资源净损耗															资源资产净变动
15 环境量变动		废物净排放														环境资产净变动
16 总计	资源总供给	污染物总排放	总供给	总投入	要素支出	居民支出	企业支出	政府支出	外汇收入	总投资	存货净变动	资源恢复投入	废物治理投入	资源投入	环境投入	

3 1997 年中国宏观绿色 SAM 编制

对 1997 年中国宏观绿色 SAM 的编制首先有几点说明：① 1997 年中国宏观 GSAM 是在国务院发展中心编制的 1997 年中国宏观 SAM[①]基础上编制的。② 表中资源账户仅对能源资源进行核算，环境账户对工业"三废"和生活废物进行核算，分为废水、废气和固体废物 3 个账户进行核算。对能源资源和"三废"排放的核算同时从价值和实物两个角度进行。③ 1997 年中国 GSAM 存在两种形式。一种是实物—价值型 GSAM，只是在经济系统内进行平衡，与原 SAM 的区别在于从生产部门中分离出资源恢复部门和环境恢复部门。另一种是完全价值型 GSAM，在对实物核算的资源和环境账户进行价值估算后，与原经济系统内账户一起形成资源环境—经济系统。

3.1 能源恢复账户和能源账户

（1）能源恢复账户

表 2　能源恢复部门核算表

能源恢复部门/亿元			
收入		支出	
实物核算/万 t 标煤		实物核算/万 t 标煤	
能源恢复	8 620.29	能源节约	8 620.29
价值核算/亿元		价值核算/亿元	
中间使用	56.272 259	中间投入	33.203 003
政府消费	10.774 43	劳动者报酬	28.835 938
		折旧	5. 007 751 3
合计	67.046 69	合计	67.046 69

对能源恢复部门的界定：文章《绿色投入产出核算——理论与应用》（雷明）认为资源恢复包含资源的合理开发和利用，如进行地质勘探开发新的能源，生产生活中节约能源。由于我国对矿产资源的统计一直沿用多年前的数据，虽然每年有各种地质勘探投入，但是对于其产出较难估算。因此在绿色 SAM 中能源恢复只包含生产生活中节约能源的活动。而对能源恢复部门进行核算，则可以分别

---

① 参见国务院发展研究中心内部研究报告（2004）。

从实物和价值两个方面进行核算。从实物方面是估算能源恢复部门一年的节能总量。在不同时期对不同能源（主要是煤炭、石油和天然气）消费的比重有所差异。如果对能源恢复部门节能产出按照三种能源分类核算时，会由于消费比重的变化而造成较大的误差，甚至会由于消费结构的变化造成某类能源消费的增加。因此为了能够较为准确地反映虚拟节能部门的产出，我们使用能源消耗总量的标准量作为核算的实物指标。

下面我们利用文章《绿色投入产出核算——理论与应用》（雷明）估计节能量的方法对节能部门节能总量进行估计（表 3）。同样假设技术节能比例为 50%。

表 3　节能部门节能量估算表

年份	国内生产总值	能源消耗总量（发电煤耗法）	单位国内生产总值耗能	单位节约量	节能总量	技术节能总量
	亿元	万 t 标煤	t 标煤/万元	t 标煤/万元	万 t 标煤	万 t 标煤
1996	66 850.5	138 948	2.078 488 57	—	—	—
1997	74 772.4	138 173	1.847 914 47	0.230 574 1	17 240.58	8 620.29

注：上述数据来自 1999 年中国统计年鉴，1998 年中国统计年鉴中能源消耗量为估计值。

从价值方面，核算能源恢复部门的收入和支出。假设能源节约仅来自生产部门，能源恢复部门的产出除了生产部门中间使用，主要是政府消费。同时假设能源恢复部门为非营利性部门，生产税和营业盈余均为 0。能源恢复部门是从生产部门中分离出来的虚拟部门，因此，其中间投入和产出应该从分离部门中扣除。在这里认为能源的节约利用主要是来自科学研究中的节能项目以及节能技术的利用，其分别属于 124 个部门投入产出表中的科学研究业和综合技术服务业，因此假设能源恢复部门是从科学研究业和综合技术服务业中分离出的虚拟部门。其中间投入、增加值和中间使用是这两个部门的一部分。中间投入和增加值所占比重根据国家指令性计划项目，投入按社会经济目标分类结构估算。

而从《中国科技统计年鉴 1998》中的 1997 年国家指令性计划项目投入按活动类型分布统计表中，可以查到能源的生产，储存和分配累计落实资金 19 238.3 万元，占所有项目累计落实资金 220 898 万元的 8.709%。在 1997 年 124 个部门投入产出表中，科学研究业和综合技术服务业的中间投入及增加值核算见表 4。

209

表4 虚拟节能部门中间投入和增加值估算   单位：万元

	科学研究事业	综合技术服务业	两部门合计	比例	虚拟节能部门
中间投入	1 699 707	2 112 728	3 812 435.06	0.087 091 3	332 030.03
固定资产折旧	149 050.5	425 949.5	575 000	0.087 091 3	50 077.513
劳动者报酬	834 659.8	2 476 340	3 311 000	0.087 091 3	288 359.38
生产税净额	—	—	—	—	0
营业盈余	—	—	—	—	0

数据来源：1997 年中国投入产出表。

能源恢复部门总投入中，资金的来源有两个。一部分来自政府的补贴及研究投入，另一部分来自企业的投入。企业的投入可以看作是能源恢复部门的产出。1997 年国家财政支出中，科技三项费用为 637 005 万元，科学事业费为 600 137 万元，合计为 1 237 142 万元。国家对能源恢复部门的补贴是这部分财政支出的一部分，所占比例仍然假设为国家指令性计划项目投入中能源相关项目所占的比例 0.087 091 3。故可以得到政府对能源恢复部门的消费支出为 1 237 142×0.087 091 3=107 744.338 7 万元。根据 SAM 中账户平衡的原则，可以得到能源恢复部门的中间使用为 562 722.59 万元。最后把能源恢复部门的中间投入、增加值和产出分别从生产部门的中间投入中及增加值中扣除，而政府支出部分从政府的商品消费中扣除。

（2）能源账户

表5 能源要素账户实物核算表

能源实物核算/万 t 标煤			
使　用		恢　复	
能源节约	8 620.289 3	能源恢复	8 620.289 3
生产消费	121 430.94	进口	9 732.27
生活消费	16 368.01	能源使用净值	135 729.66
出口	7 662.98		
合计	154 082.22	合计	154 082.22

表 5 中的能源节约和能源恢复量为能源恢复部门的节能总量。能源的生产、生活消费和进出口数据来自《中国能源统计年鉴（1997—1999）》及相关的调整（表6）。

表6　中国 1997 年综合能源平衡表相关统计数据

	能源总量/万 t 标煤
进口量	9 351.5
我国轮、机在外国加油量	380.77
出口量	−7 513.48
外轮、机在我国加油量（一）	−149.5
加工转换投入（一）产出（＋）量	−3 915.39
损失量	3 672.32
终端消费量	130 211.24
其中：生活消费	16 368.01
能源消费总量	137 798.95

数据来源：中国能源统计年鉴（1997—1999）。

　　绿色 SAM 表中能源进口量包括我国飞机、轮船在国外加油量：9 351.5+380.77=9 732.27 万 t 标煤；能源出口量包括外国飞机、轮船在我国加油量：7 513.48+149.5 = 7 662.98 万 t 标煤；能源消费总量与生活消费量的差额即是生产部门消费量，包括了生产部门的终端消费量、加工转换投入量和损失量。1 330 211.24−16 368.01 = 121 430.94 万 t 标煤。

3.2 环境账户

　　环境账户分为废水、废气和固体废物的分别实物核算。囿于数据限制及分析的方便，1997 年 GSAM 在废水和废气账户中采用未达标排放量衡量经济活动对环境的损耗。

　　（1）废水账户。表 7 是表 8 的简化表，只保留了 GSAM 中所要求的数据。在 1997 年 GSAM 中，对废水排放的核算仅限于未达标排放。对废水实物核算的详细方法和数据见表 8。

表 7　废水账户表

废水账户/万 t				
收　　入		支　　出		
废水未达标排放		污染存量变动	2 794 820.5	
其中：工业排放	903 924.5			
生活排放	1 890 896			
合计	2 794 820.5	合计	2 794 820.5	

表 8　废水实物核算详细数据

废水实物核算/万 t			
来源		处理	
工业废水	4 109 108	废物治理	2 378 246
其中：达标量	826 937.5	其中：排放减少量	1 841 935
未达标量	3 282 170.5	废物排放	
生活废水	1 890 896	1. 工业排放	2 267 173
		其中：达标量	1 363 249
		未达标量	903 924.5
		2. 生活排放	1 890 896
合计		合计	
工业废水	4 109 108	工业废水	4 109 108
其中：达标量	826 937.5	其中：达标排放	1 363 249
未达标量	3 282 170.5	未达标排放	903 924.5
		减少量	1 841 935
生活废水	1 890 896	生活废水	1 890 896

我国 1997 年废水排放总量为 4 158 070 万 t，其中生活废水 1 890 896 万 t，工业废水 2 267 174 万 t。假设生活废水直接排放；工业废水在产生后或直接排放，或进入废水治理部门。工业废水有需要处理和不需处理之分，假设不需处理的工业废水都是达标排放；需要处理的工业废水如果未经处理直接排放都是未达标排放。同时假设进入废水治理部门的都是需要处理的工业废水。工业废水经过处理后一部分回用，剩下的一部分排放。经过处理和未经处理的废水排放都可能达标排放或不达标排放。废水治理部门治理废水的数量为排放减少量与未达标排放的减少量。工业废水排放量计算公式如下：

工业废水产生量＝回用量＋处理后达标排放量＋处理后未达标排放＋处理减少量＋未处理达标排放量＋未处理不达标排放量

工业废水需处理量＝工业废水处理量/工业废水处理率

工业废水按照企业来源也可分为两部分，一部分来自县以上工业企业，另一部分来自乡镇企业。由于乡镇企业工业废水治理量很少，不妨假设乡镇企业工业废水全部直接排放。下面分别计算两部分工业废水的排放情况。表 9 为废水核算基本数据的汇总，表 10 对县以上工业企业进行核算。

表9　废水核算基本数据汇总　　　　　　　　　单位：万t

	县以上工业企业	乡镇企业
工业废水处理量	2 510 913	
工业废水处理率/%	0.847	
工业废水处理排放达标量	536 311	
工业废水处理回用量	1 709 268	
工业废水排放量	1 883 296	383 877
工业废水排放达标量	1 164 623	
工业废水排放达标率/%	61.84	

数据来源：1998年中国环境统计。

表10　县以上工业企业废水实物核算　　　　　单位：万t

县以上工业企业	处理	未处理排放	合计
回用	1 709 268	0	1 709 268
达标排放	536 311	628 312	1 164 623
未达标排放	132 667	586 006	718 673
减少量	132 667	0	132 667
合计	2 510 913	1 214 318	3 725 231

注：假设废水处理量与处理后达标排放和回用量之和的差额有50%为未达标排放，50%为废水处理过程中废水的减少量。

对于乡镇企业，由于只有其排放量，而且假设全部是直接排放，可以按照县以上工业企业未处理排放工业废水达标率计算其达标排放情况。

表11　乡镇企业废水排放核算　　　　　　　　单位：万t

未处理废水	县以上工业	乡镇企业
达标排放	628 312	198 625.5
未达标排放	586 006	185 251.5
合计	1 214 318	383 877

把表10和表11合并可以得到全国工业废水治理和排放情况（表12）：

表 12 全国工业企业废水核算　　　　　　　　单位：万 t

全国工业	处理	未处理排放	合计
回用	1 709 268	0	1 709 268
达标排放	536 311	826 937.5	1 363 248.5
未达标排放	132 667	771 257.5	903 924.5
减少量	132 667	0	132 667
合计	2 510 913	1 598 195	4 109 108

（2）废气账户。表 13 是废气账户的实物核算表，只保留了 GSAM 中所要求的数据。在 1997 年 GSAM 中，对废气排放的核算仅限于未达标排放。

表 13 废气账户表

废气账户/亿标 m³			
收入		支出	
未达标排放		污染存量变动	72 701.782
其中：工业排放	41 429.458		
生活排放	31 272.324		
合计	72 701.782	合计	72 701.782

表 14 废气实物核算详细数据

工业废气实物核算/亿标 m³			
来源		处理	
工业废物	139 269.5	废物治理	97 840
生活废物	31 272.32	工业废气排放	139 269.5
		其中：治理后工业排放	97 840
		未治理工业排放	41 429.5
		生活排放	31 272.32

同废水排放类似，废气排放分为 3 个来源：县以上工业排放、乡镇企业排放、生活排放。只有县以上工业企业排放的废气会经过废气治理部门的处理。乡镇企业排放和生活排放的废气只有二氧化硫含量、烟尘排放量和粉尘排放量的统计数据。假设乡镇企业排放废气与生活废气中二氧化硫含量与县以上工业排放废气含量相同，可以计算出乡镇企业废气与生活废气排放总量（表 15）。

表 15 废气排放核算 I

	单位	县以上工业	乡镇企业	生活排放
排放总量	亿 m³	113 378	25 891.458	31 272.324
SO₂产生量	万 t	1 791	409	494

对生活废气排放总量的验证：生活排放废气大部分属于燃烧废气，如果假设生活废气中烟尘含量与工业燃烧废气中烟尘含量相同，也可以计算出生活废气排放总量为 31 906.732 亿 m³，与上述计算结果相差不大（表 16）。废气治理量的核算数据可以直接从《1998 年中国环境统计》中查到，同样假设只有县以上工业进行废气治理。

表 16 废气排放核算 II

	单位	县以上工业	生活排放
排放总量（标态）	亿 m³	70 921	31 906.732
烟尘排放量	万 t	684.61	308

（3）固体废物账户

从《1998 年中国环境统计》中得到工业固体废物产生量为 105 849 万 t，综合利用量为 42 777 万 t，处置量为 19 461 万 t，共计 62 238 万 t，即为固体废物治理部门工业固体废物治理量。城市生活垃圾清运量为 10 981 万 t，粪便清运量为 2 845 万 t，共计 13 826 万 t，即为生活固体废物产生量。城市垃圾粪便无害化处理量为 7 661 万 t，即固体废物治理部门生活固体废物治理量。数据汇总为固体废物实物核算表（表 18），表 17 为 GSAM 中固体废物账户所需数据。

表 17 固体废物账户表

固体废物账户/万 t			
收　入		支　出	
固体废物排放与储存		污染存量变动	49 776
其中：工业排放	43 611		
生活排放	6 165		
合计	49 776	合计	49 776

表 18　固体废物实物核算详细数据

固体废物实物核算/万 t			
来源		处理	
工业废物	105 849	固体废物治理	
生活废物	13 826	其中：工业固体废物	62 238
		生活垃圾粪便	7 661
		工业固体废物排放与储存	43 611
		生活排放	6 165
合计		合计	
工业固体废物	105 849	工业固体废物	105 849
生活固体废物	13 826	生活固体废物	13 826

（4）环境恢复部门

表 19、表 20、表 21 分别是 3 个环境恢复部门的账户核算。环境恢复部门即"三废"治理部门的产出同样可以从实物和价值两个角度进行核算。从实物角度考虑，"三废"治理部门的产出是工业"三废"的治理量，分别与环境账户中"三废"的治理量相同。从价值角度考虑，"三废"治理部门产出是生产部门使用"三废"治理部门服务的价值。

表 19　废水治理部门账户

废水治理部门/亿元			
产出		投入	
废水治理量/万 t	2 378 246	中间投入	0
中间使用	157.061 7	劳动者报酬	104.633 3
		固定资产折旧	71.596 29
		营业盈余	0
		减：政府环保投入	−19.167 9
合计	157.061 7	合计	157.061 7

表 20　废气治理部门账户

废气治理部门/亿元			
产出		投入	
废气治理量/亿 m³	97 840	中间投入	0
中间使用	61.976 61	劳动者报酬	41.288 35
		固定资产折旧	28.251 93
		营业盈余	0
		减：政府环保投入	−7.563 66
合计	61.976 61	合计	61.976 61

表 21　固体废物治理部门账户

固体废物治理部门/亿元			
产出		投入	
固体废物治理/万 t	62 238	中间投入	0
中间使用	65.940 9	劳动者报酬	9.068 275
		固定资产折旧	6.205 049
		营业盈余	52.328 8
		减：政府环保投入	−1.661 23
合计	65.940 9	合计	65.940 9

　　由于"三废"治理部门是从各生产部门中虚拟出来的，其中间投入、增加值以及政府对"三废"治理部门的转移支付都没有直接的数据可供使用，这里由"三废"综合利用方面的相关数据估算。"三废"综合利用固定资产总值包含废水、废气和固体废弃物治理和利用设备。但是"三废"的综合利用利润主要是固体废物的利用利润，我国在统计时也是和固体废物相关指标一起核算的。因此假设废水和废气综合利用利润为 0。在 1997 年 124 个部门投入产出表中，1997 年投入产出表中，废品与废料业总产出 5 341 755.81 万元，中间投入为 0，同样假设"三废"治理部门中间投入为 0。其他部分参考文[4]中的方法进行估算。先计算出"三废"综合利用相关项目的合计值，再根据 1997 年污染治理投入资金在"三废"治理的资金使用结构中进行分配（表 22）。

　　劳动报酬数据利用文[4]的计算方法计算。固定资产折旧合计值由"三废"综合利用固定资产总值与固定资产折旧率的乘积决定，固定资产折旧率利用文[4]的计算方法计算为 0.287 096，"三废"综合利用固定资产总值为 369.4 亿元，因此"三废"治理部门折旧合计为 106.053 3 亿元。"三废"综合利用利润为 52.328 8 亿元（《1998 年中国环境统计》），它全部计入固体废物治理部门的营业盈余（表 22）。

表 22　"三废"治理部门增加值计算

	资金使用/万元	劳动者报酬	固定资产折旧	营业盈余
废水	727 911	104.633 31	71.596 29	0
废气	287 234	41.288 351	28.251 93	0
固体废弃物	63 086	9.068 275	6.205 049	52.328 8
合计	1 078 231	154.989 94	106.053 3	52.328 8

政府对"三废"治理部门的补贴根据 1997 年污染治理投入资金的有关数据进行估算。污染治理投入中，来源为基建资金、更改资金和环保资金的部分是政府的补贴，可得到政府污染治理补贴合计值为 30.661 5 亿元，并根据资金使用结构进行分配（表 23）。

表 23 "三废"治理部门政府补贴计算

政府部门环保投入	资金使用/万元	比例	政府补贴/亿元
治理废水	727 911	0.625 145 8	19.167 91
治理废气	287 234	0.246 682 8	7.563 665
治理固体废物	63 086	0.054 179 6	1.661 229
治理噪声	8 279	0.007 110 2	0.218 009
治理其它	77 876	0.066 881 6	2.050 69
合计	1 164 386	1	30.661 5

3.3 实物-价值型 GSAM 中其他账户的调整

由于新增的能源恢复账户和"三废"治理账户都是从生产部门中分离出来的虚拟账户，因此需要把新增账户的收入和支出从商品和活动账户中分离出来。假设未调整前 GSAM 表数据如表 24 所示，资源环境存量账户和要素账户在这个阶段只进行实物核算，不参建平衡。具体调整过程如下：

➢ 调整后活动部门的中间投入 = 中间投入 1 - 中间投入 2 - 中间产出 2。

➢ 调整后活动部门的劳动报酬 = 劳动报酬 1 - 劳动报酬 2；
调整后活动部门的资本回报 = 资本回报 1 - 资本回报 2；
调整后活动部门的政府补贴 = 政府补贴 1 - 政府补贴 2。

➢ 计算调整后新的总需求，根据总供给 = 总需求得到调整后的总供给。

➢ 根据调整后的总供给计算得到调整后总产出。

这样就得到了实物—价值型的宏观 GSAM，在这个绿色社会核算矩阵中，能源节约活动和废物治理活动从一般生产活动中分离出来，但是生产活动的资源环境损耗由于只进行了实物核算，这个价值—实物 GSAM 在经济系统内价值达到了平衡，对资源和环境实物核算部分仅作为附加列，并没有被纳入经济系统的价值平衡中。因此这种形式的宏观 GSAM 不是完整意义的绿色社会核算矩阵。我们下面将在对资源和污染物价值估算的基础上，把资源环境账户和原有经济系统各账户纳入一个平衡系统中，构建完整意义的宏观GSAM。

表24　调整前描述性绿色SAM

	新增部门	商品	活动	其他部门	合计
新增部门	—	—	中间产出2	—	总产出
商品	中间投入2	—	中间投入1	—	总需求
活动	—	总产出1	—	—	总产出
劳动力	劳动报酬2	—	劳动报酬1	—	
资本	资本回报2	—	资本回报1	—	
政府补贴	政府补贴2	—	政府补贴1	—	
其他部门					
合计	总投入	总供给	总投入		

3.4 资源环境账户的价值核算

资源环境账户的价值核算主要应解决两个问题：① 资源和污染物的价值是否应该从总产出中扣除，如何扣除；② 对资源和污染物的价值估算。

第一个问题，其实质就是国内生态产出（EDP）的核算问题。1993年 SNA 给出的 EDP 计算公式为：EDP＝国内生产净值－资源损耗－环境退化。这说明在 1993 年 SNA 体系中，经济活动引起的资源和环境损耗被认为已经包含在总产出中。此方法被国内外多数学者认可采用。1997 年宏观 GSAM 仍然采用这种方法把资源环境损耗从总产出中扣除。

第二个问题，主要是对资源价值和污染物治理成本核算方法的选择。能源恢复账户和废物治理账户同时对能源和"三废"进行了实物和价值核算，因此我们在此基础上核算能源的价值和"三废"治理成本（表25）。

根据此单位估算价值计算出实物—价值 GSAM 中实物核算部分的价值，把行中资源和环境要素部门的估算价值从商品部门的对应产出中扣除，把列中资源和环境要素部门的估算价值也从商品部门对应投入中扣除，再根据 GSAM 行列平衡的原则，计算出资源存量变动部门和环境存量变动部门的价值。最后得到价值形式的绿色社会核算矩阵。

表 25 资源价值及"三废"治理成本估算

部门	中间投入	劳动报酬	资本回报	合计	实物产出	价值估算	单位
能源恢复	33.20	28.84	5.01	67.05	8 620.29	0.007 777 8	万元/万 t 标煤
废水治理	0.00	104.63	71.60	176.23	2 378 246	7.41E-05	万元/t
废气治理	0.00	41.29	28.25	69.54	97 840	0.000 710 8	万元/万 m³
固废治理	0.00	9.07	58.53	67.60	69 899	0.000 967 1	万元/t

4 结语

社会核算矩阵（SAM）是国民经济核算账户的矩阵表示形式，它描述了一个经济体系中有关生产、要素收入分配、住户收入分配和支出的相互依存的循环关系，然而同传统国民经济核算一样，SAM同样仅考虑了经济活动纯经济性的一面，本文尝试给出了拓展 SAM的一种思路和编表方法，希望对构建中国绿色核算体系有所贡献。另外，本文在编制 1997 年中国绿色社会核算矩阵时，传统社会核算矩阵数据源自于国务院发展研究中心，在此表示感谢。

参考文献

[1] De Haan，M.，S. J. Keuning，and P. Bosch. 1993. Integrating Indicators in a National Accounting Matrix Including Environmental Accounts，NA 060，1993，Voorburg：Central Bureau of Statistics.

[2] Pyatt，G. and J. I. Round，eds.，1985，Social Accounting Matrices：A Basis for Planning. Washington，DC：The World Bank.

[3] United Nations et al.，2003，Integrated Environmental and Economic Accounting 2003：Handbook of National Accounting，final draft，New York.

[4] 雷明. 绿色投入产出核算——理论与应用[M]. 北京：北京大学出版社，2000.

[5] 国家统计局. 中国统计年鉴（1998—1999）[M]. 北京：中国统计出版社，1998/1999.

[6] 国家统计局. 1997 年价值型投入产出表[M]. 北京：中国统计出版社，1999.

[7] 国家统计局和科技部. 中国科技统计年鉴 1998 [M]. 北京：中国统计出版社，1998.

[8] 国家统计局. 1998 年中国环境统计[M]. 北京：中国统计出版社，1998.

[9] 国家统计局. 中国能源统计年鉴（1997—1999）[M]. 北京：中国统计出版社，2001.

我国的绿色 GDP 核算研究：
未来的方向和策略[①]

侯元兆

（中国林业科学研究院林业科技信息研究所　北京　100091）

摘　要：文中简要回顾了绿色 GDP 核算的研究历史，分析了现有水平，归纳了现存问题，在参考国际动向后，指出绿色 GDP 核算研究是一项庞大的系统工程。在此基础上，文中进一步提出完成这一工程的核心任务是研建"一个框架，四类标准"和为核算实务创建绿色会计、环境资产评估等支撑条件。中、近期内完成向绿色 GDP 核算制度的转轨是不现实的，但可以而且应当鼓励部门和地方开展案例研究，而后是组织交流、改进草案，进而确定框架和标准。文中最后指出，鉴于国情，与只是为了研制一套绿色核算制度相比，通过资源与环境估价唤醒国民的环境意识，更为优先，也更为现实。

关键词：绿色 GDP　核算　逻辑系统　攻关方面　策略

　　在中央提出科学发展观和构建和谐社会的理念后，我国的绿色 GDP 核算研究突然升温并得到社会广泛关注，国家环保总局、国家林业局与国家统计局合作启动了 2 个研究项目，一些省市和部门也纷纷开展研究；很多专家（包括数十位院士）和官员（包括多位部长）热情介入，各种媒体大量发表文章或谈话，甚至国际神经也被牵动。2006 年 9 月初，国家环保总局和国家统计局联合发布的一个环境代价研究报告说，2004 年全国环境污染损失为 5 118 亿元，占当年 GDP 的 3.05%。这个报告的发表有积极意义，但只是绿色 GDP 核算的一个小环节。在这种令人振奋的形势中也包含了穿凿附会、"盲人摸象"、炒作夸大等泡沫成分；因此，有必要理清思路，找准方向，排除干扰，以推动绿色 GDP 研究走上正确的轨道。

[①] 摘自《世界林业研究》，2005 年 12 月。

1 历史和现状

1.1 研究历史及达到的水平

李金昌于 1980 年代率先在国内引进了这个研究领域,其著作《生态价值论》和《环境核算论》等至今还是这个领域的基础著作。1990年代上半期,国家科委进一步组织了对矿产、土地、水、森林、海洋、可再生利用资源、草地和野生动物 8 种自然资源的核算研究,1995年出版了内部报告《中国资源核算研究》。这个报告实际上研究的是资源存量估价问题。这是迄今为止我国唯一的一次全方位自然资源核算研究,其理论水平,现在看来仍未落后。这个时期以来,我国也开始大批地培养人才。

2000 年以来由笔者主持的一个历经 5 年多的国际热带组织(ITTO)项目《中国热带森林环境资源价值核算及纳入国民经济核算体系的研究》,把森林核算研究的规模和水准提到了国际前列。应当承认,直到去年,我国的绿色核算研究,最为系统和国际影响最广的当是森林核算。这个领域的理论方法、核算框架和案例研究,都比权威的国际研究报告更为清晰和适用,用英文、法文和西班牙文出版的相关报告在国际上流传很广。

迄今为止,我国的矿产、海洋、土地、草地、湿地等资源核算研究,基本没有大的进展。不过,尽管整体上我国的绿色 GDP 核算还没有成型,甚至还没有理出头绪,但却被认为是世界上唯一对此做出了实质性努力的国家。

1.2 当前的问题

研究是为了解决问题,问题取决于研究目标。重大问题研究应当设定总目标,并把它分解为一系列的具体目标或子目标。绿色 GDP核算研究的总目标,就是为了从国家层面上改造导致不可持续发展的国民核算体系,构建一套可以衡量自然资源与环境的可持续性的体系。自然资源与环境存量不随时间而下降这一"弱可持续性"状态,是一个国家的发展对自然资源消耗的底线,而绿色 GDP 核算能使我们对各种自然资源与环境的存量把脉。绿色 GDP 核算研究的具体目标涉及各种自然资源和环境的核算框架与核算标准研建,以及创建核算实务的支撑条件。由此可以分解出一系列的子目标。这些分类核算框架主要包括资源与环境资产的存量及其变化的核算，资源与环境的市场产品的核算，各种生态系统服务的核算，以及经济社会发展对资源与环境的消耗或损害的核算等。

目前，我国还没有组织设计这样一个总核算框架和子框架体系，但同期部门或地方的单项突进却大量涌现。这些单项突进案例的主要价值在于揭示局部资源或环境的价值，以及探索经验、教育公众和锻炼人才，但它们的目标和方向之间很难衔接和比较，甚至也无法重复，更无法将这些丰富的案例总装形成一部协调运转的总体框架。

我们经常可以看到在一些学术交流中自说自话，在研究实践中乱打枪、放空炮的现象。例如，估价只是核算中的一个工序，但不少人却把估价与核算混为一谈。对于什么是绿色 GDP，流行的概念也几乎都是片面的，说"绿色 GDP 就是从 GDP 中扣除由环境污染、资源退化、管理不善等引起的经济损失成本，从而得出的真实的国民财富总量"。

在我国目前的绿色 GDP 研究中存在的主要问题：① 缺失统筹组织和规划；② 研究缺乏严谨性。在一些地方，绿色 GDP 核算已经成为一种新的数字游戏。已有几个早期的、不成熟的研究案例被广泛仿效，产生的负面影响就是把绿色国民核算引向一场枯燥的"绿色 GDP"数字比拼。

1.3 国际动向

经过 20 多年的研究，国际上出现了关于资源与环境核算的 3 个基础文件：由联合国 5 机构（UN /EC / IMF /OECD/WB）合作的《环境与经济综合核算 2003》（SEEA 2003）、由欧盟公布的《欧洲森林环境与经济综合核算框架》（IEEAF 2002）和联合国粮农组织（FAO）的《林业环境与经济账户手册：跨部门政策分析工具》。SEEA 2003 是一个关于资源与环境核算的纲领性文件，它给出了一些基本的思路，但是据此不能做出对任何资源与环境的核算；IEEAF 2002 倒是给出了一个非常具体的森林核算框架并附有成员国的试用报告，但是这个框架有重要缺陷，尤其不适合发展中国家；FAO 的文件侧重讲解如何依据核算结果揭示政策含义，但是其政策分析框架不尽合理。

目前各国确有大量个别的和单项的绿色 GDP 核算案例。不过，由于这些核算案例没有一致的定义和标准，都是不可比的。目前最缺乏的是绿色国民核算的统一框架和配套标准。国际社会正在策划将 SEEA2003 提升为国际标准。2005 年 3 月，联合国统计委员会决定成立一个环境经济核算委员会（UNCEEA）。2005 年 8 月，这个委员会在纽约召开了预备会议，确定了总目标：① 将环境经济核算和相关统计主流化；② 力争到 2010 年使 SEEA 成为国际标准；③ 推进环境经济核算工作。为此，委员会拟开展交流协调、推广账户、研究方法、数据收集等工作。所以，今后绿色国民核算研究可能得到更大规模的开展。这新一轮的强劲国际动力也必定会推动我国的研究。另外，联合国统计署还主持编写了水资源核算手册，并即将出版，以作为各国开展水核算的技术指南。欧盟环境局还在生态系统核算方面做了大量的准备工作。美国未来资源研究所近来在关注生态系统服务的研究，但其观点与众不同，他们提出生态系统服务是生态系统的最终产品，用以计量这种服务的单位是一个符合生态学和经济学原理的、并按照一个理想的空间和时间尺度加以定义的"核算单元"。在两次北京森林绿色核算国际研讨会的交流和推动下，近两三年，约有五六个国家的专家正在联合行动，计划筹备建立一个有助于协调绿色国民核算各种标准的机制，FAO 有关部门也表示支持这一行动。

2 绿色 GDP 核算的逻辑系统

绿色国民核算本意是建立起一套揭示自然资产利用的可持续性的信号系统。由于 GDP 是流量核算的基本总量指标，在我国社会，人们已习惯于把"绿色国民核算"等同于"绿色 GDP 核算"，专家也接受了这个现实称呼。绿色国民核算就是要对 GDP 这一流量核算的基本总量指标进行环境因素调整并由此推导出 EDP（经环境因素调整的国内产出），再以 EDP 为基础沿着从生产到收入、到储蓄的核算思路，进一步调整其他总量指标。绿色国民核算还包括对自然资源与环境资产的存量及其变化的核算 。传统的国民核算所涉及的资产仅限于已市场化的资产及其在核算期初和期末 2 个时点间的变化。绿色国民核算，则基于一切自然资源和环境都是资产的观念，组织对拓展了的资产总量及期内变化的核算。

进行绿色国民核算的重要环节是对自然资源与环境进行估价，包括经济过程中消费了的那些资源与环境。但是对于各种生态系统而言，更重要的是对其服务的估价，这是一项比一般环境成本估价复杂得多的课题。像传统的国民核算一样，绿色国民核算也应当是一个以平衡为原则的完整的统计描述体系，它必须通过对各种自然资源与环境资产的概念的建立、分类，对它们的账户结构、记账规则、记录时间和计量方法等一系列核算原则的统一定义，建立起一个统一的体系，以使其具备一致的逻辑关系，并能由此生成一系列绿色总量指标。

这几句描述，还提出了绿色核算框架研究之外的一系列研究工作。① 现在我们把核算范围由传统的市场化资产和产品，拓展为包括一切自然资源与环境，那么原来的核算框架必然要相应拓展，甚至要拆散重构，否则它就不可能装得下新的内容；② 扩展或重构的核算框架必须是一部数据逻辑机器；③ 从各类资源环境外部数据的采集到输入，必须要求有统一的概念、定义、分类和规则，所有这些标准的原有版本都要修改。这项工作的最大困难是涉及各类自然资源以及环境科学、生态学、物理学等多学科。然而，自然科学家又不能将现成的自然科学概念简单地搬进绿色核算体系中，它们必须依据国民核算的要求被重新定义。不难看出，这是一件谁都有巨大劣势的差事。即使解决了概念定义的拓展问题，也还有一个数据的获取与整理问题，就是绿色会计和环境资产评估制度问题。

"可持续发展"理念的提出，不仅要求改变经济社会发展的衡量标准，也要求建立自然与人类之间的新秩序，这就是生态伦理或环境伦理。生态伦理研究也是绿色核算研究所必然要延伸到的领域，西方国家已经在这方面做了大量工作。对资源与环境的估价，还会产生另一些重要问题，就是生态补偿（或环境补偿）和生态市场。生态补偿、生态市场的运作依据，都是资源与环境的估价。

3 绿色 GDP 核算的攻关方向

绿色国民核算的攻关方向和当务之急是构建"一个框架，四类标准"，也就是：设计国家层面的总体核算框架和一个包括各种自然资源和环境的子框架体系；在充分吸收国际成果的前提下，进行我国的概念与定义的标准化，资产、产业、产品等分类的标准化，资产估价体系的标准化，计量与计价方法、账户结构、记账规则的标准化。

3.1 概念与定义的标准化

由于绿色核算把各种自然资产和环境包括在内，必然要开发一系列相应的新概念并使之标准化。例如，在 SEEA 2003 中被定义为"一个经济体所拥有的全部自然要素"的自然资产（natural assets）这个概念，就已经上升为与原核算体系的"经济资产"中的"人造资产（manned assets）"并列的概念。类似的新概念、新定义及其引起的逻辑层次的调整很多。如森林绿色核算中的"林地"资产这个概念，就有是否包括无林地、退耕地、沙地的问题，需要定义和标准化；"立木"资产，就有是否包括经济林和生态林立木的问题。实际上，几乎一切需要移植用于国民核算的原有自然科学术语，都要重新定义。

3.2 资产、产业、产品等分类的标准化

资产、产业、产品分类的标准化，直接关系到账户的标准化和统计结果的可比性。联合国已经有产业分类标准（ISIC）和产品分类标准（CPC）等，但需要拓展。

3.3 资产估价体系的标准化

各种自然资源与环境资产及其提供的产品和服务，都是估价的对象。确认这些资产、产品和服务，划分其边界，是对其估价的前提，否则就会产生重复、疏漏和口径不一等问题。例如对生态系统服务的分类，有人划分为 15 种，有人划分为 18 种。森林生态系统就有林地、立木、非木材林产品、涵养水源、保育土壤、固碳制氧、生物多样性、净化环境、农业防护、景观游憩、防灾减灾、精神文化等众多科目，对此目前几乎是一个人一种分法，从而极大地影响了各核算案例结果的可比性。对各种自然资源和环境，都需要制定一个强制性的标准分类。

3.4 计量与计价方法、账户结构、记账规则等的标准化

只有在标准化计量和计价的基础上，才能求得某种资源或环境资产、产品或服务的总价值。账户结构的标准化也一样，用五花八

门的账户结构核算的结果同样不具有可比性。举一个例子可说明其重要性：我们要记录人造资产和自然资产，如果没有标准，谁也不知道把半人工半自然形成的森林往哪里计；又如计算碳汇，统计哪些植物？统计到什么径级？这方面我国也尚为空白。

4 绿色 GDP 核算实务的前景

现在实行绿色核算还不具备任何的基础，各国都是这样。这至少有如下一些原因：还没有上面说的一个框架、四类标准；现有的某些估价方法还备受争议，用其进行的估价结果还不被社会接受；还没有建立起一套绿色核算数据调查制度，而绿色核算是以科学、系统的统计数据为基础的。

绿色国民核算，还必须以从中央到基层的绿色会计为基础，没有会计体系的改革是无法推行绿色核算实务的。但绿色会计只能记录却不可能自己采集数据，必须要有一个全国环境资产评估体系（连同其调查手段）负责采集这些数据。环境资产评估事务所接受统计部门的委托，负责对环境资产和产品进行估价，报告给绿色会计部门，绿色会计部门再逐级汇总上报，直至中央的绿色核算机构。环境资产评估事务所应遵从国家规范才会被批准设立，它们必须拥有合格的环境资产评估师，这些评估师必须接受环境资产评估技术的培训。而这项培训工作在我国还不存在，连教材也没有编写。当然，除日本、英国、美国等少数发达国家已有一点基础外①，大多数国家都是这样。但是，上述条件的缺乏，并不妨碍一些单项和局部地区的核算。事实上，全世界现已开展的绿色核算，全部都是局部和单项的。

5 组织攻关的策略思想

（1）国情决定着走向绿色核算的策略。发达国家国民的生态觉

---

① 据大野木升司 2005 年 11 月 29 日在中国人民大学"东亚环境与自然资源经济学"研讨会上的报告《日本环境会计普及的原因分析》，2002 年 KPMG 对 19 个国家中各国前 100 名企业进行的调查结果显示，日本公布环境报告书的企业达到企业总数的 72%，英国达到 49%，美国 36%，荷兰 35%，芬兰 32%，德国 32%。在国际社会，日本企业在公布环境报告书方面是最积极的国家。日本环境省从 2000 年开始着手环境会计导则、指南等制定工作，于 2005 年 2 月公布了《环境会计导则 2005 年版》，影响很大。

醒是在 1960—1970 年代。现在,这类国家国民的环境意识已经不是可持续发展的障碍,他们的主要问题是国民核算制度的转轨。因此西方的研究并不特别关注国民,更多的是追求绿色核算的系统性和精准性等。而我们不同,与绿色核算的结果相比,在我国,树立国民的环境价值和生态意识更为迫切。我们的绿色 GDP 核算研究,应当鲜明地尊奉双重目标,而且首先要关注唤醒国民的环境意识,其次才是关注绿色核算的精准性。

(2)鼓励单项突进,通过部门的和地方的案例研究逐步积累经验。刚刚发布的环境污染核算报告、正在进行的中国森林核算研究,以及江苏核算、深圳核算、北京核算、广东核算、青藏高原核算、大兴安岭核算、泰山核算、神农架核算等,都是应该鼓励的。事实上,各国也都在奉行这样的策略。

(3)由国家统计部门牵头,设计国家层面的绿色核算框架草案以及各种自然资源与环境的绿色核算子框架草案,并不断吸收案例经验加以改进。这方面可以借鉴欧盟的树形统筹模式。

(4)推进速度宜采取既不操之过急、又不放任自流的方针。

(5)必须有核算专家和资源专家紧密合作。权威国际文献都强调,研究绿色 GDP 核算,必须要由国民核算专家和资源与环境专家密切合作。研究绿色 GDP 核算,应当具备 3 个方面的知识——自然资源与环境经济学、国民核算以及某一种资源或环境科学的知识(如森林、水资源等)。

世界银行在 2005 年第 60 届联合国首脑峰会上,发表了一个题为《国民财富在哪里?》的千年评估报告。该报告对 118 个国家的国民财富(由生产资本、自然资本和无形资本组成)进行了估算。人均国民总财富以瑞士居首,约 65 万美元;中国为 9 387 美元,排名第 91 位,不足美国或日本的 2%。中国的人均自然资本、生产资本和无形资本分别列第 73 位、第 80 位和第 95 位,分别只有各单项分列第 1 的国家挪威、日本和瑞士的 4.05%,1.97% 和 0.78%。报告的中心思想是为可持续发展提出具有可操作性的资产管理体系,核算国家自然资本存量及其变化,借以比较各国发展的可持续性。

我们的国民财富在哪里?绿色国民核算可以矫正我们的视野。研究发现,我国现有的大约 1 000 万 hm² 热带低质次生林价值不高,但如果从现在开始补植珍贵热带用材树种,过 25~30 年即可能形成 40 亿~60 亿 m³ 立木蓄积,价值至少 4 万亿元的一笔巨额资产,还不包括短期即可见效的林下经济和生态系统服务的价值。

参考文献

[1] http：//www. itto. or. jp.

[2] 绿色 GDP：中国是第一个做出实质性努力的国家. 国际先驱导报，2004-12-30.

[3] Roger Perman. 自然资源与环境经济学. 2 版. 北京：中国经济出版社，2002.

[4] 丁言强，王艳，等译. UN，EC，MF，OECD，WB. 环境与经济综合核算 2003. 北京：中国经济出版社，2005.

[5] 许宪春，王益煊，葛察忠. 参加联合国环境经济核算委员会预备会议报告//中国环境规划院项目技术组. 综合环境与经济核算绿色 GDP 研究简报总第 39 期，2005. 9.

[6] James Boyd. The Nonmarket Benefits of Nature：What Should Be Counted in Green GDP? Resources For The Future，May 2006. 6-24（内部中译本）.

[7] 高敏雪. 综合环境经济核算的基础理论问题//森林资源核算（下卷）：会议论文★核心文献. 北京：中国科学技术出版社，2004.

[8] 侯元兆. 我国森林绿色 GDP 核算研究的攻关方向与核算事务前景. 世界林业研究，2005，18（6）：1-10.

[9] Robert Costanza. The value of the worlds ecosystem services and natural capital. Nature，15 may 1997，387：253-260.

[10] 景谦平，侯元兆. 森林资产评估的基本要素. 世界林业研究，2006，19（2）：1-6.

[11] 中国环境规划院. 综合环境与经济核算（绿色 GDP）研究简报总第 40 期，2005.9.

[12] 侯元兆. 按照"激励相容"原理启动热带次生林和退化林地的可持续经营. 世界林业研究，2004，17（6）：25-29.

经验篇

绿色国民经济核算的
国际比较及借鉴[①]

朱启贵

（上海交通大学安泰经济与管理学院　上海　200052）

摘　要: 改革传统的国民经济核算体系，建立绿色国民经济核算体系和绿色 GDP 核算制度是科学发展观的客观要求。本文首先系统讨论综合环境与经济核算体系（SEEA）、环境与自然资源核算计划（ENRAP）、欧洲环境的经济信息收集体系（SERIEE）和包括环境账户的国民经济核算矩阵体系（NAMEA）等国际上重要的绿色国民经济核算体系。其次，比较研究这些体系，认为 SEEA 2003 不仅涵盖各体系的优点，而且在理论上满足对国民收入调整的要求，从而获得诸如绿色 GDP 等与福利一致的指标。最后，本文从我国国情出发，借鉴国际经验，提出我国建设绿色国民经济核算的主要任务。

关键词: 绿色国民经济核算　绿色 GDP　国际比较　借鉴

1 引言

　　1970 年代初，美国著名经济学家诺德豪斯和托宾提出应该修改国民经济核算体系（System of National Accounts，SNA），因为国民生产总值（Gross National Product，GNP）无法反映国民福利水平。两位学者首先纳入休闲、地下经济、非市场的生产成果、政府服务的价值等，同时删除无益的产品如国防成本，最后减去污染造成的损害，得到的指标称为"经济福利指标"（Measure of Economic Welfare，MEW）。从此，激发了人们对 SNA 改革和发展的兴趣，并不断取得研究成果。

---

① 摘自《上海交通大学学报：哲学社会科学版》，2006 年第 5 期。

近十几年来，伴随经济增长而来的环境污染与自然资源消耗的问题日益严重，人们不断反思生产与生活方式，认为以牺牲自然资源与破坏环境为代价所换得国内生产总值（Gross Domestic Product，GDP）有悖于可持续发展理念，GDP 的增加不等同于国民福利的增加。有鉴于此，联合国、欧盟、世界银行和经济合作与发展组织等国际组织，以及许多国家纷纷建立各种绿色国民经济核算体系，作为经济、自然资源与环境政策和管理的基础。目前，国际上重要的体系有：联合国《综合环境与经济核算体系》（System of Integrated Environmental and Economic Accounting，SEEA）、美国亨利·佩斯金教授创立并应用于菲律宾的《环境与自然资源核算计划》（Environmental and Natural Resources Accounting Project，ENRAP）、欧盟统计局（Eurostat）的《欧洲环境的经济信息收集体系》（European System for the Collection of Economic Information on the Environment，SERIEE）、荷兰统计局的《包括环境账户的国民经济核算矩阵体系》（National Accounting Matrix including Environmental Accounts，NAMEA）。其中，SEEA 体系在传统国民经济核算体系基础上，建立涵盖各种自然资源与环境卫星账户（satellite accounts），并且兼容并蓄各种体系的优点，因此，SEEA 受到许多国家的青睐，采用 SEEA 的国家最多。

本文讨论国际上绿色国民经济核算体系的进展；比较研究几种绿色国民经济核算体系；提出我国绿色国民经济核算体系建设的主要任务。

2 联合国绿色国民经济核算体系——SEEA

SEEA 是联合国邀请统计、会计、经济和环境等相关领域学者组成专家组，经过多年努力而研制的绿色国民经济核算体系。自联合国 1993 年首次公布 SEEA 核算手册（以下简称 SEEA1993）后，引起社会各界巨大的反响，许多国家以它为指南编制本国的绿色国民经济核算体系，也有一些学者提出批评与改进的建议，因此，联合国统计局于 1997 年委托 1993 年成立的伦敦小组（London Group）①负

---

① London Group 为欧洲、美国、加拿大、澳大利亚、日本等发达国家与国际组织的统计部门于 1993 年成立的非正式绿色国民经济核算体系专业组织，其目的在于交流发达国家与国际机构有关绿色国民经济核算账户实务与理论上的专业知识，自 1994 年开始每年举办一次论坛。1997 年起受联合国委托，开发和修改 SEEA2003，其各阶段的成果公布于互联网上供人们参考与讨论，目前最新的成果为 SEEA2003。London Group 的网址为 http://www4.statcan.ca/citygrp/London/ London.htm。

责发展与完善 SEEA。经过几年的不懈努力，伦敦小组于 2003 年完成修正版 SEEA，并且获得联合国、欧盟、国际货币基金组织、世界银行和经济合作与发展组织五大国际组织接受，正式出版成为国民经济核算手册，称为 SEEA 2003。

SEEA 2003 除涵盖 SEEA 1993 已有内容及修正 1993 版的相关缺点外，也整合了其他各种核算体系的优点。与 SEEA 1993 比较，SEEA 2003 对于编制绿色国民经济核算账户的方法及定义上提供了更为一致的看法，并且重视编算过程所获得的信息资料，即更重视经济发展、资源耗减与环境质量退化的政策分析。

2.1 SEEA 2003 的结构

（1）流量账户：包括实物流量账户和混合型流量账户（实物与货币流量账户），探讨资源对于环境吸收的投入与产出的实物流量，并与经济体中商品与劳务的生产相关联。它利用许多环境资料编算，并要求使用最严格的核算账户标准，即要求尽可能地依赖国民经济核算体系（SNA）的传统、定义、分类作整理。

（2）环境保护支出和环境相关交易：根据目前经济账户的状况，辨别出与环境友好型管理相关的要素，即对 SNA 进行拆解，以便于找出与环境直接相关的货币交易。相关内容包括环境保护活动，自然资源管理与利用活动，对环境有益的活动，自然灾害最小化活动的相关支出和环境税、环境补贴等。

（3）资产账户：该账户用于了解各种环境资源在核算期间的存量及其变动，包括实物资产账户和货币资产账户。

（4）环境调整总账户：为探讨经济体对环境的影响，必须进行各项加总项目调整，调整内容包括：考察如何将自然资产消耗并入国民经济核算账户，探讨如何在卫星账户中描述与环境保护相关支出，讨论扩充国民经济核算账户以反映自然资源消耗与环境质量退化的可能含义。

2.2 SEEA 2003 的目的与特色

SEEA 2003 的主要目的有：① 将国民经济核算账户中与环境相关的存量和流量分离出来；② 在资产负债表中，将实物账户与环境相关的货币账户进行连接；③ 纳入环境影响成本和效益；④ 用来衡量反映环境影响后的收入和产出指标。

SEEA 2003 具有四方面特色：① 环境账户并不直接纳入 SNA 体系，而是依其功能将环境货物和服务分类，并以卫星账户形式表现。② 将环保活动与一般的经济活动区分开来，不能以价值评估的环境资源以清单方式开列，同时辅以实物数量估算，这些项目包括不可再生的自然资源，如石油和土地等。③ 采用维护成本法（maintenance cost method）计算环境质量的损害。以增加值法估计自然资源耗减。④ SEEA 体系的初步目标并非在于改变现行的 SNA 核心结构，而是在建立自然资源与环境指标的统计资料库，并利用统计资料库了解 GDP 与资源、环境可持续性之间的关系，将自然资源耗减与环境质量退化从国内生产净值（net domestic product，NDP）中扣除，估计出新的修正指标——经环境调整的国内生产净值（environmentally – adjusted domestic product，EDP）。

3 菲律宾绿色国民经济核算体系——ENRAP

ENRAP 是美国经济学家佩斯金教授在美国国际发展署（U. S. Agency for International Development，USAID）自 1990 年起提供基金协助菲律宾试行的"环境与自然资源核算计划"下发展出来的，其编制框架与 SEEA 类似，都是建立在传统 SNA 上，并将与环境相关的账户以卫星账户方式呈现，其框架前提在于其认为完整的经济账户应包括经济体系中所有的经济投入与产出项，且这些投入产出应"具有经济价值"，但未必要有市场价值。而具有经济价值的先决条件必须具备稀缺的特性。

SEEA 和 ENRAP 都旨在扩展传统国民经济核算体系，以便全面考察经济系统与环境资源之间的相互作用。SEEA 1993 保留传统国民经济核算体系既有的框架且尽量避免重复核算，但是，该体系无法将环境资源提供的服务价值呈现出来，且对于自然资源耗减和环境质量退化的估算常有误导之处。因此，ENRAP 将环境资源视为经济系统中的生产部门之一，以解决 SEEA 1993 的缺失，同时 EN-RAP 采用符合经济学理论的方法来核算自然资源耗减和环境质量退化。

在自然资源方面，ENRAP 以净现值计算森林、渔业、矿产及土壤等自然资源价值的耗减，因 ENRAP 的重点在于衡量可持续收入而非可持续生产，因而，自然资源消耗指的是真实的经济消耗，即特定期间资产价值的变化。

在环境资源服务方面，没有市场的环境资源服务大致可包含三类，第一类为环境资源所提供的涵容服务，例如对于废弃物的处理；第二类为环境资源的产出服务，例如休闲功能；第三类则为环境质量退化。因此，ENRAP 中包含这三类的服务项目：① 环境所提供的废弃物处理服务；② 环境所提供的直接服务；③ 环境质量退化。对于这三类服务项目，ENRAP 采用影子价格（shadow price）的方式估算。

3.1 ENRAP 的特色

ENRAP 主张经济系统中所有的经济投入及其产出都应记录在核算账户中。它希望通过扩展传统国民经济核算体系的模式来囊括这些不具有实际市场交易价格的货物所提供的服务。虽然 ENRAP 被大部分人视为核算账户，但它应是一个政策工具，因为任何一个政策工具都是希望将资源的使用及分配以有效率且适当的方式引入最优的境界，ENRAP 可以承担这一任务。

ENRAP 包括了传统国民经济核算体系中具有市场的资本所提供的服务，例如机器设备、劳动力的投入和原料。虽然传统国民经济核算账户中也包含一些来自环境资源的投入，但仅限于具有市场交易的环境资源，部分不具有市场交易价格的环境资源都被排除在外。这些没有市场交易价格的环境资源服务大致包含三类：第一类是环境资源所提供的投入服务，例如对于废弃物的处理；第二类是环境资源的产出服务，例如休闲功能；第三类则是污染损害。

ENRAP 包含所有传统国民经济核算账户的框架，而与传统国民经济核算账户不同的是 ENRAP 中另外含有 3 个新的项目，即环境提供的废弃物处理服务（environmental waste disposal）、环境损害（environmental damage）和环境提供的直接服务（direct consumption of environmental quality services）；除此之外，ENRAP 定义了净环境利益（net environmental benefit，NEB）和自然资源耗减（natural resource depreciation）两个重要术语。

由于 ENRAP 所关心的是经济系统的可持续收入（sustainable income），而不是可持续产出（sustainable product），因此，自然资源耗减必须真实地反映经济上的消耗，即资产价值随时间变动下降的部分，而非实物资产减少的部分。最后，扣除自然资源耗减的国民收入称为"调整后国民生产净值"（modified net national product）。

SEEA 1993 的目的是记录环境与经济之间的关系，并提供环境管理的基础，但大多数有关 SEEA 的讨论，却着重于经济系统记录的调整，例如 SEEA 1993 仅从原有的 GDP 扣除自然资源耗减和环境质量退化。但这样的调整仍是不够的，因而 SEEA 1993 无法在环境和非环境经济议题上提供更一般性的政策建议。

3.2 SEEA 与 ENRAP 的比较

第一个不同之处在于 SEEA 2003 仅将具有市场交易的环境资源服务纳入　尽管 SEEA 1993 版本中没有纳入非市场的环境服务价值，但这并不代表 SEEA 1993 有关的作者忽略了其重要性，重点在于人们认为在正规的核算账户中，纳入非市场的环境货物是不恰当的。在经历了许多的批评之后，SEEA 2003 正式纳入以"意愿价格"（willingness to pay）估算环境服务价值的方法，但 SEEA 2003 仍提醒核算者在估算意愿价格时可能产生与 SNA 不一致性的问题。但从作为政策分析工具的角度而言，得到环境服务价值后，才能与预期的环境维护成本进行比较，这就是政策的成本效益分析，至此政策分析的功能才能显现。

第二个不同之处在于环境管理支出的分离　SEEA 1993 和 SEEA 2003 都尝试要将国民经济核算账户各生产部门中有关环境管理的支出分离出来，就政策目的而言，这样的工作是值得的，因为所得到的信息可以评估预期的环境维护成本与效益。相对而言，ENRAP 不主张将账户中针对环保经费支出分离出来，主要的理由在于很多经费支出并不一定能严格区分到底是属于环保用途或非环保用途，因此分离环境管理支出的成本很高，而且有相当大的误差，此工作的成本不符其效益。

第三个不同之处在于环境质量退化与自然资源耗减的估算　ENRAP 基于新古典经济学的方法，以消费者"意愿价格"衡量各项环境服务价值，以避免用环境损害的意愿价格估算环境质量退化。相反，SEEA 1993 仅建议维护成本法，SEEA 2003 在维护成本法外，也建议采用损害评估法来评估环境质量退化，但目前大部分采用 SEEA 框架的国家还是以维护成本法来估算环境质量退化。

SEEA 账户中提供的信息易由 ENRAP 账户中产生，但 ENRAP 中的信息却无法由 SEEA 中获得。虽然 ENRAP 使用的估算方法目前仍在持续修正中，但若不使用这些估算方式的代价则是忽略耗减当中一些重要的非市场交易价值，而这样的代价实在太高了。有鉴于 SEEA 1993 的缺失，SEEA 2003 已对自然资源耗减和环境质量退化估算进行修正，以期更符合经济理论。

4 欧盟绿色国民经济核算体系——SERIEE

SERIEE 体系是欧盟统计局开发的绿色国民经济核算体系，这个体系是欧盟第 5 次环境行动计划书中关于"迈向可持续发展"议题的产物。欧盟成员国都认为，为了建立可持续发展评估，必须建立关于环境信息的账户体系。

为了满足上述的需要，欧盟统计局设计了 SERIEE，并以卫星账户的方式将环境保护活动与国民经济核算账户连接，SERIEE 发挥连接环境议题与相关统计资料的职能，目前 SERIEE 发展重心在于环境保护支出的部分。

由于经济活动和自然资源的开采与环境利用有密不可分的关系，因此，SERIEE 强调自然资源实物账户的重要性，在经济活动方面，SERIEE 特别着重在降低预防环境恶化活动支出的交易上，而任何与环境质量监测、恢复或开发相关的活动也是 SERIEE 关注的重点。

SERIEE 包含了两个卫星账户及一个居中的资料收集与处理系统（Intermediate System for the Collection and Treatment of Basic Data）。第一个卫星账户为环保支出账户（Environmental Protection Expenditure Accounts，EPEA）；第二个卫星账户为资源使用及管理账户（Resource Use Management Accounts），但就实际的核算情况来看，EPEA 在发展上较资源使用及管理账户更为完整。

EPEA 被设计作为国民经济核算体系的一个卫星账户，以连接经济活动与实物账户，由于账户编制上的方便性，许多国家依类似的路径构建出另外与经济活动相关的卫星账户，例如观光账户、研究与开发支出账户、运输账户。它的主要目的有三个：第一，由厂商竞争力的观点来研究厂商的环境保护支出和环境相关的课税负担；第二，由社会产出、就业和进口的观点来衡量所有环境保护、机器设备和相关产品的经济活动价值；第三，经由环境实物账户与货币账户的连接来衡量环境保护活动的效率，同时通过实物账户的整合，使得环境保护支出的总金额与实际污染量更容易比较。

SERIEE 虽然建立了实物账户和环境保护支出账户，但就目前的发展来看，SERIEE 尚未建立一个完整的有关环保信息账户体系，例如，SERIEE 将实物账户与货币账户进行了系统连接，但是却不主张将各方面的自然资源实物都呈现出来。从另一个角度来看，SERIEE 也没有将 SEEA 在近年来的一些发展纳入编制流程中，例如：以民众避免环境损害的意愿支出为依据的环境质量退化估算，没有反映在 SERIEE 框架中，因此，SERIEE 也无法整合出类似像 SEEA "考察生态系统的国内产出"（ecological domestic product）的指标。由于 SERIEE 是在欧盟对于环境可持续发展呼声日益高涨下的产物，因此，SERIEE 希望实现的目标是较为 "立即" 的，即框架的设计能立刻与欧洲各国的核算体系搭配使用，因此，在框架上仅限于与 SNA 中有关的资产和流量信息，这也是 SERIEE 美中不足之处。此外，由于 SERIEE 体系发展稍晚，所以，编制成员国认为在整个体系的定义分类及实际编算过程都存在相当大的改进和发展的空间。

5 荷兰绿色国民经济核算体系——NAMEA

荷兰的产业多以自然资源为基础，因此，荷兰政府对于以建立可持续发展指标为目的之一的绿色国民经济核算体系十分重视。NAMEA 的主要理论框架源于社会核算矩阵（Social Accounting Matrix，SAM），整体框架共有 12 个账户，除包含一般的国民收入交易账户（第 1 账户到第 10 账户），另将国民收入核算矩阵加以扩展，产生两组与环境有关的账户，一组为环境物质账户（environmental substances accounts，第 11 账户），另一组为环境议题账户（environmental themes accounts，第 12 账户），这些账户并不是用货币单位表示，而是以实物单位表示。

编制 NAMEA 的构想始于 1991 年，但一直到 1993 年才由荷兰统计局完成第一本 NAMEA 账户，包括 1989 年到 1992 年经济和环保账户，其最大特色就是将三个环境账户纳入国民经济核算体系内，这三个账户为排放物账户、全球环境议题账户和国家环境议题账户。目前，这些账户仍无法完全用货币单位表示，因此，NAMEA 中暂时以实物单位表示。

除了这三个账户之外，NAMEA 的另一个特点是将生产和消费支出分为一般和环保两项，以便于计算环境环保支出和环保消费，除此之外，NAMEA 明确地将环保活动和其他经济活动的产出和消费分开，这个互动性的呈现成为 NAMEA 的重要功能之一。目前，NAMEA 的编制已趋于稳定，未来计划将编入社会账户和社会指标，使 NAMEA 不仅成为一个国家的重要环保依据，而且成为社会福利指标的重要基础。

NAMEA 的特色有：① 包含外国"进口"至本国的污染及荷兰"出口"至国外的污染；② NAMEA 着重在污染排放和废弃物两部分；③ 以实物账户方式表现；④ 符合欧洲各国当前《京都议定书》（Kyoto Protocol）中对于环保的需求。

NAMEA 的功能主要有：① 作为政策工具的催化剂；② 作为制定环境政策的依据。例如，荷兰账户表明畜牧业是产生温室气体的主要来源，因此，该部门应大幅度缩减其规模，以避免对于气候造成不良影响；③ 利用该账户的编制逐渐去调整一般人心目中可能无法立即接受的环境议题；④ 由于其以实物账户方式表现，因此不涉及货币价值的衡量，使统计学者较容易接受；⑤ 通过编制结果导出具有成本有效性（cost - efficient）的政策与方法来实现污染减量，同时利用所估计的减量成本函数来建立污染排放量标准，并在未来建立类似可持续的国民收入指标。

6 绿色国民经济核算体系的综合比较

由于绿色国民经济核算体系的目的之一是为了反映经济活动与环境之间的关系，所以各国在核算内容上会根据其经济活动和环境资源特性而有不同重心，如菲律宾就相当重视其森林资源账户，而非洲的纳米比亚也有类似的现象。

表 1 综合比较几种绿色国民经济核算体系，以便更加完整表现各体系的同质性和差异性。

SEEA 2003 在经历多次国际研讨会与编算经验交流后，已针对 SEEA 1993 的缺点，做了大幅度的修正，并充分考虑了 ENRAP、SERIEE、NAMEA 的优缺点。绿色国民经济核算体系的特色比较如表 2 所示。

综上所述，我们发现，SERIEE 的重点放在环境保护支出上，对于自然资源耗减和环境质量退化较少触及，所以，就一个完整的绿色国民经济核算体系而言，SERIEE 完备性略显不足，相对凸显出 SEEA2003 环境议题完整且多元的特色。

表1　绿色国民经济核算体系的综合比较

核算体系	SEEA 2003	ENRAP	SERIEE	NAMEA
产生	1. 联合国统计局（UNSD）于1993年出版第一本 SEEA 手册 2. 1998年出版操作手册（Operational Manual） 3. 目前出版 SEEA 2003 完整手册	1. 由经济学家佩斯金提出（1998） 2. 1990年起，美国国际发展署（USAID）以提供援助的方式协助菲律宾试行"环境和自然资源账户计划（ENRAP）" 3. 目前只有美国 Chesapeake 地区和菲律宾试编	欧盟统计局于1994年出版 SERIEE	1. 概念和方法由荷兰统计局局长 Keuning 提出 2. 荷兰最早依据 NAMEA 框架编制空气排放物账户（1991年）
主要内容	1. 环境保护支出账户 2. 非生产性资产实物账户 3. 环境经济综合账户 4. 自然资源耗减和环境质量退化 5. 计算绿色国民收入指标（如 eaGDP 和 eaNDP）	1. 将自然资源视为生产部门，可生产非市场的（non-market）环境服务价值，如森林提供休闲娱乐服务 2. 将包括污染对人体健康的损害在内的环境污染价值视为生产部门的负产出 3. 净环境利益（NEB）＝环境服务价值－环境损害价值	1. 环境保护支出账户 2. 自然资源使用和管理账户 3. 基本资料收集和处理系统	1. 排放物账户 2. 国家环境议题 3. 全球环境议题（包括温室效应、臭氧层破坏、酸化等环境议题）
核算范围	1. 以净价格法、现值法或使用者成本法计算自然资源耗减 2. 建议以维护成本法或损害评估法计算环境质量退化	1. 计算环境社会损失成本（如污染对人体健康的损害） 2. 不仅计算对环境有害的减项项目，也包括对环境有利的加项项目	仅计算环境保护支出，不计算各种污染损害成本	与环境有关部分仅计算实物账户，物货币化结果
说明	SEEA 编制国家中，并非全部依照 SEEA 框架编制完整的账户，而是选择对其经济活动较有影响力的环境议题进行编制，并依各国国情及资料有无加以调整	1. 核算范围完整，与经济学福利观点一致，由于计算方法存在争议，所以目前仅菲律宾和美国部分区域采用 2. 住户部门的非市场产出，如（1）拣拾薪柴；（2）自给自用的农业生产活动也包括在内 3. 天然环境所提供的非市场服务，如国家公园供旅游观光使用 4. 污染对人体健康造成的影响	此体系的核心在于环境保护支出账户，其环境保护支出账户较 SEEA 的环境保护支出账户详细	NAMEA 矩阵中除一般国民经济交易账户，其余均为以数量单位表示的实物账户

表 2　绿色国民经济核算体系的特色比较

核算体系	特色	SEEA 2003 是否包括此特色	说　明
SERIEE	着重环境保护支出	是	设专章(第 5 章)讨论,表明 SEEA 相当重视该项目的估算
NAMEA	实物账户	是	设专章(第 3 章)讨论
	全球环境议题账户	否	由 SEEA 原有实物账户扩充即可
	转换污染物影响为相同计算单位	否	由 SEEA 原有实物账户换算即可
ENRAP	估算环境所提供的服务价值	是	SEEA 已建议多种不同估算方法
	环境和资源价值的估算方式符合经济理论的一致性	是	SEEA 已建议符合经济理论的评估方法
	损害评估法运用	是	SEEA 已建议
	强调账户的政策功能	是	SEEA 设专章(第 11 章)讨论
	净环境利益的估算	否	由于账户体系不同,SEEA 无法直接定义净环境利益,但可以提供账户调整得出类似的替代指标

　　NAMEA 的特色包括实物账户的建立、加入外来污染物及污染物影响转换为当量等,虽然 SEEA 2003 尚未建议将污染物对于环境的影响转换为相同单位,但 SEEA 2003 设计中已经存在 NAMEA 的实物账户,未来可直接在 SEEA 2003 中,以外部卫星账户表现各种污染物对环境的影响即可,不需改动整个 SNA 的框架。

　　ENRAP 的特点在于其对环境及资源价值的估算方式较 SEEA 1993 符合经济理论,并且强调环境政策分析的功能。SEEA 2003 不但已纳入 ENRAP 非市场交易价值的估算方式且有非常详尽的介绍,同时也加强了政策分析功能的说明,因此,SEEA 2003 虽然在账户上仍有异于 ENRAP 之处,但在方法上也早已融入了 ENRAP 的精神。

　　SEEA 2003 除了涵盖各体系的优点,且具有理论上的支持。融入 SERIEE 框架的环境保护支出账户可以了解一国环保相关产业发展状况,也是估算环境质量退化的基础资料。NAMEA 实物流量账户的纳入,使我们可以追踪污染物的来龙去脉。加入 ENRAP 对非市场交易的评价,反映出国民对环境与自然资源的非使用价值,绿色国民收入不再是单纯的统计数据,更能显示一国的福利变化,并产生更丰富的管理意义。最后,SEEA 2003 在理论上满足对国民收入调整的要求,可获得与福利一致的指标。

7 我国绿色国民经济核算体系建设任重道远

7.1 建立绿色国民经济核算制度刻不容缓

传统的国民经济核算体系没有考虑自然资源消耗成本和环境降级成本，从而高估了国民经济产出，结果导致对自然资源的过度消耗和对环境的严重污染，导致自然资源与环境状况恶化，人类的生存条件受到威胁，经济发展不可持续。

我国改革开放取得巨大成就，保持着世界上最快的经济发展速度，但仍沿袭着粗放型的经济增长模式。2004 年，我国 GDP 占全世界的 4.4%，而消耗原油 7.4%、原煤 31%、铁矿石 30%、钢材 27%、氧化铝 25%、水泥 40%。按汇率计算，我国资源生产率只相当美国 1/10，日本 1/20，德国 1/6，能源利用率仅为 33%，工业用水重复利用率为 55%，矿产资源总回收率为 30%，分别比国外先进水平低 10 个、25 个、20 个百分点。[①]"十一五"规划要求单位 GDP 能耗要降低 20%左右，2006 年单位能耗要降低 4%左右。而 2006 年上半年的经济运行数据显示，单位 GDP 能耗不降反升，全国单位 GDP 能耗同比上升 0.8%。一边是越发紧缺的能源现状，一边是居高不下的能源消耗，这使节能越来越受到全社会的共同关注。[②]

我国在人均 GDP 400～1 000 美元的条件下，出现了发达国家 3 000～10 000 美元期间出现的严重环境污染。环境污染对我国国民经济造成了很大的损失，相关部门研究表明，20 世纪 90 年代中期的损失占 GDP 的 8%，而世界银行提出的比例是 13%。国家环保总局副局长祝光耀 2006 年 6 月 5 日在《中国的环境保护（1996—2005）》白皮书发布会上说："我们在西部调查的基础上又作了一个分析，损失大约为 11%。这几个数字强调的角度不同，差别比较大，总的来说，大概就是 10%。"[③]2006 年 9 月 7 日，国家环保总局和国家统计局发布中国第一份经环境污染调整的 GDP 核算研究报告，该报

---

① 怎样认识经济总量与结构的变化，http://www.enviroinfo.org.cn/Economy_and_Environment/h122109.htm.
② 新闻分析：单位 GDP 能耗为何不降反升，http://news.xinhuanet.com/fortune/2006-08/01/content_4906305.htm.
③ 环境污染带来的经济损失约占国内生产总值的 10%，http://news.xinhuanet.com/fortune/2006-06/06/content_4649678.htm.

告表明，2004 年全国因环境污染造成的经济损失为 5 118 亿元，占当年 GDP 的 3.05%。[1]但这个数据仅仅反映了环境方面的因素，还不包括自然资源的耗减因素。如果把资源与环境的因素都核算进去，比例肯定会大大高于 3.05%。[2]

生态环境破坏与工业化、城市化、就业压力、资源短缺、贫富差距搅在一起相互作用相互制约，累积成中国严峻的社会难题。某些人的先富牺牲了多数人的环境，某些地区的先富牺牲了其他地区的环境。环境不公加重了社会不公。重要原因在于，科学发展观未能得到有效贯彻落实。在以 GDP 为中心的干部考核体制下，一些地方政府片面追求 GDP 的增长，甚至以牺牲环境和群众健康为代价，忽视了环境保护是政府应该履行的基本职责，没有充分重视环境治理设施和环境保护基础设施的建设，地方政府的环境保护责任制没有得到全面落实。

因此，将资源与环境纳入国民经济核算体系，建立我国绿色国民经济核算体系已势在必行、刻不容缓，一切持观望、犹豫的态度都是不可取的。绿色国民经济核算制度可有效推进资源节约型、环境友好型社会建设，将对我国国民财富的积累产生重大的影响，对实现经济增长、社会进步和环境保护的"三赢"目标具有广泛而深远的意义。

7.2 我国绿色国民经济核算体系建设的任务

（1）设立国家绿色国民经济核算领导小组，领导全国绿色国民经济核算工作。绿色国民经济核算账户编制与资料搜集必然涉及不同的专业领域，例如环境、自然资源、生物、统计与经济等部门，因此，资料搜集与账户编制制度设计的优劣直接影响编制质量和效率。由国际经验可知，在资料搜集与账户编制制度方面，部分国家由统计部门集合不同领域的专家，独立成立庞大的编制队伍，例如德国；或完全委托研究单位，例如法国。而不论以何种形式建立账户编制和资料搜集制度，都需建立在统计部门、研究机构与各主管部门间的分工与合作机制上。根据我国实际情况，我们建议在国务院下设立国家绿色国民经济核算领导小组，负责全国绿色国民经济核算的领导工作，以确

---

① 国家环境保护总局、国家统计局发布绿色GDP核算研究成果，http://news.xinhuanet.com/fortune/2006-09/07/content_5062167.htm.

② 邱晓华在"中国绿色国民经济核算研究成果新闻发布会"上指出，统计部门要为全面贯彻落实科学发展观提供统计保障，http://www.stats.gov.cn/tjdt/gjtjjdt/t20060908_402350631.htm.

保绿色国民经济核算工作健康、有序、快速的发展。

（2）加强绿色国民经济核算理论与方法的研究，提高国民经济核算理论水平。以科学发展观为指导，借鉴国外经验，全面、系统地研究绿色国民经济核算的理论、方法与制度，推动我国国民经济核算理论与方法创新，力争用较短的时间建立绿色国民经济核算制度，提高我国国民经济核算的国际地位。当前，资源和环境的估价是绿色国民经济核算的重点和难点。我们要依据马克思主义经济理论，研究资源与环境的价值理论和估价方法，明确环境物品质量和环境质量损害的关系、自然资源与其服务价值之间的关系、自然资产存量与资产价值的关系，核算环境质量损害与自然资源服务价值、各种污染物对各种不同受体造成的质量损害价值，编制货币资产账户和核算自然资源的耗减。

（3）建立绿色会计和审计制度，夯实绿色国民经济核算基础。完善而又科学的审计制度是会计核算科学性、准确性的重要保障。绿色会计核算是绿色国民经济核算的微观基础，没有绿色会计、审计核算制度，也就难以保障绿色国民经济核算的科学性和准确性。因此，要借鉴国外经验，加速我国绿色会计、绿色审计的理论研究和制度建设。在绿色会计方面，一要促使企业形成环境责任的道德理念，充分认识绿色会计在建立健全我国绿色信息公开化制度中的重要意义和作用；二要建立科学合理、系统完整并符合国情的企业绿色会计理论与方法体系；三要建立完整的绿色会计信息系统和企业绿色报告信息披露制度；四要设计与制定可操作性的绿色会计准则。在绿色审计方面，审计机关应建设绿色审计制度，依法独立检查被审计单位的会计凭证、会计账簿、会计报表以及其他与财政收支、财务收支有关的资料和资产，监督财政收支、财务收支真实、合法和效益的行为，保障绿色会计制度的科学性和顺利实施。

（4）建立健全绿色法律体系，保障绿色国民经济核算制度的运行。绿色国民经济核算涉及面十分广泛，需要各行各业的绿色会计核算、绿色业务核算、绿色统计核算和绿色税等资料，这样就需要"绿化"我国的法律体系，不仅要修改有关投资、消费、金融、统计、计划和税收等方面的法律，如《会计法》《统计法》《审计法》和《税法》等，而且要建立与绿色国民经济核算相关的新法律，如《循环经济法》。唯有如此，才能保障绿色国民经济核算制度的正常运行。

（5）建立科学、完整的资源环境统计指标体系，改革与发展经济社会发展综合评价体系。我国现行的资源环境统计指标只限于单纯进行资源环境现象反映和简单分析。按照科学发展观的要求，考核经济社会发展的成绩和干部政绩，应当既要看当前的发展，又要看发展的可持续性；既要看物质文明建设，又要看政治文明建设、精神文明建设和生态文明建设。我国经济社会发展综合评价体系没有充分体现人与自然和谐发展。因此，要以绿色国民经济核算制度建设为龙头，建立一套涵盖自然资源指标、生态环境指标和环境污染指标的科学、完整的资源环境统计指标体系，改革和发展经济社会发展综合评价体系，建立可持续发展、循环经济、和谐社会和政府绩效的综合评价体系。

（6）加强绿色国民经济核算的宣传与教育工作，提升社会认识绿色国民经济核算的水平。建立绿色国民经济核算制度是我国国民经济核算制度和社会经济发展评价体系的重大改革。要实现这项重大改革，需要进行广泛深入的思想教育工作和知识宣传。首先，要端正各级领导干部的指导思想，使他们切实具有可持续发展观念和环境保护意识。其次，要加强绿色国民经济核算知识的教育和宣传，唤起人们的觉悟。不仅要在学校开设与绿色国民经济核算相关的课程，而且要出版普及书籍，发表通俗文章，充分利用各种媒体，宣传绿色国民经济核算理论知识。有了这样的思想基础，就能认识到建立绿色国民经济核算制度的重要性，真正落实科学发展观。

（7）加强国际合作，借鉴国际先进经验。国际组织和不少国家在绿色国民经济核算理论与实务方面的工作卓有成效，使得绿色国民经济核算在一些国家初步实现制度化、规范化。国外绿色国民经济核算的理论与方法各有优点和不足，它们的适应条件也有差异，因此，照搬这些理论与方法是不妥的。我国应从社会经济制度、统计能力等实际情况出发，加强国际合作，借鉴国外的经验，建立适合国情的绿色国民经济核算理论、方法和制度，实现我国国民经济核算体系跨越式发展。

（8）加快绿色国民经济核算的试点工作，推进绿色国民经济核算工作的进程。绿色国民经济核算作为一项崭新的核算制度，它不仅存在着与现行国民经济核算制度不接轨从而统计数据收集分析的困难，而且由于庞大的、涉及众多部门的第一手数据收集的要求，推行起来比较困难。我们应该遵守"学中干，干中学"的准则，有计划、有步骤地在一些省市进行绿色国民经济核算账户的试编和核算工作。通过试点核算工作，不仅可以检验绿色国民经济核算理论与方法的可行性，而且可以逐步积累经验，不断完善绿色国民经济核算制度，以绿色国民经济核算为抓手，建立适应科学发展观需要的国民经济核算体系。

综上所述，我国要以科学发展观为指导，以科学性、理论性、前瞻性和适用性为原则，加快绿色国民经济核算理论与方法研究和制度建设。在理论与方法上，科学估价自然资源与环境的价值；建立绿色国民经济核算账户体系和绿色经济指标体系；修正现行的经济分析理论与方法，构建国民经济运行监测预警系统。在政策与法规上，制定绿色统计、会计和审计的准则、制度和法规，为绿色国民经济核算理论与方法的应用创造良好的条件。在实践上，有计划、有步骤地开展绿色国民经济核算工作，加快绿色国民经济核算的基础工作建设，逐步积累经验，不断完善我国绿色国民经济核算理论、方法和制度，既落实科学发展观，又提升我国绿色国民经济核算的国际地位。

参考文献

[1] Nordhous W D，Tobin J J. Is Growth Obsolete[J]. Studies in Income and Wealth，1973（38）：509-532.

[2] Peskin H M. "Alternative Resource and Environmental Accounting Approaches and their Contribution to Policy," in Environmental Accounting in Theory and Practice[M]//K Uno，P Bartelmus（eds.）.Amsterdam：Dordrecht，1998：375-394.

[3] European Commission.SERIEE European System for the Collection of Economic Information on the Environment-1994 Version[M]. Bruseels：Eurostat，2002.

[4] Keuning S，De Haan M. "Netherlands：What's in a NAMEA Recent Results," in Environmental Accounting in Theory and Practice[M]. K Uno，P Bartelmus（eds.）.Amsterdam：Dordrecht，1998.

[5] United Nations. Integrated Environmental and Economic Accounting[M].Series F. No.61. New York：United Nations，1993.

[6] United Nations. Integrated Environmental and Economic Accounting 2003 [M].Series F No.1.Rev.1.New York：United Nations，2003.

[7] El Serafy S. The Proper Calculation of Income from Depletable Natural Resources// Ahmad Y A，El Serafy S，Lutz E（eds.）. Environmental Accounting for Sustainable Development [M]. Washington D C：World Bank，1989.

台湾地区绿色国民所得账编制架构、评量系统与实践①

於 方 王金南 彭 菲

（环境保护部环境规划院 北京 100012）

摘 要： 1950 年代以来，台湾地区经济情势变动迅速，缔造了举世称美的"经济奇迹"，但随着生产规模的扩大以及人口的急速增加，环境资源折耗与污染问题亦日趋严重。有鉴于环境资源及自然生态之宝贵，若经耗损、破坏，往往难以复原，造成社会成本巨大损失，为了顺应保护自然生态环境的国际趋势，并弥补国民生产账未能具体陈示自然资源耗竭及环境品质恶化等负面影响的缺憾，"台湾行政院"于 1998 年 2 月向"立法院"作施政报告时主动宣示政府将推动试编台湾地区"绿色国民所得账"。本文就台湾地区绿色国民所得账的发展历程、台湾地区绿色国民所得账的架构以及 2004—2007 年的编算结果加以介绍说明。

关键词： 台湾 绿色国民所得账 编制架构 评量

1 由来及目的

从台湾地区绿色国民所得统计业务的发展历程来看，可以分为筹划、研究和发展 3 个阶段。

1.1 筹划阶段

为达经济与环保共生共荣之长期目标，经"台湾行政院"环境保护署于 1998 年 4 月邀请相关单位研商，达成一致意见分短、中、长期三阶段实施方向，其中近期由环保署先行试编台湾永续经济福利指标（ISEW），作为嗣后编制绿色国民所得账的参据；中期由"行

① 感谢台湾地区中华经济研究院院长、"中央研究院经济研究所"研究员萧代基先生和中华经济研究院助研究员洪志铭先生为本文提供原始资料。本文文字与统计数据主要取材自主计处网站，http://win.dgbas.gov.tw/dgbas03/ca/green/index.html 与 http://www.dgbas.gov.tw/lp.asp?CtNode= 4861 and CtUnit= 1350 abd BaseDSD=7。

政院"经济建设委员会协调各相关部会建立绿色国民所得账基础资料，以进行汇整与试编工作；长期待国际间有国家正式编布官方绿色国民所得统计时，再由"行政院"主计处（以下简称主计处）负责编制及正式对外发布台湾绿色国民所得账。

1.2 研究阶段

1998 年 10 月修订完成之"预算法"于第二十九条条文中，更明文规定"行政院"应试行编制绿色国民所得账。1999 年 6 月永续发展委员会第七次会议又决议，由主计处与"行政院"经济建设委员会共同召集成立"绿色国民所得账工作分组"，以积极推动此项工作。据此，主计处依前述之规定与决议积极推动绿色国民所得账试编工作。并于 1999 年 10 月依联合国《环境经济综合账整合系统》完成了《台湾地区绿色国民所得账编制方法研究》，以便嗣后据以办理。

由于国际上可应用的理论体系存在多种体系和架构，且皆处于发展阶段，又仅规范基本概念，对于编算架构及内容由各国按其国情需求、天然资源之丰吝以及资料的充实程度，加以调整引用，所以各国现今大多择取若干重要环境议题进行研究试编。为了执行本项绿色国民所得账的试编工作，主计处积极比较了世界各种编制系统的优缺点，就其编算范围、主要内容、所需基本资料，以及各国编制实践经验与台湾地区的情况，择取有较完整编算手册、且被各国所广泛应用的联合国（环境经济综合账整合系统，SEEA）作为台湾研编绿色国民所得账的理论基础架构。并由主计处第三局积极展开试编工作，在经广泛搜集各国最新理论发展与编制结果，邀请环境经济学者指导，召开数次部会协商会议，以及多次与联合国 SEEA 作者 Dr. Joy E. Hecht、主计处国民所得统计评审会委员及国内环保学者沟通讨论后，根据与会者建议于 2000 年 8 月研修完成第一版试编结果（资料时间为 1996—1998 年）。并依预算法第二十九条规定，研撰试编结果摘要，于同年 8 月并同 2001 年度政府总预算案函送立法院备查。

1.3 发展阶段

2001 年 2 月为配合主计处组织与业务调整，本项工作移由主计处中部办公室接办，为更好地推动本项研编工作，使编算结果更趋完备周延，除继续学习联合国 SEEA 精髓、各国编算情况以及第一版编算原则和架构，并继续广泛搜集国内外相关论文、研究报告及相关环保法规、名词定义及网站资讯；多次与国内专家学者及资料提供机关召开编算方法及改进方向检讨会，并邀请参与联合国 SEEA 研编之澳洲统计局环境及能源统计中心主任 Dr. Bob Herrison 来台进行双向交流，经讨论修正编算内涵后，于 2001 年 8 月完成第二版（资料时间 1996—1999 年）绿色国民所得账试编结果。

鉴于各国编算系统仅规范基本理论，对于账表架构则由各国按其需求及资料之限制分别订定，因此，在主计处的试编过程中，认为对于以下问题仍存有亟待改进的空间：何种编算架构较为适宜？以及所涵盖的资料项目定义、范围及来源？

同时，为了突破目前绿色国民所得账受限于资料不足，致试编结果仅涵盖部分环境资源的现状，遂于 2001 年 12 月起正式与台湾地区经济研究院等部门共同制定《绿色国民所得账理论架构、编算模式暨与国民所得相互关系研究计划》，期望能针对台湾绿色国民所得账的整体架构进行通盘探讨，进而构建一套最适合台湾使用的编制架构与评量系统。

因此，2002 年主计处除依前述计划安排进行基础资料架构的探讨研析与办理三阶段研习训练外，继续配合联合国新版 SEEA 对编算范围与方式进行了大幅更新，将其修订版的主要精神架构纳入 2002 年编算的改进重点，并就各账表逐表逐栏加以检讨修正，同时广纳国内专家学者意见，办理多场编算方法与架构的研析设计、账表编撰及结果研讨会，根据与会者所提建议及当年可取得的资料项目，于 2002 年 8 月完成第三版（资料时间 1996—2000 年）的绿色国民所得账试编结果。

自制定《绿色国民所得账理论架构、编算模式暨与国民所得相互关系研究计划》以来，为研定未来台湾地区完整架构模式的各项编算项目、定义以及分年推动的构建安排，并逐期确定资料提供机关的资料搜集机制，主计处在 2003 年除深入研析联合国 "环境经济综合账" 及其各国相关理论与实践文献，不断向国内外专家学者及各资料提供机关请教外，还多次赴各部会进行实践编算方面的细节访谈，迄今已规划完成 "台湾绿色国民所得账初步账表体系、理论架构及编算模式"（草案），以及各资料提供机关需配合办理的短、中、长期及未来四期的分年资料产生机制。因为所需资料的项目极为庞杂，编算过程需要进行诸多不同专业领域的探讨，再加上受限于资料的搜集及推估均需要时间、经费及人力，每一小步的跨出与发现均属不易。

2003 年以前主要根据上述研究计划所规划的短期账表进行资料

汇集与编算，在经与专家学者共同研拟编算内涵，邀集国内相关部会召开编算前研讨、编算后结果检讨会，以及国际学术研讨会后，同时根据与会人员建议及各部会政务推动可得资料进行调整后，于 2003 年 8 月完成了第四版（资料时间 1999—2001 年）的绿色国民所得试编结果。

2004 年及 2005 年继续根据完整的账表规划架构及短中期资料搜集机制进行资料搜集与编算。除扩增环境资源排放与质损的产业别、县市别、空品区别等区域性资料、时间数列资料及与社经资讯的交叉分析等，提供了环境资源变好的资讯外，还在结果报告分析中加入了供参考使用的简表，账表历年编算演进说明、规划架构与实际架构之间的对照说明、相关议题的发展方向以及主要编算结果摘要等内容，充分提升了编算报告的实用性，同时，对账表的内涵及背景资讯的深入研析，完整汇集了目前能得到的环境资源资讯以及相关资讯，对政策的制定具有极佳的支持作用。另外，为了发挥电子查询与应用的效果，增进国际的交流，2004 年起还根据"行政院"研究发展考核委员会《政府出版品电子档作业规定》，建立了绿色国民所得编制结果电子版和英文网站。

此外，为了充实有关环境污染对环境品质影响的实物量资讯转化为价值量资讯的评估法则，以提升环境质损的编算品质，即为提升编制结果的应用性，主计处还于 2004 年 3 月积极委请台湾地区经济研究院等部门进行《绿色国民所得账价值矩阵及指标系统建置之研究》工作，并实际参与各项资料的搜集、评估讨论及成果审查过程，全案已于 2006 年 2 月完成。

2 架构及内涵

台湾地区绿色国民所得账主要是根据联合国 SEEA 的编制架构并结合台湾地区实际情况编算获得，以下首先介绍完整、理想的绿色国民所得账编算架构，然后介绍结合台湾地区实际情况到目前所采取的编算架构。

2.1 绿色国民所得账理想架构

绿色国民所得账主要分为内部卫星账、实物流量账与外部卫星账三大部分（参阅图 1），分述如下：

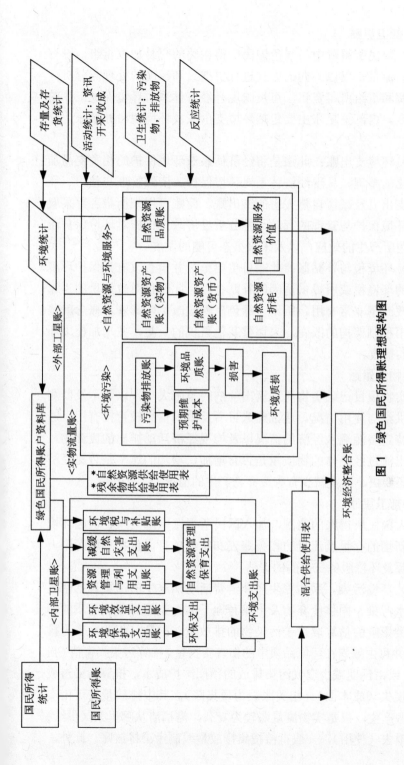

图 1 绿色国民所得理想架构图

2.1.1 内部卫星账

为将国民所得账中与绿色国民所得相关的交易加以重组，没有加入新的流量，仅以不同的方式进行更细致和深度的处理与分析，透过拆解和重组所得资讯，可反映现行经济体系对环境保护工作的投入程度。内部卫星账主要包括环境支出账及环境税与补贴账，分述如下：

（1）环境支出账：此账是将经济体系对环境保护的相关交易加以系统化的整理，呈现经济体系对环境保护、资源管理与使用、环境效益支出以及减缓自然灾害的支出账。此账可用来衡量各界采取了多少环境保护与管理的行动，并分析经济政策措施对环境保护活动与议题所产生的效应，以及未来事态可能的发展。

（2）环境税与补贴账：此账目主要记录并检查政府为保护环境所课征的环境税或所提供诱因的补贴金额。此账目对政策里的"绿色"财政改革非常有用。所谓"绿色"财政改革，其基本概念就是强调利用税制架构的改变，来调整其他租税的负担，并增加使用环境功能的征收。

2.1.2 实物流量账

以实物项目记录实物流进流出经济的范围大小，以显示及监测环境的供给与使用情况。通过此账目所反映的信息较直接有用，透过衡量特定资源流入经济的情况以及检视经济活动排出的废弃物，即可看出流过经济体的物质量是否有增加，增加的速率是否比经济增长率还要快，以及减少有害废弃物产生的情况。

2.1.3 外部卫星账

扩大国民所得账的范围，加入国民所得账中未列入、但因环境资讯而新增的存量及流量的相关账表和统计项目，包括环境污染、自然资源及环境服务三方面的评估。

（1）环境污染。系估算生产和消费活动所产生的污染包括空气污染、水污染、固体废弃物及土壤与地下水污染等对环境品质的影响，此类影响的估算取决于污染物的排放量与扩散（相关账表为排放账），并可由暴露在环境品质中的伤害实物量，推算污染损害值（损害面），或由预期减少空气污染排放的预期维护成本，推算污染造成的经济损失（成本面）（相关账表为质损账）。其中排放量账可由实物流量账产生，只是实物流量账较为复杂，需搞清从哪里来（供给）和到哪里去（使用），一般直接搜集排放量编制污染排放账。此外，还编列品质账，以了解各污染物相对环境品质状况。

（2）自然资源。系强调明确记录自然资源，包括矿产、土石资源、土壤资源、水资源、森林资源、海洋资源及土地与生态系等，其在人为活动（生产和最终消费）过程中的使用，以显现经济发展与自然资源利用的关系，并估算此类资源使用超过自然生长及补注的折耗值。此账表可用来评估目前资源利用的永续程度，对目前资产存量是否持续耗竭、环境品质是否耗损，经济行为的自然过程或改变是否将造成后代子孙资源匮乏等方面的评估非常重要。

（3）环境服务评估。环境除前述两项所探讨的，提供自然资源给经济体及吸收生产与消费过程所排放的污染物外，尚提供了生存功能（提供栖息地给所有的生物）及舒适功能（如提供休闲功能或提升生活品质），因此在估算环境质损及自然资源折耗的同时，对环境服务的评估与了解是非常必要的。

2.2 现阶段台湾绿色国民所得账编算

对应目前实际状况，研究理想编算架构作为现行研编的依据，确定了现阶段台湾绿色国民实际编算账表，见图2。

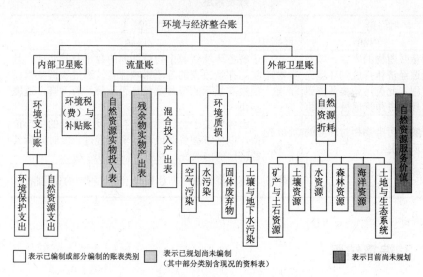

图2 台湾地区绿色国民所得账现行编算图

2.2.1 内部卫星账

拟编制环境支出及环境税与补贴账，其中环境支出账包括环保支出及自然资源支出两个范畴。

2.2.2 实物流量账

如理论架构，包括自然资源投入产出表及残余物投入产出表，细部账表内涵及估算方法已于 2006 年 2 月规划完成，并尝试编制了空气污染类的投入产出表。

2.2.3 外部卫星账

（1）环境污染。以台湾的环境状态，规划空气污染、水污染、固体废弃物及土壤与地下水污染。

（2）自然资源。探讨重要资源的情况，包括矿产与土石资源、土壤资源、水资源、森林资源、海洋资源及土地与生态系统六大项目。

（3）环境服务评估。即自然资源服务，有关自然资源服务相关账表因台湾资料搜集不易，列为未来发展方向。

上述各类根据资料性质再分别编列排放账、品质账及质损账或实物资产账及折耗账的细账目，不仅记录了资源的使用量、产业污染的排放量及环境品质状况，并进而估算资源的折耗量及环境污染质损值，项目及内涵请参阅表1。

表 1　账表内涵

环境污染		自然资源	
账别	内涵	账别	内涵
排放账	衡量残留物的产生，以及通过经济体排放到环境的过程，此类污染来源资讯对环境资源管理很有帮助	实物资产账	了解各环境资源于会计期间的存量及其变动，且包括存量改变的各项影响因素，通过该调整得以观察其显示的资源藏量是否下降，若下降，速度多快
品质账	了解各污染物相对环境的品质状况	货币资产账	了解各资源于会计期间的存量及其变动的货币价值，以便掌握资源或环境资产经过一段时间后其经济价值的改变，及提供服务的能力
质损账	了解生产和消费活动产生的污染对环境品质的冲击	折耗账	了解资源在生产和最终消费过程中的使用情况

3　编算结果

主计处研编绿色国民所得账主要依循的理论架构及账表模式有两种，一为联合国《环境经济综合账整合系统》（简称 SEEA）1993 版及 2003 版。二为 2003 年底研订完成的《台湾地区绿色国民所得账完整账表架构及其资料搜集机制》。因为编算所需资料及计算程序极为复杂，且有些资料的产生尚处于初期研究阶段，因此，在研编过程中，除根据资料的收集时间，逐期汇集研整每年所需账表外，还配合各相关机关研究更妥善的发展技术，更新以往年度相关资料的内涵，以致某些账表项目的同期资料会因不同编算版本而异，因此在引用历年资料时，需注意应采用最新且同一年的版本内容。以下内容为 2004—2006 年编算结果摘要，架构依序为内部卫星账、实物流量账与外部卫星账。

3.1 2004 年台湾地区绿色国民所得账

3.1.1 内部卫星账

3.1.1.1 环境支出账：环境保护支出

环境保护支出为各部门用于环境保护等方面的支出，现行国民经济会计制度均已纳入，只有政府部门与企业部门的账务处理并未针对环保目的加以分类统计，因此相关资料以环保署的环境保护支出调查为主。

2002 年环境保护支出总额为 1 140 亿元，其中政府部门为 521 亿元，比 2001 年的 616 亿元低，制造业及水电燃气业为 619 亿元[1]，比 2001 年的 592 亿元高。

政府部门对各项污染的防治支出中以固体废弃物处理支出最高，其次为水质污染防治。产业部门则以空气污染防治及水污染防治分别居前两名，其次才为固体废弃物处理支出。

3.1.1.2 环境税费与补贴账：环境税

环境税是指对已证实对环境有害的实体单位所课征的税，台湾环境税账表规划包括能源税、污染税、资源税及运输税。

2002 年环境与资源总税收为 2 682 亿元，其中能源税为 1 088 亿元，较 2001 年的 1 107 亿元低。污染税则由 2000 年递增至 2002 年的 231 亿元。资源税为 194 亿元，较 2001 年的 86 亿元高。运输税由 2000 年递减至 2002 年的 1 361 亿元。

3.1.2 实物流量账（未编制）

3.1.3 外部卫星账

3.1.3.1 环境污染

（1）空气污染。空气品质取决于排放与扩散，并由暴露在环境

---

[1] 本文全额皆以新台币表示。

品质中的伤害，推算空气污染损害的价值，或由预期减少空气污染排放的预期维护成本，推算空气污染的经济损失。由于资料及相关研究成本仍不足，目前损害价值尚未估算。

在排放账方面，空气污染总排放量呈现递减趋势。其中点源依行业区分以制造业的排放量最高，依空品区分以高屏空品区排放量最高；线源依车种分以汽油小客车排放量最高，依空品区分以北部空品区排放量最高；面源依污染源分以逸散性粒状物排放源排放最高，依空品区分以北部空品区排放量最高。

空气品质方面，具有年平均浓度标准的污染物为总悬浮微粒、悬浮微粒、二氧化硫，以及二氧化氮，2000—2002 年皆符合空气品质标准。

至于空气品质环境质损，2000—2002 年则分别估计为 230 亿元、190 亿元及 213 亿元。

（2）水污染。水污染是指水体因物质、生物或能量的介入而导致品质变化，进而影响其正常用途或危害国民健康及生活环境。台湾完整的水污染账表有河川、水库湖泊与海域 3 个子账表系统，各子系统下又包含排放账、品质账与质损账。

> 排放账方面：水质污染排放量各年均呈下降。污染物排放量较多的行业：在生化需氧量（BOD）、化学需氧量（COD）方面为畜牧业、工业区下水道、印染整理业及造纸业。在悬浮固体（SS）方面为矿场、畜牧业、其他中央主管机关指定的行业和工业区下水道。

> 品质账方面：河川水质系以各测试项目（如水温、pH 值、导电度等）的达标率表示。其中重金属锰的达标率在各流域都相当低。若以流域考察，淡水河流域及高屏溪流域的河川水质较差；水库水质则以卡尔森优养指数评估，2002年优养水库有 7 座，较 2000 年及 2001 年的 9 座及 10 座有所改善；海域水质方面，2002 年沿海海域水质尚佳。

至于质损账，水质污染环境质损由 2000 年的 574 亿元降为 2002 年的 453 亿元，有趋缓和之势。但农业部门较 2001 年及 2002 年提高，值得注意。

（3）土壤与地下水污染。土壤与地下水污染因资料欠缺，先试编地下水品质账，2002 年地下水污染品质指标监测结果不合格率最高的为锰、次者铁、依序为氨氮、总溶解固铁及总硬度。

（4）固体废弃物。固体废弃物记录了一般、农业、工业、营造及医疗等固体废弃物。在排放账方面，未妥善处理量除工业废弃物外，其余各类均呈递减现象。但 2002 年，工业废弃物已较 2000 年和 2001 年降低。至于废弃物环境质损，2002 年为 153 亿元，其中一般废弃物占 3.41%、事业废弃物占 96.59%，且以工业废弃物占 75.66%最高。

3.1.3.2 自然资源

（1）矿产与土石资源。矿产与土石资源探讨项目包括非金属矿产、能源矿产、土石资源，其中非金属矿中大理石、石灰石、蛇纹石及白云石存量，各约 116 亿 t、1 亿 t 和 21 亿 t。能源矿中天然气为 97 亿 m^3，凝结油 471 000 kg；土石资源方面，陆上、河川及水域土石无统计，而滨海及海域土石则因没开采，其存量为 23.3 亿 m^3。

另在矿产与土石资源折耗方面，2002 年约 55 亿元，较 2001 年的 51 亿元、2000 年的 31 亿元为高；其中各资源折耗以天然气最高，其次为土石折耗。

（2）土壤资源。土壤资源因相关资料欠缺，先行试编品质账，编算项目包括化学性及物理性指标，由于年度间资料因调查设计为每隔 5 年才返回原监测点并按照原定采样方式采样、分析，所以 2002 年尚无法比较。

（3）水资源。水资源现编有水库坝堰、地下水等实物资产账、地下水折耗账及折耗按部门别分等账表。其中水库坝堰 2002 年年初存水量 18.27 亿 t，入流量 163.18 亿 t，河道放流 14.03 亿 t，泄洪 19.25 亿 t，年底存水量 12.67 亿 t。在补注量及抽用量方面，2002 年均以浊水溪冲积扇、嘉南平原及屏东平原最多，且抽用量超过补注量。地下水折耗值则由 2000 年的 139 亿元，降至 2002 年的 102 亿元。

（4）森林资源。森林资源因权属机关多，且以往并未按照资产账表式[含期初（末）及其变化量]予以统计，目前尚无法完整呈现资产账。而森林健康度的品质账、森林服务价值及生物多样性与生态系等账表，其内容、资料及评估方法均待搜集与努力。

2002 年森林副产物生产及产值均以树实类 2 703.3 万 kg，28 387 万元最高；其次为竹笋类 1 388.6 万 kg，28 073 万元。而人工林年龄结构方面则以年龄层 21～40 岁所占比率 62.34%最高。在森林生态系统方面，维管束植物以种子植物 3 359 种最多。而野生动物种数中，以哺乳类 248 种最多，珍贵稀有者以鸟类 874 种最多。

（5）海洋资源（未编制）。

（6）土地与生态系统（未编制）。

3.2 2005 年台湾地区绿色国民所得账

3.2.1 内部卫星账

3.2.1.1 环境保护支出

（1）环境保护支出。环境保护支出是指为减少因经济活动对环境产生之负面影响，而从事以环境保护为主要活动的相关支出，主要分为空气污染、水污染、固体废弃物、噪声及振动、土壤及地下水污染及其他 6 项防治支出项目。相关资料以引用环保署的环境保护支出调查结果为主。

2003 年环境保护支出总额为 1 393 亿元，其中政府部门为 633 亿元，制造业及水电燃气业为 759 亿元，均较 2002 年及 2001 年为高。

政府部门的环境保护支出中以固体废弃物处理支出最多，其次为水污染防治，噪声与振动防治支出虽最少，但增长幅度却最高。产业部门则以水污染防治最高，其次为固体废弃物处理支出。

（2）自然资源支出。自然资源支出系指自然资源的研究、监测、控制与监督、资料搜集与统计、自然资源管理当局所投入的行政工作以及对自然资产的抽取、收获与开采、探勘与开发等活动的相关支出。经汇集估算，2003 年各项自然资源管理支出净额中，以水利署及其所属部门投入最多，矿务局投入最少。

3.2.1.2 环境税费与补贴账

台湾地区税目种类繁多，且随时代演进，其征收用途会有所不同，目前为改善环境以免资源浪费或环境品质恶化而课征的税（费）多隐含于其他各税收中。为能完整呈现对环境产生影响的税赋，从广义的角度将环境税定义为：不论课税的目的为何，凡对环境能产生直接或间接影响的税赋都称为环境税，并分为能源税（费）、污染费、资源税（费）及运输税（费）四大类。

2003 年环境与资源总税收为 2 783 亿元，主要来源以运输税（费）最多、能源税（费）次之、资源税最少。各项税（费）中能源税为 1 067 亿元，较 2001 年和 2002 年减少；污染费则由 2001 年递增至 2003 年为 185 亿元；资源税为 1.32 亿元较 2002 年的 0.95 亿元高，但较 2002 年的 2.04 亿元低；运输税 2003 年较 2001 年及 2002 年为高，达 1 474 亿元。

3.2.2 实物流量账（未编制）

3.2.3 外部卫星账

3.2.3.1 环境污染

（1）空气污染。空气污染系指空气中含有一种或多种污染物，其暴露在环境品质中会对人类、植物及动物造成生命和财务损害、或干扰舒适的生活环境。近年来在政府征收空气污染防治费、鼓励采用清洁燃料并推动固定污染源总量管制、营建工程稽查与机动车排气检查等措施下，空气污染状况已有改善。为充分了解空气污染现况及其对环境所产生的影响，主要账表编制有排放账、品质账及质损账 3 类账表。

> 排放账方面：排放总量由 2001 年的 303 万 t 递减为 2003 年的 289 万 t，各空品区的污染排放量以北部空品区最多，其次为高屏空品区、中部空品区及云嘉南空品区。若以点源、面源及线源观之，点源以高屏空品区占最大比率，线源及面源则均以北部空品区占最大比率。

> 空气品质方面：总悬浮微粒、悬浮微粒、SO_2，以及二氧化氮，2000—2002 年皆符合空气品质标准。且由全台 PSI > 100（对健康有不良影响）之日数观之，2003 年为 2.6% 较 2001 年及 2002 年的 3.4% 及 3.2% 有所降低，显示空气污染状况逐年改善。但若从各污染物的排放情形观察，臭氧浓度呈升高现象，对人民呼吸器官及大环境气候变迁等产生相对影响，且其为二次污染物，造成前趋物氮氧化合物及非甲烷碳氢化合物的应削减排放量增加，其中非甲烷碳氢化合物属于单位减量成本较高的污染物，导致 2003 年空气品质质损值为 239 亿元，相较于 2002 年的 229 亿元为高。

（2）水污染。水污染是指水体因物质、生物或能量的介入导致品质变化，进而影响其正常用途或危害国民健康及生活环境。为了解社会与经济发展所对应的生活形态变化下，产生了多少废（污）水，经自净作用（涵容能力）后的水质状况，及其对环境造成的压力与影响，构建了完整的水污染账表，包含有河川、水库湖泊与海域 3 个子账表系统，各子系统下又包含排放账、品质账与质损账。

> 排放账方面：2003 年污水申报排放量，除 SS 呈逐年递减趋势外，BOD 及 COD 均有增加现象，与 2002 年比较 BOD 增加

了 16 403 t，增幅约七成，化学需氧量 COD 增加了 18 179 t，增幅约三成。且大多来自畜牧业、印染整理业及造纸业，并以桃园县及台南县排放最多。

➢ 品质账方面：台湾沿海海域水质尚佳，2003 年沿海海域水质合格率皆达 97%以上，甚至有多项达 100%。河川水质方面，以有设评量目标值的保护生活环境范畴的溶氧量、生化需氧量、悬浮固体及氨氮等项目来看，除大安溪、大甲溪及将军溪达到目标值外，各流域或多或少皆有未达标的项目。另在未设评量目标值的污染项目方面，除氢离子浓度指数的达标率较高外，大肠杆菌群与总磷等项都相当低。若以保护人体健康如镉、铅、六价铬、铜、锌、砷、硒、锰、银等污染项来看，以锰的达标率最低，几乎都低于 50%，与目标值 96%相距甚大，就河川水质而言，尚待改善。

在民生用水主要来源水库方面，以卡尔森优养指数评估。2003 年 19 座主要水库，即有 10 座水库呈现优养现象，急需加强管制。

至于质损账，2003 年因工业废水削减率提升至 84%，废水排放量大幅减少，工业废水质损值也随即减少约三成；市镇污水方面，亦因削减率提高，单位防治成本降低等效果，使市镇污水质损值有所减少。但整体水污染质损值却因农业废水削减量降低，且单位防治成本增加，导致 2003 年质损值为 463.27 亿元，较 2002 年的 453.47 亿元增加 2%。

（3）土壤与地下水污染。土壤与地下水是各种污染物的最终去处，其一旦受污染，除造成土地使用经济损失外，还对当地居民健康造成极大威胁，台湾地区自 2000 年起公布实施"土壤与地下水污染整治法"，2001 年成立相关主管机关，以唤起各界重视相关问题，但因为相关资料尚未建置，因此本（2004）年仅编地下水品质账及农地重金属污染质损账。

编制结果，地下水品质账 2002 年、2003 年监测总数分别为 1 311 及 1 533，各项成分含量合格率普遍大于 90%，仅氨氮以及重金属锰、铁的合格率稍低。

在农地重金属污染方面，总污染面积为 250.39 hm²、质损值为 2.01 亿元，其中以彰化县的农地重金属污染最为严重，污染总面积达 184.71 hm²、质损值为 1.44 亿元。

（4）固体废弃物。固体废弃物包括一般、农业、工业、营造及医疗废弃物等项。由于固体废弃物是人类从事各项活动过程中无法避免的产物，随着经济活动的频繁及生活水准的提升，各类废弃物产生量逐年增加且种类日益庞杂，为维护环境与资源的永续性，近年来政府积极加强垃圾清运与致力兴建掩埋场及焚化场，以及推动资源回收四合一制度，废弃物总未妥善处理率已由 2001 年的12.45%，逐年减少至 2003 年的 3.65%。

若以各类废弃物来看，2001—2003 年间以工业废弃物未妥善处理率为最高，营造废弃物为低。且除医疗废弃物未妥善处理率维持7%左右，其余各类均呈下降趋势，并以工业废弃物下降幅度最大。

就质损值而言，由于各类废弃物未妥善处理率大幅下降，故 2003年固体废弃物质损值为 66 亿元，较 2001 年及 2002 年为低。

3.2.3.2 自然资源

（1）矿产与土石资源。矿产与土石资源和人类有着密不可分的关系，人类文明进步过程，需要矿产与土石资源制造各种器具及生活用品，甚至作为各种能量。为了解地下资源财富状况，矿产与土石资源估计项目包括非金属矿产、能源及土石 3 类资源，且分别编制实物资产账、折耗账及货币资产账。

2003 年非金属矿中的大理石、石灰石、蛇纹石及白云石存量，各约 2 996 亿 t、3 亿 t、6 亿 t、1 亿 t。能源矿中天然气为 90 亿 m^3，凝结油 430 000 kg；土石资源方面，陆上、河川及水域土石、滨海及海域土石则分别为 16.6 亿 m^3、0.7 亿 m^3 及 23.3 亿 m^3。

折耗方面，矿产与土石资源折耗约 37 亿元，较 2002 年的 49 亿元、2001 年的 48 亿元为低，其中各资源折耗以天然气最高，其次为土石折耗。

若以资源期末价值观察，则大理石最高达到 21 608 亿元，其次为土石 549 亿元，第三为天然气 320 亿元。

（2）土壤资源。土壤资源受限于资料，目前仅研编农业用地品质账，呈现化学性及物理性品质指标监测结果。因土壤样本依资料提供机关业务推动方式，是分 5 年完成采取，且每隔 5 年再返回原监测点，并依原定采样方式采样、分析，所以 2003 年首次可以和推动年 1998 年进行相互比较。

2003 年各生态区土壤酸碱值均较 1998 年为高，有朝碱性增加趋势，而在土壤有毒物质（重金属镉、铬、铜、镍、铅、锌等）方面，各生态区均以第一层有毒浓度指数最高，且以果树农业生态区为最高。此主要因长久施用有机资材堆粪所造成。

（3）水资源。水是维持所有生态体系运作所必备的物质，其与人类聚落及文化发展习惯相关，但大多数地区由于水的易取得性，水的重要性往往被忽略。台湾地区虽然降水量丰沛，但由于受到降雨时间与空间上的限制，可供利用的水资源相当有限，再加上人口持续成长，产业结构改变，因此常面临缺水情形。如何有效管理水资源就格外重要。

为探讨水资源的蕴藏情况与经济活动的实际使用情形，以及衡量水资源的价值，水资源有水库坝堰、河川流域、地下水实物资产账及地下水折耗账等账表。

2003 年底已完成的水库坝堰计有 89 座，合计其蓄水总容量为 26 亿 m^3，有效容量为 22 亿 m^3。年初水库坝堰存水量 13 亿 m^3，入流 200 亿 m^3，泄洪 26 亿 m^3，损耗 2 亿 m^3，年底存水量为 12 亿 m^3，较年初减少。若以各水库坝堰状况分析，曾文水库淤砂总量最多，平均年冲刷深度亦最高；雾社及乌山头水库在淤砂率方面为最高；至于水库运用次数方面，则以乌山头水库最高。

地下水抽用量方面有逐渐下降的趋势，2003 年为 53.80 亿 m^3 为近五年最低，相对其所造成的折耗值，亦逐降为 99 亿元。若以地下水抽用及补注情形观察，各地区均不相同，年补注量以浊水溪冲积扇、嘉南平原及屏东平原三地区最多，在平水年一年分别可达 13.80 亿 m^3、8.53 亿 m^3 及 7.78 亿 m^3，但也造成该三地区大量抽取地下水使用，且抽用量超过补注量造成折耗。

由资料显示，地层下陷与地下水超抽量有高度的相关，目前发生地下层下陷区域大多分布于西南沿海地区，其中持续下陷总面积以云林县最大，累积下陷总量以屏东最为严重；下陷速率云林县及彰化县都超过 10 cm 以上，相当值得重视。

（4）森林资源。森林资源因权属机关多，且以往并未依资产账表式[含期初（末）及其变化量]予以统计，目前尚无法完整呈现资产账。而森林健康度的品质账、森林服务价值等账表，其内容、资料及评估方法均待搜集与努力。

2003 年森林副产物生产及产值均以树实类 3 490.2 万 kg，28 600 万元最高；其次为竹笋类 1 222.3 万 kg，17 200 万元。而人工林年龄结构方面则以年龄层 21～40 岁所占比率 64.14%为最高。

（5）海洋资源（未编制）。

（6）土地与生态系统（未编制）。

3.3 2006 年台湾地区绿色国民所得账

3.3.1 内部卫星账

3.3.1.1 环境保护支出

环境保护支出相关资料仍引用环保署的环境保护支出调查的结果为主，2004 年环境保护支出总额为 1 182 亿元，其中政府部门为 577 亿元，制造业及水电燃气业为 605 亿元，较 2003 年减少 155 亿元，降幅约两成。

台湾当局的环境保护支出中以固体废弃物处理支出最多，其次为水污染防治。产业部门则以水污染防治费变动幅度最大，由 2003 年的 271 亿元大幅减少了 93 亿元，排名顺序亦由 2003 年的第一顺位降至第三顺位。

3.3.1.2 自然资源支出

自然资源支出是指自然资源的研究、监测、控制与监督、资料搜集与统计、自然资源管理当局所投入的行政工作以及对自然资产的抽取、收获与开采、探勘与开发等活动所支用的相关支出。经汇集估算 2005 年各项自然资源管理支出净额中；以水利署及其所属部门投入最多，矿务局投入最少。

3.3.1.3 环境税（费与补贴账）

2005 年环境与资源总税收为 3 814 亿元，主要来源仍以运输税（费）为最多、能源税（费）次之，资源税最少。各项税（费）中能源税及运输税均为历年最高，各达 1 548 亿元及 2 080 亿元；污染费 181 亿元，变化不大；资源税虽仅为 5 亿元，但仍较 2003 年、2004 年大幅增加。

3.3.2 实物流量账（未编制）

3.3.3 外部卫星账

3.3.3.1 环境污染

（1）空气污染。在排放账方面，排放总量由 2002 年的 296 万 t 递减为 2005 年的 284 万 t，各空品区的污染排放量以北部空品区最多，其次为高屏空品区、中部空品区及云嘉南空品区。若以点源、面源及线源观之，点源以高屏空品区所占比率最大，线源及面源则均以北部空品区所占比率最大。

2002—2005 年空气品质方面，总悬浮微粒、悬浮微粒、二氧化硫，以及二氧化氮，除 2002 年臭氧小时平均第八高值未符合空气品质标准外，其余皆符合。若由全台 PSI＞100（对健康有不良影响）的日数观之，2004 年、2005 年分别为 4.6％及 4.4％较 2002 年、2003 年的 3.2％及 2.6％有所提高，空气品质稍走下坡。但若由各污染物的排放情形观察，影响人民呼吸器官及大环境气候变迁的臭氧浓度，2002—2004 年呈升高现象，2005 年稍有下降。因臭氧为二次污染物，其前趋物氮氧化合物及非甲烷碳氢化合物的削减排放量近四年均为所有空气污染物排放量最大者，分居 1、2 位，其中非甲烷碳氢化合物又属高单位减量成本的污染物，导致 2005 年空气品质质损值为 286亿元，相比 2002 年的 229 亿元为高。

（2）水污染。计编制排放账、品质账与质损账三类账表。在排放账方面，2005 年 BOD、COD 及 SS 分别排放 41 万 t、100 万 t 及76 万 t，与 2004 年比较 BOD 及 SS 分别减少 0.5％及 9％，COD 则增加 0.1％；以污染源探讨，BOD 及 COD 排放比以市镇所占比例最大，SS 以工业为最多；2005 年三种污染物制造业的排放占各污染物总排放的 10％～20％，金属基本工业、化学材料、纸浆、纸、纸制品、纺织业是排放较多的业别；台北县、桃园县、彰化县及高雄县是排放较多的县市。

品质账方面，台湾沿海海域水质尚佳，2005 年沿海海域水质的合格率皆达 97％以上，甚至有多项达 100％。河川水质方面，以在国家环境保护计划设有目标值的保护生活环境范畴的溶氧量、生化需氧量、悬浮固体及氨氮等项观之，以北港溪、急水溪及二仁溪，未达目标值项目较多，另在未设目标值项目方面，除氢离子浓度指数的达成率较高外，大肠杆菌群与总磷等项都相当低。若以保护人体健康如镉、铅、六价铬、铜、锌、砷、硒、锰、银等项来看，以锰的达成率最低，几乎都低于 50％，与目标值 96％相距甚大，就河川水质而言，尚待改善。

在民生用水主要来源水库方面，系以卡尔森优养指数评估。2005 年 19 座主要水库，即有 6 座水库呈现优养现象，急需加强管制。

至于质损账，2005 年质损值为 385 亿元，较 2004 年的 369 亿元增加 4％，主要是猪只豢养增加，农业排放增加，及农业和市镇的单位减量成本提高所致。

（3）土壤与地下水污染。土壤与地下水是各种污染物的最终去处，由于相关资料尚未建置，因此 2006 年仅编污染控制（整治）场址数及面积、农地重金属污染质损账及地下水品质账。

编制结果，污染总面积方面，农地重金属 2003—2005 年分别为 250.39 hm²、43.98 hm² 及 58.33 hm²，其中除 2004 年以桃园县污染面积为最大外，2003 年及 2005 年均以彰化县为首；加油站、储槽 2004 年、2005 年分别为 1.72 hm²、7.04 hm²；工厂（场）2004 年及 2005 年，则分别为 24.53 hm² 及 205.81 hm²。地下水品质账 2002—2004 年监测总数在 1 300 笔到 1 600 笔间，各项成分含量合格率普遍大于 90%，仅重金属锰、铁、氨氮之合格率稍低，但其中铁项目有改善，2004 年合格率已达 80.6%。

质损值方面，2003—2005 年农地重金属污染质损值分别为 2.01 亿元、0.36 亿元及 0.61 亿元，且除 2004 年以桃园县最高外，2003 年及 2005 年均以彰化县为首。

（4）固体废弃物。近年来政府积极加强垃圾清运与致力兴建掩埋场及焚化场，并推动资源回收四合一制度，使废弃物总未妥善处理率得以逐年减少，至 2005 年为 3.58%。

若以各类废弃物未妥善处理率来看，2003—2005 年间则以工业废弃物未妥善处理率为最高，营造废弃物为低。其中营造、医疗废弃物未妥善处理率分别维持 2.6% 以下及 7% 左右，一般及农业废弃物则呈逐年下降趋势，至于工业废弃物并未有一定趋势。

就质损值而言，一般与农业废弃物的质损值为逐年下降趋势，营造废弃物正好相反，为逐年上升，而工业、医疗质损则增减变动不一，综合而言，近 3 年固体废弃物总质损值并不具固定趋势。

3.3.3.2 自然资源

（1）矿产与土石资源。2005 年非金属矿产以大理石工业原料约 72.8 亿 t、石材原料约 8.9 亿 m³，蕴藏量最丰富，其次为蛇纹石约为 0.72 亿 t 及 1.21 亿 m³。能源矿中天然气为 75 亿 m³，凝结油 34 万 kg；土石资源方面，陆上、河川及水域土石、滨海及海域土石则分别为 16.2 亿 m³、0.3 亿 m³ 及 23 亿 m³。

折耗方面，受天然气及凝结油上涨，以及土石资源开采量增加的影响，矿产与土石资源折耗由 2003 年的 37 亿元上升为 2004 年的 57 亿元，2005 年土石持续增加，但天然气及凝结油使用量降低，折耗降为 45 亿元。

若以资源期末价值观之，土石资源 62 949 亿元最高，其次为大理石达 2 311 亿元，天然气 449 亿元，石灰石约为 15 亿元居末位。

（2）土壤资源。在各生态区土壤酸碱度方面，1999 年与 2004 年比较，变化不大。土壤有毒物质（重金属镉、铬、铜、镍、铅、锌等）方面，则有部分水田农业生态区的有毒物质浓度指数有增加的变化，其中因灌溉水携入大量外来物质，致其第一层均较其它层高。

（3）水资源。2005 年底已完成的水库坝堰计有 89 座，合计其蓄水总容量为 28 亿 m^3，有效容量为 22 亿 m^3。年初水库坝堰存水量 19 亿 m^3，进水 607 亿 m^3，泄洪 345 亿 m^3，年底存水量为 18 亿 m^3，较年初有所减少。若以各水库坝堰状况分析，2004 年曾文水库淤砂总量最多，乌山头水库平均年冲刷深度及淤砂率最高；至于水库运用次数方面，则以明德水库最高。

地下水抽用量方面 2005 年在农业休耕增加及自来水普及率提高之下，较 2004 年减少了 1 500 万 m^3，相对其所造成的折耗值，亦减少为 129 亿元。若以地下水抽用及补注情形观之，各地区均不相同，年补注量以浊水溪冲积扇、嘉南平原及屏东平原三地区最多，在平水年一年分别可达 13.81 亿 m^3、8.53 亿 m^3 及 7.78 亿 m^3，但也造成该三地区大量抽取地下水使用，且抽用量超过补注量造成折耗。

由资料显示，地层下陷与地下水超抽量有高度的相关，目前发生地下层下陷区域大多分布于西南沿海地区，2005 年持续下陷总面积以云林县最大，最大累积下陷总量以屏东最为严重；最大年下陷速率云林县及彰化县都超过 10 cm 以上，相当值得重视。

（4）森林资源。历年森林副产物产量及产值均以树实类最高，产量方面，2004 年达 3 536 万 kg，2005 年降为 2 033 万 kg，唯产值维持约 3 亿元；其次为竹笋类产量约为 1 000 万 kg，产值 8 000 万元。而人工林年龄结构方面则以年龄层 21～40 岁者所占比率六成多最高。

（5）海洋资源（未编制）。

（6）土地与生态系统（未编制）。

3.4 2007 年台湾地区绿色国民所得账

3.4.1 内部卫星账

3.4.1.1 环境支出账

（1）环境保护支出（未编制）。

（2）自然资源支出（未编制）。

3.4.1.2 环境税（费）与补贴账

2006 年台湾地区环境税（费）为 3 701.1 亿元，较 2005 年减少 3.0%，其中以运输税（费）1 831.9 亿元最多，占 49.5%，能源税（费）1 688.2 亿元居次，占 45.6%，两者合计达 95%，另污染费及资源税（费）分别为 177.0 亿元及 4.0 亿元，各占 4.8% 及 0.1%。

3.4.2 实物流量账（未编制）

3.4.3 外部卫星账

3.4.3.1 环境污染

（1）空气污染。排放账方面，2006 年排放量 397 万 t，较 2005 年减少 3.3%；各污染物排放量以一氧化碳 150 万 t 最多、非甲烷碳氢化合物（NMHC）85 万 t 居次、总悬浮微粒 79 万 t 再次之，三者合计约占八成。各空品区的污染排放量以北部空品区最多，其次为高屏空品区、中部空品区及云嘉南空品区。若以点源、面源及线源观之，点源以高屏空品区占最大比率，线源及面源则均以北部空品区占最大比率。

品质账方面，依空品区比较，以北部空品区 120 万 t 最大，次为高屏空品区 87 万 t，再次为中部空品区 76 万 t 及云嘉南空品区 62 万 t，与 2005 年相比较，分别减少 4.8%、1.7%、3.4% 及 3.3%；宜兰空气品质相对较佳，近几年均约 10 万 t。

（2）水污染。排放账方面，2006 年 BOD 排放 38.1 万 t，较 2005 年减少 7.7%，COD 排放 96.0 万 t，亦减少 4.4%，SS 排放 78.3 万 t，则增加 2.4%。

品质账方面，在河川流域，2006 年 57 条主要河川流域的监测结果显示，各监测项目符合水质标准的比率（达成率）多较 2005 年有所提高。在水库水质上，国内 20 座主要水库优养程度观察，2006 年计有 8 座呈优养状态，以凤山水库最为严重，澄清湖水库次之，镜面水库第三，此 3 座水库皆位于南部地区。在海域的水质上，2006 年除了酸碱度（pH 值）合格率为 99.5%，其他检测项目均为 100% 合格。

（3）土壤与地下水污染（未编制）。

（4）固体废弃物。在各项垃圾处理措施与大型焚化厂运作之下，未妥善处理量由 2002 年的 28.8 万 t，递减至 2006 年的 1.7 万 t，各年的降幅约 50%；未妥善处理率亦由 2002 年的 3.8% 逐年降至 2006

年的 0.2%。

2006 年估算固体废弃物总质损值为 21.4 亿元，较 2005 年增加 10%，主要由于工业废弃物未妥善处理量与单位处理成本增加所致。

3.4.3.2 自然资源

（1）矿产与土石资源。矿产与土石资源资产账主要呈现非金属矿产资源、能源矿产资源及土石资源的蕴藏量及每年开采数量。在非金属矿产资源上，以大理石、石灰石、蛇纹石及白云石为主，2006 年底大理石的蕴藏量估计约为 96.7 亿 t，石灰石蕴藏量估计约为 1.3 亿 t，蛇纹石蕴藏量估计约 4.0 亿 t，白云石蕴藏量估计约 3.4 亿 t。上述 4 种非金属矿产资源的开采量，2006 年共计 2 623.6 万 t，其中以大理石 2 550.6 万 t 为最多，其次是石灰石 35.3 万 t，白云石最少，仅 6.1 万 t；与 2005 年比较，大理石及石灰石分别增加 5.9% 及 39.5%，蛇纹石及白云石则各减少 24.2% 及 64.9%。

在能源矿产上，至 2006 年底，天然气及凝结油预估存量 718.6 万 kg 油当量，全年开采量为 45.6 万 kg 油当量，较 2005 年续减 16.0%。

在土石资源上，2006 年底估计为 3 620.2 万 m^3，陆上土石与滨海及海域土石存量则分别为 16.5 亿 m^3 及 23.3 亿 m^3。土石资源 2006 年开采 3 229.9 万 m^3，较 2005 年减少 14.8%，其中陆上土石开采量为 238.3 万 m^3、河川及水域土石 2 988.3 万 m^3、滨海及海域土石 3.3 万 m^3，分别减少 61.5%、5.6% 及 37.7%。

（2）土壤资源（未编制）。

（3）水资源。2006 年底台湾地区水库坝堰计有 90 座，蓄水总容量 27.6 亿 m^3，有效容量 21.3 亿 m^3，其中以南区的曾文水库最大，其次为北区的翡翠水库。

2006 年地下水抽用量 55.1 亿 m^3，超抽量 15.8 亿 m^3，较 2005 年续减 0.7%。若就经济部水利署划分的 9 大地下水区观察，浊水溪冲积扇、嘉南平原及屏东平原 3 区历年来均有超抽情形，2006 年超抽量分别为 4.9 亿 m^3、6.3 亿 m^3 及 4.5 亿 m^3，与 2005 年相比，各减少 0.9%、0.6% 及 0.6%，超抽情形已渐有改善。折耗值计算上，2006 年地下水折耗值 128.4 亿元，略低于 2005 年的 129.0 亿元及 2004 年的 130.1 亿元。

（4）森林资源（未编制）。

（5）海洋资源（未编制）。

（6）土地与生态系统（未编制）。

最后，考量各项环境值损与自然资源折耗值，再从传统国民所得账加以调整，可获得经环境调整的绿色国民所得——经济与环境综合账。表 2 显示，自然资源的折耗值逐年递减，显示减少对自然资源的利用；环境品质值损值方面，2006 年较 2005 年为高，显示污染的程度提高，然而，经扣除折耗与值损后绿色 GDP 的成长率（3.81%）仍较未扣除的 GDP 成率为高（3.8%），可知经济成长的速度仍高于折耗及环境值损的速度，经济成长与环境保护的冲突在此并不显著。

表 2　经环境调整的绿色国民所得——环境与经济综合账　单位：百万元新台币

项目	2004 年	2005 年	2006 年 数值	2006 年 年增率/%
一、国内生产毛额（GDP）①	1 065 548	11 454 727	11 889 823	3.80
二、自然资源折耗	18 434	17 101	16 637	−2.71
（一）水资源（地下水）	13 015	12 898	12 840	−0.45
（二）矿产与土石资源	5 419	4 203	3 797	−9.66
1. 非金属矿产资源	141	146	147	0.68
2. 能源资源	4 723	3 457	3 082	−10.85
3. 土石资源	555	600	568	−5.33
三、环境品质质损	67 573	67 291	69 729	3.62
（一）空气污染	26 597	26 318	28 068	6.65
（二）水污染	39 147	39 031	39 525	1.27
（三）固体废弃物	1 829	1 942	2 136	9.99
四、折耗及质损合计②	86 007	84 392	86 366	2.34
占 GDP 比率/%	0.78	0.74	0.73	—
五、绿色 GDP（①−②）	10 979 541	11 370 335	11 803 457	3.81

4　结语

从台湾地区绿色国民所得账编制的历程、架构与近年的评估结果来看，表现出如下 4 个特点：

271

（1）基础研究工作扎实，数据收集机制相对完备。台湾地区从 1998 年即开始筹划构建绿色国民所得账，其间历经 5 年，到 2003 年共完成四版绿色国民所得账的试编，试编年度也先后经历了 1996—1998 年、1996—1999 年、1996—2000 年、1999—2001 年 4 个时间跨度，其间不断融合联合国《综合环境与经济核算体系（SEEA）》的最新成果，并广泛搜集国内外相关论文和研究报告，对核算架构、指标体系和核算方法进行了多次修订和改进，形成了比较成熟的绿色国民账户架构，并完成了 2004—2007 年（实际为 2003—2006 年）台湾地区绿色国民所得账的编制，得到了 4 年的绿色 GDP 核算结果。

台湾地区绿色国民所得账的编制工作由台湾当局主计处主管，从编制工作伊始，主管部门就认识到绿色国民账户的建立需要大量基础数据的支持，规定由台湾当局经济建设委员会协调各相关部门建立绿色国民所得账基础资料，后期随着试编工作的开展，还专门建立了由资料提供机构参加的资料搜集机制，为所得账户的编制奠定了良好的数据基础。

总体来看，台湾地区绿色国民账户的构建经历了 5 年多的时间以及 4 期试编工作，基础研究相对扎实，数据收集机制相对完备。

（2）注重与国际经验理论接轨，结合实际情况构建账户架构。台湾地区绿色国民所得账的编制充分重视联合国制定的环境经济核算体系框架，即注重与国际理论框架的接轨，多次邀请 SEEA 的执笔人以及参编人员给予亲自指导并开展学术交流，保证了所建账户的完整性。台湾地区绿色国民所得账架构包括了完整的内部卫星账、实物流量账与外部卫星账。

同时，台湾地区绿色国民所得账的编制也充分考虑了台湾地区的数据资料基础以及资源与环境禀赋，并通过与该领域的知名专家学者以及资料提供部门召开编算方法以及改进方向研讨会，不断改进绿色国民所得账户的内涵。现阶段台湾地区绿色国民账户的内部卫星账包括环境支出及环境税与补贴账，其中环境支出账包括环保支出及自然资源支出两项内容；实物流量账包括自然资源投入产出表及残余物投入产出表，该部分账户的编制还在规划中，目前尝试编制了空气污染类的投入产出表；外部卫星账包括环境质损账、自然资源折耗账以及自然资源品质账，其中，环境质损账由排放账、品质账以及质损账组成，自然资源折耗账由实物资产账、货币资产账以及折耗账组成，自然资源品质账尚未建立。在 3 个账户中，台湾的外部卫星账相对完整，两个内部卫星账也较全面地反映了台湾地区的环保支出以及环境税收和补贴状况。

（3）台湾地区近年的能源折耗大幅降低，环境质损量相对稳定。从台湾地区 2004—2007 年的核算结果来看，在同期 GDP 增长 14.2% 的同时，能源折耗量显著下降，从 2004 年的 37.66 亿元新台币降低到 2007 年的 31.86 亿元新台币，4 年降低 15.4%。由于能源折耗量大幅下降，因此，近 4 年台湾地区的自然资源折耗量占 GDP 的比例从 2004 年的 0.16%下降到 2007 年的 0.15%；同时，4 年中的环境质损量基本保持在 726.8 亿～748.5 亿元新台币之间，约占 GDP 的 0.66%～0.59%，环境质损量相对保持稳定。自然资源折耗量和环境质损量两项合计基本保持在 902.3 亿元～943.1 亿元新台币之间，约占 GDP 的 0.81%～0.75%，说明台湾地区基本进入了资源环境耗减成本稳定期。

另外，台湾地区记录有较详细的环境支出账，2002—2006 年环境保护支出基本呈现下降趋势，由 2002 年的 1 140 亿元新台币降低到 2006 年的 1 072.3 亿元新台币，下降 6%。环境税费与补贴账方面，环境与资源总税收由 2002 年的 2 682 亿元逐年提高到 2006 年的 3 701.1 亿元新台币，4 年提高 38%，其中运输税（费）最高、能源税（费）次之、资源税最少。在自然资源管理支出方面，以水利署及其所属部门投入最多；环境保护支出方面，政府部门的环保支出约占总支出的 50%，说明政府部门在台湾地区的环境保护方面投入较高。

（4）绿色核算工作制度较完善，核算工作具有法律行政保障：台湾地区的绿色国民所得账编制工作虽然由当局环保部门发起，但在筹划阶段就形成了良好的工作机制，达成了分短、中、长期三阶段实施的一致意见，制定了长期由当局主计处负责账户的编制及正式对外发布，中期由当局经济建设委员会协调各相关部门建立绿色国民所得账基础资料，近期由环保署试编台湾永续经济福利指标的工作计划。同时，还于筹划阶段修订了相关的法律制度，在预算法第二十九条条文中明文规定行政院应试行编制绿色国民所得账。同时，永续发展委员会还决议通过，由主计处与行政院经济建设委员会共同召集成立"绿色国民所得账工作分组"。

由此可见，完善的工作机制、及时的法律制度保障是台湾地区绿色国民所得账编制工作的顺利开展的重要保障。

　　与我国大陆地区目前持续开展的环境经济核算工作相比较而言，台湾地区所开展的绿色国民账户编制工作其核算架构更全面——包括了自然资源损耗和环境质量退化两部分、工作研究基础更扎实——经过了 5 年 4 次试编、工作机制更完善——主计处成立统一工作平台以及相应的数据收集机制、核算方法与国际接轨——利用支付意愿法评价健康危害。即使从国际范围来看，台湾地区的绿色国民账户编制工作也处于领先地位，经过 10 年的试编与研究，台湾地区已经形成了一套相对成熟的绿色国民账户编制和计算方法，积累了丰富的理论与实践经验。

5 展望

　　台湾地区的主管以及研究部门充分认识到了绿色国民账户工作的复杂性，他们认为，绿色国民所得账的编算涉及不同专业领域的资料搜集，若要完整呈现台湾绿色国民所得并确实反映实情，何种资料项目应予导入编算绿色国民所得以及应以何种账表呈现，是亟须检讨与确认的问题。

　　未来主计处除将随时汲取联合国 SEEA2003 修订版与各国最新理论与编算发展、继续按年编制绿色国民所得账外；还将继续整合各部门及学术界的专业知识，尽早规划完成一套最适合台湾使用的各类实物账表及货币账表的标准架构以及评量系统，以便于今后绿色账户的推广执行。

　　另在资料建构方面，将请各资料提供部门根据主计处的规划，分年推动数据完善进程，将所分管资料搜集机制纳入工作计划中，并逐期研究提出编算账表所需资料、协助汇整评鉴资料的质量准确度等，以建构台湾地区绿色国民所得账的永续编算模式，完整展示台湾环境体系受经济体系的影响状况，以供各部门作为厘定台湾永续发展衡量指标及环境政策分析的基础。

绿色 GDP 核算的国际实践与启示①

李 伟 劳川奇

（西南财经大学 成都 610074）

摘 要： 由于编制体系的缺陷，传统的 GDP 指标不能够如实、全面地反映人类社会经济活动对自然资源和环境品质的负面影响。为了弥补传统 GDP 的缺陷，绿色 GDP 概念便应运而生。本文首先介绍了绿色 GDP 核算的 SEEA 体系和主要方法，然后介绍了日本、韩国、瑞典、菲律宾等先进国家在绿色 GDP 核算方面所取得的主要进展，并对我国的绿色 GDP 核算工作提出若干可行性建议。

关键词： 绿色 GDP SEEA 国际实践 启示

国内生产总值（GDP）作为国民经济核算体系（SNA）中最重要的总量指标，往往被当做衡量一个国家或地区社会经济发展总体水平的主要标志。然而由于编制体系的缺陷，传统的 GDP 指标不能如实、全面地反映人类社会经济活动对自然资源的消耗和环境品质的降级，这样往往会导致经济发展陷入高耗能、高污染和高浪费的粗放型发展误区，从而对人类社会的可持续发展产生负面影响。为了弥补传统 GDP 在资源和环境核算方面存在的诸多缺陷，一些政府组织和国家逐步开展了绿色 GDP 账户体系的编制和试算工作，并取得了一定的进展。本文通过介绍联合国 SEEA 体系的核算方法和总结先进国家试算的经验教训，对我国的绿色 GDP 核算工作提出了一些有益的建议。

1 绿色 GDP 核算的 SEEA 体系简介

与传统 GDP 指标相比，绿色 GDP 核算的主要特点在于其将自

---

① 摘自《生态经济》，2006 年第 9 期。

然资源的消耗和环境品质的降级所带来的负面效应纳入了核算范围，这样就能更全面地反映人类社会经济和福利发展的真实水平，从而为各国政府制定和调整各项政策提供科学依据。目前，联合国的 SEEA 体系（System of Environmental and Economic Accounting）已成为大多数国家绿色 GDP 核算实践所采用的主要方法。我国正在进行的绿色 GDP 核算也正是在 SEEA 体系的框架下进行的。

SEEA 对绿色 GDP 的核算是在传统 SNA 体系基础之上进行的。其核算的最终货币化结果便是绿色 GDP 和绿色国内生产净值（EDP）。二者计算的具体公式是：

绿色 GDP＝传统 GDP－自然资源的消耗－环境品质的降级

绿色国内生产净值（EDP）＝绿色 GDP－固定资产折旧＝国内生长净值（NDP）－自然资源的消耗－环境品质的降级

自然资源的消耗主要考虑自然资源的存量及其变化对国民收入的影响。具体而言包括矿藏和能源资源、土壤资源、水资源、生物资源、土地资源、森林资源等。在核算方法上，SEEA 主要推荐使用 3 种方法：① 净租法（Netrent approach）：主要用于不可再生资源的核算，其等于资源的市场价格与边际成本之差。② 净价值法（Net present value approach）：两年间资源价值的净现值之差。③ 使用者成本法（User cost approach）：现在消耗的资源对未来使用者造成的成本。从世界各国的实践来看，对于不可再生资源的核算通常使用净租法，而对于可再生资源的核算则使用前两种方法的居多。但在具体的核算与定价实践中依然存在较多的争议与困难。

环境品质的降级是指人类的社会经济活动对环境品质所带来的负面影响。其核算主要包括两种方法：

（1）维护成本法。也就是在目前最佳的可行技术条件下，对于一项没有采取防治措施的污染所造成的环境品质降低，实际应投入的污染防治成本。计算公式是：

污染对环境品质的降级＝污染排放量×单位防治成本

（2）损害法。就是将因环境品质下降而给人们带来的负面效应和损害（包括主观和客观）予以货币化。就两种方法的核算结果而言，一般认为损害法核算出的消耗要大于维护成本法的结果。但由于简单易行，目前，维护成本法已成为绝大多数国家核算的选择。

2 先进国家绿色 GDP 核算的实践

目前按照 SEEA 模式开展绿色 GDP 核算的国家和地区已达到二十多个，但由于 SEEA 只给出了绿色 GDP 核算的整体框架，而对账户的结构、资料的来源、核算的范围和方法等并没有给出统一而完整的规定。在这种背景下，各国根据本国的实际国情，有针对性地开展了一些理论研究和实际核算工作，其中一些先进国家的实践不乏可借鉴之处。

2.1 日本

日本由于国土面积狭小而人口密度较大，自然资源贫乏且各类灾害频繁发生，故无论政府和民众对可持续发展都较为重视，在绿色 GDP 核算方面走在了世界各国的前列。日本的绿色 GDP 账户主要包括以下几方面内容：① 环保支出账户，目前日本环保支出占 GDP 的比重已经超过了 1%，但这部分支出并没有列入绿色 GDP 价值核算的最终结果；② 矿产、土地及森林的使用等自然资源消耗账户；③ 环境质量质损，覆盖的范围包括了较易核算的 CO_2、SO、NO_2 和污水等，重点关注温室效应；④ SEEA 指标体系及调整后的 EDP。在 1999 年日本公布了第一次的绿色 GDP 试算结果，其后在 2000 年又公布了改进后的第二次结果。根据核算，1985 年、1990 年和 1995 年日本的 EDP 占 NDP 的比率分别达到了 98.34%、98.86% 和 98.85%，这几个比率在已试算公布绿色 GDP 的国家中是较高的，从中也可以看出日本政府和国民对环境保护和资源合理利用的高度重视。

但是日本政府也承认上述试编结果是粗略的和不准确的，因此近年来一直致力于改进绿色 GDP 核算体系。改进的主要方向一是完善环境统计体系，为核算提供更为扎实的统计数据基础；二是日本也在积极尝试根据 NAMEA 账户编制混合核算账户，同时也开发了诸如环境效率改进指数（EEII）等方式来监督与促进生产企业和相关行业改进其技术与设备，提高资源的最终使用效率。

2.2 韩国

韩国也是较早根据 SEEA 体系开展绿色 GDP 核算的国家，其绿色 GDP 账户主要由下列四个子账户构成：① 环保支出与环境账户；② 可再生资源的资本账；③ 非生产性资源的资本账；④ 环境恶化损失账户。在核算方法上，对于环境降级带来的损失核算采用维护成本法，主要涵盖空气污染、水污染和废弃物污染等。对于自然资源消耗、可再生性资源部分主要是根据全面调查的结果，生产性资源部分则包括森林、渔业、矿藏和土地等，按照市场价格乘以数量进行估算（廖肇宁，2001）。表 1 给出了韩国公布的绿色 GDP 试算结果，从中可以看出韩国 EDP 占 NDP 总量还是比较高的，而且该比重还在逐年上升。

2.3 瑞典

瑞典的绿色 GDP 核算从 1996 年以后便成为政府的例行工作，近年来联合国统计署更是将瑞典作为样本国向世界各国推荐。瑞典的绿色 GDP 账户编制中有两个特别引人关注之处：① 在瑞典的 SEEA 核算体系中，对于传统 GDP 中包括的环保性支出在绿色 GDP 核算时予以扣除，这也就意味着其将防御性环保支出列为中间使用而非最终使用；② 在核算环境品质降级方面瑞典采用的是损害法，如核算酸雨造成的损害时，要评估其对森林、农作物的损害和对于人类生命健康甚至房地产价值的负面影响（Hecht，2000）。以房地产为例，对于由环境腐蚀所造成对建筑物的损失由剂量—效应函数和再投资成本决定，由房地产贬值带来的损失则由政府税收的价值量进行估算。根据该国官方公布的材料，1997 年瑞典 EDP 的总量为 2 005.68 亿美元，占未调整前 NDP 总量 2 024.70 亿美元的 99.06%。但是从瑞典核算的指标体系和核算范围来看，距 SEEA 的要求还相差甚远，这也影响了核算结果的完整性和可信度。

表 1 韩国试算的 EDP 占 NDP 比重（%）

1985 年	1986 年	1987 年	1988 年	1989 年	1990 年	1991 年	1992 年
95.9	96.6	96.9	97.1	97.3	97.1	97.3	97.4

资料来源：联合国 SEEA（2003）。

2.4 菲律宾

菲律宾目前共有两套不同的绿色 GDP 核算体系：ENRAP 和 SEEA 体系。菲律宾也是目前世界上唯一采用 ENRAP 体系来核算绿色 GDP 的国家。迄今这两套账户体系在菲律宾仍然平行存在。采用两套核算账户可以相互取长补短，同时在账户之间形成竞争以促进双方更好地改进。但是由于两套体系在核算范围、方法和绿色 GDP 估算数值上均存在着较大的差异，因此也导致了一定的混乱。目前菲律宾国内对这两套体系究竟该何去何从依然存在着一定的争议。

菲律宾的 SEEA 账户目前已编制完成的包括森林、矿藏、渔业和土壤账户等，同时也要核算为减少水和空气污染排放所需花费的成本。在核算方法上，对于自然资源消耗主要采用净租法，而在环境降级损失方面，则采用的是维护成本法。值得关注的是，菲律宾的 SEEA 体系只考虑了具有市场交易价格的资源的损失，而对于那部分没有市场价格的资源和环境损耗则未计算在内，这也限制了绿色 GDP 账户的应用。菲律宾国家统计局曾经根据 SEEA 账户核算过 EDP 的数值，但由于认为该结果过于粗略所以没有作为官方统计数字正式发表。

3 对我国绿色 GDP 核算的几点启示

绿色 GDP 账户能够更准确地说明经济和社会发展与自然资源利用、环境保护的关系，显然较传统的 GDP 指标更具有福利意义。因此完整的绿色 GDP 账户可以如实地反映社会的可持续发展进程，从而促进对自然资源和环境的合理保护与利用，这正是近年来绿色 GDP 核算在世界各国方兴未艾的主要原因。目前我国正处于社会经济发展的关键时期，借助绿色 GDP 核算的契机可以更有效地推动我国的可持续发展进程。联合国 SEEA 体系的发展和各国的核算实践无疑为我国的绿色 GDP 核算工作提供了很多有益的经验和启示：

（1）必须明确建立绿色 GDP 核算体系的战略意义。传统 GDP 在核算自然资源和环境方面的缺陷使其不能如实全面地反映社会经济的可持续发展能力，而绿色 GDP 账户可以同时兼顾经济增长与资源环境保护这两个议题。从目前公布了试算结果的国家如日本、韩国等的情况来看，其结果都受到了政府、企业和民众的高度重视，并成为调整产业政策和增加环保支出的重要依据。而且从动态发展进程来看，各国 EDP 占 NDP 总量的比重在逐年上升。这充分说明了进行绿色 GDP 核算的重要意义，因此必须加紧落实核算我国绿色 GDP 的各项工作。通过核算绿色 GDP，可以有效地评估我国的可持续发展进程并为政府各项政策的制定和改进提供重要参考。同时绿色 GDP 核算也有利于唤醒社会和民众对可持续发展和资源环境保护问题的关注，进而推动我国的可持续发展进程。

（2）绿色 GDP 账户应以 SEEA 和 SNA 体系为框架，同时注意吸收其他核算体系的先进经验。目前国际间编算绿色 GDP 的账户有数种，国内外学者对此也有不同的争议。但比较而言，联合国的 SEEA 体系更符合我国的实际国情，同时也有利于国际间的交流和比较。因此，我国的绿色 GDP 核算应主要以 SEEA 体系为框架。但同时也应注意吸收其他体系的优点，如 NAMEA 体系在实物核算和投入产出分析上更具优势，在政策含义方面 ENRAP 也更为突出。而 ENRAP 体系的核算方法则更具备福利经济学的基础（廖肇宁，2001）。一些国家在各核算体系的融合与改进方面也做了不少有益的尝试并取得了一定进展。考虑到我国资源和环境情况的多样性和复杂性，这些账户的先进之处都值得我们重视和借鉴。

（3）应强调实物账户和价值账户并重的原则。目前国内对绿色 GDP 核算的研究和实践有重视价值账户而轻视实物账户的倾向。当然，以货币价值形式核算绿色 GDP 具有直观性，同时也利于比较。但从其他各国的实践来看，大部分国家的重点都在于实物账户的核算，公布有绿色 GDP 价值核算结果的国家只占极少数，而且都不是以官方统计数字的形式正式发布。这主要是因为：第一，价值账户的核算必须以实物账户为基础，缺乏相关资源环境实物消耗的数据资料，价值账户的核算无疑是空中楼阁；第二，从各国的实践来看，由于资源环境统计资料的缺失，各国核算时往往根据实际情况只选择了一小部分指标进行核算，这极大地影响了价值账户体系核算的完整性和可信度；第三，对于资源环境核算的定价方式也存在着较多的争议。从我们列举的各国实践来看，各国普遍的实践是对于环境降级损失采用维护成本法（个别国家如瑞典除外），对于不可再生资源核算通常使用净租法，而对于可再生资源核算则使用前两种方法的居多，但具体该如何核算与定价目前仍无定论，这也限制了绿色 GDP 价值的核算。因此，实物账户较价值账户的结果可能更加稳健和准确。从我国目前的国情来看，应该强调实物账户和价值账户并重的原则，一方面应加强和改进我国的资源环境统计体系建设，充实和完善我国的各类实物账户核算，尽量达到 SEEA 核算的基本要求；另一方面可以考虑在保证指标体系科学性和基本完整性的前提下，在部分地区和部分行业先行试算绿色 GDP 的价值账户，然后根据反馈情况不断充实和完善指标体系和核算方法。另外值得注意的是，在试算的早期，对于结果尽量不应以官方统计的形式正式发布。

（4）加强我国环境资源统计数据基础的建设。从各国的实践来看，制约绿色 GDP 核算最大的难点主要在于环境和资源统计数据的缺失，无论在范围和质量都不够完善，而且没有形成一个完整的框架体系，这些无疑都会影响最终核算结果的质量和可比性。从我国的实际情况来看，统计体系也依然存在着这些问题甚至更为严重，在统计数据的及时性、完整性和公开性等方面与先进国家相比还有很大的差距。借助于此次绿色 GDP 核算的契机，可以弥补我国在资源环境统计数据基础上的薄弱环节。这就要求我们必须花大力气加强统计基础工作建设，提高统计人员的素质，强化和完善统计指标体系建设，同时统计部门也要加强通环保、农林、矿产、国土等部门的协调与合作，逐步建立和完善我国的资源环境核算体系。

（5）要重视绿色 GDP 的政策宣示功能。通过绿色 GDP 账户核算与传统 GDP 账户的比较，可以更完整地反映自然资源和环境消耗账户与传统核算账户和相关账户之间的联系，从而更清楚地了解国民经济各部门的投入、产出与资源和环境消耗之间的比例关系，为国家制定和调整各项政策提供依据。比如荷兰在完成资源环境账户核算后发现，畜牧业的发展是造成温室效应增加的重要原因。虽然这项结论引起了很大的争议，但荷兰政府还是在 1999 年决定适量减少本国的圈养猪数量，这样的案例在各国还很多，这充分说明了绿色 GDP 核算的价值。更为重要的是，绿色 GDP 的核算纠正了以往民众那种认为自然资源"取之不尽，用之不竭"的错误观念，为资源和环境的定价提供了理论和实证依据。为了充分反映资源环境对人类社会经济发展的价值，今后对自然资源和环境的利用应逐步贯彻"受益者付费"的原则，以督促使用者提高使用效率。同时政府也应加强对资源和环境利用情况的干预，干预的手段也不应该仅局限于以往的放任自流或者禁止排放等简单形式，可以根据绿色 GDP 核算的结果采用更加市场化的手段，比如环境税、资源使用税、排污许可证拍卖，按实际损失补偿等。

参考文献

[1] Department of National Accounts. Outline of Trial Estimates for Japan Integrated Environmental and Economic Accounting[R]. Economic Planning Agency, 1999.

[2] Department of National Accounts. New System of Integrated Environmental and Economic Accounting[R]. ESRI, 2004.

[3] Hecht J E. Lessons Learned From Environmental Accounting:Findings from nine case studies[C]. Washington: IUCN, 2000.

[4] Gren I. Monetary Green Accounting and Ecosystem Services[R]. NIER Working Paper，2003.

[5] United Nations. Handbook of National Accounting: Integrated Environmental and Economic Accounting[M]. United Nations Press, 2003.

[6] Palm V. Use of Environmental Accounting in Sweden:1993－2000[R]. ERUOSTATA Working Paper, 2003.

[7] 廖肇宁. 世界各国绿色国民所得账之编制情况与趋势[J]. 主计月报，2003（1）.

[8] 朱美琴. 台湾绿色国民所得账环境污染质损编制之评析[J] . 主计月报，2003（1）.

[9] 洪志铭，萧代基. 台湾绿色国民所得账环境资源折耗编算之评析[J]. 主计月报，2003（1）.

[10] 朱云鹏. 绿色国民所得账发展理论原则与架构之评析[J] . 主计月报，2003（1）.

[11] 黄宗煌. 绿色国民所得账与国家永续发展之关系[J]. 主计月报，2003（1）.

[12] 罗白樱，陈和宏. 绿色国民所得账——环境与自然资源评价方法之探讨[R]. 工作论文，2004.

[13] 吴优. 绿色国民经济核算的发展与思考[J]. 统计研究，2005（9）.

[14] 李伟. 可持续发展指标体系的比较与启示[J]. 华东经济管理，2005（1）.

[15] 台湾地区"行政院"主计处. 台湾地区绿色国民所得账试编经验. 台湾地区"行政院"主计处网站.

[16] 许志义，刘子铭，洪记铭. 建立绿色国民所得账之研究[R] . 中华经济研究院课题，2001.

[17] 卢冶飞. 基于SEEA模式核算"绿色GDP"的评析[J]. 统计与决策，2004（7）.

重庆市生态环境经济核算研究[①]

刘　颖[1]　苏宇静[2]　刘　丹[1]　唐耀阳[3]

（1 西南交通大学环境科学与工程学院　四川成都　610031；2 宁夏
大学生命科学学院　宁夏银川　750021；3 渤海船舶重工业有限责
任公司　辽宁葫芦岛　125004）

摘　要： 针对重庆市自然环境特征，选择林地、耕地、草地、森林立木和表土资源等生态环境因子作为考察对象，从经济的角度理解环境问题，以联合国 1993 年发布的环境经济综合核算框架为指南，在讨论并修改了生产、资产和防护性开支等概念后，从实物核算和价值核算两部分建立了重庆市生态经济核算模型，核算得出重庆市 1998—2000 年可持续指标中环境损失占绿色国内生产总值的比例均小于 1，环境损失占绿色国内生产净值的比例也小于 1，说明重庆市生态发展是可持续的，这 3 年内生态环境损失均占到国内生产总值的 20%左右，环境损失占绿色国内生产总值的 75%以上，占绿色国内生产净值的 85%以上，说明重庆市付出的环境代价也十分昂贵。

关键词： 环境经济　核算　生态环境

　　长期以来，人们一直认为只要破坏的速度不及建设的速度生态环境的价值就不会减少，这种观念没有走出仅仅把生态环境视为一种经济资源的误区，导致生态建设成果作为经济资源时价值增加，而绝大部分的生态价值也流失了。重庆市目前种植了各种人工林、人工草场，建设了许多自然保护区和生态公园，森林覆盖率较 1980 年代初增加了 12.8%，但其生态结构趋于单一，生态服务功能持续下降，生态系统更不稳定，生态环境更加脆弱，生物多样性锐减，自然灾害不断加剧。1999—2000 年重庆市自然灾害造成的直接经济损失达 99.41 亿元，严重制约了社会经济的可持续发展，因此，本

① 摘自《宁夏大学学报：自然科学版》，2006 年第 27 卷第 3 期。

文试图对重庆市生态环境进行环境经济分析。近年来，环境核算发展迅速，相继出现了许多框架和指针体系，其中最具代表性的是联合国 1993 年发布的"环境与经济综合核算体系（System of Integrated Environmental and Economic Accounting，SEEA）"，SEEA 代表了目前经济核算和环境核算一体化的最高水平，但其本身仅仅是一个框架，无法应用于实际。

本文在分析现行国民经济核算在反映可持续发展要求中的不足和传统环境经济核算局限性的基础上，建立了基于 SEEA 的生态环境经济核算模型，通过对国内生产总值（Gross Domestic Product，GDP）的修改来反映重庆经济增长的生态环境可持续性，从而为可持续发展提供一种测度方法，以限制经济的迅速增长。目前，在宏观经济指针中 GDP 的使用比国内生产净值（Net Domestic Product，NDP）广泛，这是由于固定资产折旧估计不够准确。鉴于此，本文用绿色国内生产总值（Eco Gross Domestic Products，EGDP）来代替绿色国内生产净值（Eco Domestic Products，EDP），以作为环境经济指针。EGDP 和 EDP 的区别是 EGDP 为总量指针，EDP 为净值指针。从本质上讲 EGDP 和 EDP 是一致的，都是在可持续发展思想及传统宏观核算的基础上经过相应的环境调整得到的，不论环境成本作为中间消耗还是折旧都从 GDP（NDP）中扣除，因此 EGDP 和 EDP 表达的内容是一致的。

1 重庆市生态环境经济核算

目前，我国的环境核算还处在尝试阶段，新的国民经济核算体系只有一个自然资源实物量核算表。传统 SNA 的资产只包含生产资产，本核算扩大了资产的概念将自然资产包括在内，共分为生产资产、非生产经济资产和非生产环境资产 3 类，生产资产和非生产经济资产合并为经济资产，非生产经济资产和非生产环境资产合并为自然资产。在此基础上建立了 1 个核算框架（表 1），对重庆市生态环境进行具体的环境经济核算，包括实物量核算和价值量核算。核算涉及的生态环境对象有草地、耕地、林地、森林立木和表土资源，环境成本（Y_{EC}）包括草地耗减（$-C_G$）、耕地耗减（$-C_c$）、林地损失（$-C_f$）、森林立木损失（$-C_s$）及土壤流失（$-C_e$）。

Y_{EC} 值为 $-[(-C_G) + (-C_c) + (-C_f) + (-C_s) + (-C_e)]$，

其中，草地和耕地的价格也反映了其质量的变化，因此，$-C_G$ 和 $-C_c$ 实际包含了数量和质量两方面的损失。林地损失主要体现为经济、生态和文化 3 个方面的损失，森林立木资源损失主要为木材的损失，土壤流失主要为可能引起的灾难损失。各种环境成本均可通过估价反映出来。资产平衡关系有：

$$K_{1p.ec} = K_{0p.ec} + I_G - D_e + V_{p.ec} + R_{p.ec},$$
$$K_{1g.ec} = K_{0g.ec} + I_{g.ec} - C_G + V_{g.ec} + R_{g.ec},$$
$$K_{1c.ec} = K_{0c.ec} + I_{c.ec} - C_c + V_{c.ec} + R_{c.ec},$$
$$K_{1f.env} = K_{0f.env} - I_{f.env} - C_f + V_{f.env} + R_{f.env},$$
$$K_{1s.env} = K_{0s.env} - C_s + V_{f.env} + R_{s.env}$$

其中，林地向耕地和草地的转化（退化）是自然资产对经济资产的投资。

表 1 重庆市环境经济核算框架

指标	经济活动						非生产环境资产		
	生产	国外	最终消费	经济资产			林地	森林立木	表土资源
				生产资产	非生产资产				
					草地	耕地			
期初存量				$K_{0p.ec}$	$K_{0g.ec}$	$K_{0c.ec}$	$K_{0f.env}$	$K_{0s.env}$	
经济供给	P	M							
经济使用	C_i	X	C	I_g					
国内生产总值	Y_{GDP}	$X-M$	C	I_g					
折旧	D_e			$-D_e$					
国内生产净值	Y_{NDP}	$X-M$	C	I_n					
环境使用									
非生产资产使用	Y_{EC}				$-C_g$	$-C_c$	$-C_f$	$-C_s$	$-C_e$
非生产资产其他积累					$I_{g.ec}$	$I_{c.ec}$	$-I_{f.env}$		
绿色国内生产总值	Y_{EGDP}	$X-M$	C	I_g	$I_{g.ec}-C_g$	$I_{c.ec}-C_c$	$-C_f-I_{f.env}$	$-C_s$	$-C_e$
资产物量其他变化				$V_{p.ec}$	$V_{g.ec}$	$V_{c.ec}$	$V_{f.env}$	$V_{s.env}$	
持有损益				$R_{p.ec}$	$R_{g.ec}$	$R_{c.ec}$	$R_{f.env}$	$R_{s.env}$	
期末存量				$K_{1p.ec}$	$K_{1g.ec}$	$K_{1c.ec}$	$K_{1f.env}$	$K_{1s.env}$	

$$-I_{\text{f. env}} = -(I_{\text{g. ec}} + I_{\text{c. ec}})$$

草地、耕地和生产资产的增加和净增加是资本的积累（A_{g}）和资本积累的净额（A_{n}）：

$$A_{\text{G}} = I_{\text{G}} + I_{\text{g. ec}} + I_{\text{c. ec}},$$

$$A_{\text{n}} = I_{\text{G}} - D_{\text{e}} + I_{\text{g. ec}} - C_{\text{G}} + I_{\text{c. ec}} - C_{\text{c}} = I_{\text{n}} + I_{\text{g. ec}} - C_{\text{G}} + I_{\text{c. ec}} - C_{\text{c}}$$

可见，资产概念的外延从以前的生产资产扩大到了包括非生产经济资产，用资本积累代替了以前的资本形成。从总量中扣除 Y_{EC} 就能得到 Y_{EGDP}，为了计算 Y_{EGDP} 本文将林地转化为草地和耕地视为投资，将草地、耕地、森林立木、表土资源的使用及其林地的其他使用算作是中间投入，这样做可以比较 Y_{EGDP} 和 Y_{GDP}，由于 Y_{GDP} 比 Y_{NDP} 用处广泛，但缺少理论支持，因此，本文按照 SEEA 的建议计算了 Y_{EDP}。Y_{EGDP} 为 Y_{GDP} 与 Y_{EC} 的差值，即 $(X-M) + C + I_{\text{G}} - C_{\text{G}} - C_{\text{e}} - C_{\text{f}} - C_{\text{s}} - C_{\text{e}}$。$Y_{\text{EDP}}$ 为 Y_{NDP} 与 Y_{EC} 的差值，即

$$(X-M) + C + I_{\text{n}} + (I_{\text{g. ec}} - C_{\text{G}}) + (I_{\text{c. ec}} - C_{\text{c}}) - (C_{\text{f}} + I_{\text{f. env}}) - C_{\text{s}} - C_{\text{e}}$$

令经济活动对环境影响的经济估价为 A_{env}，是林地、森林立木和表土资源等非生产环境资产的损失，包括耗减和质量退化。

$$-A_{\text{env}} = (-C_{\text{f}} - I_{\text{f. env}}) + (-C_{\text{s}}) + (-C_{\text{e}})$$

由此得到 Y_{EC} 与 Y_{EGDP} 的和为 $(X-M) + C + A_{\text{G}}$，而 Y_{EDP} 为 $(X-M) + C + A_{\text{n}} - A_{\text{env}}$。生产核算没有考虑林地和森林立木的增加，是因为林地和森林立木的自然增加多数被破坏所抵消，而人工林和用材林活立木的增加在 SNA 中已经作为产出计算过 1 次。虚拟价格包含了全部社会成本，不能用其计算价值不高的人工生态环境，因此没有重新核算林地和立木产出的必要。对表土资源只进行了流量核算，其损失主要体现在土壤流失对洪灾的影响上。

整个核算以流量核算为主，这是由于关于存量的数据难以获得，而且对生态环境整体的估价十分困难。重庆市 2000 年自然资源核算、环境经济实物量核算和环境经济价值量核算如表 2 和表 3 所示（环境经济价值量核算所得数据与环境经济实物量核算所得数据相同）。在不考虑人工生态环境价值的情况下，1998—2000 年重庆市环境经济核算结果如表 4 所示。

表2　2000 年重庆市自然资源核算

指　标	土地/万 hm²				林木/万 m³
	耕地	草地	林地	其他	
期初存量	160.11	23.84	297.46	341.28	1 363.90
本期增加	0.08	12.46	13.82		99.97
自然生长	—	—	—		99.97
经济活动引起的增加	0.08		13.82	—	
其他因素引起的增加	—				
本期减少	0.76	12.59	14.21	—	40.00
自然减少	—	—	12.46		
经济使用	0.53	12.59	1.75		40.00
其他因素引起的减少	0.23	—	—		
期末存量	159.43	23.71	297.07	342.48	1 423.87

表3　2000 年重庆市环境经济实物量核算与环境经济价值量核算

指标	经济活动						非生产环境资产		
	生产/亿元	国外/亿元	最终消费/亿元	经济资产			林地/万 hm²	森林立木/万 m³	表土资源/万 t
				生产资产/亿元	非生产资产/万 hm²				
					草地	耕地			
期初存量	—	—	—	—	23.84	160.11	297.46	1 363.90	—
经济供给	—	198.47							
经济使用	—	161.46	924.14	592.58					
国内生产总值	1 479.71	−37.01	924.14	592.58					
折旧	−226.32	—	—	−226.32					
国内生产净值	1 253.29	−37.01	924.14	366.26					
环境使用	—								
非生产资产的使用	—	—	—	—	−12.59	−0.76	−1.67	−40.00	−22 200
非生产资产的其他积累	—	—	—	—	12.46	0.08	−12.54	—	
资产物量的其他变化							13.82	99.97	
期末存量	—	—	—	—	23.71	159.43	297.07	1 423.87	—

表 4　1998—2000 年重庆市环境经济核算结果

年 份	GDP/亿元	EGDP/亿元	NDP/亿元	EDP/亿元	最终消费/亿元	环境损失占GDP 比例/%
1998	1 350.10	1 091.63	1 215.00	856.53	927.15	19.14
1999	1 429.26	1 103.42	1 222.01	896.17	862.15	22.80
2000	1 479.71	1 170.86	1 253.29	944.44	924.14	20.87

年 份	环境损失占NDP 比例/%	最终消费占GDP 比例/%	最终消费占 EGDP比例/%	最终消费占NDP 比例/%	最终消费占EDP 比例/%	
1998	21.27	61.27	75.58	68.81	86.47	
1999	26.66	60.32	78.13	70.55	96.20	
2000	24.64	62.45	78.93	73.74	97.85	

由以上数据可知，重庆市 1998—2000 年的可持续指标中环境损失占 EGDP 的比例均小于 1，环境损失占 EDP 的比例也小于 1，说明重庆市生态发展是可持续的，但这 3 年内生态环境损失均占到 GDP 的 20%左右，环境损失占 EGDP 的 75%以上，占 EDP 的 85%以上。若将防护性开支、生物多样性、湿地的生态破坏及污染的损失等计算在内，则环境成本在 GDP 中所占的比例将会很大，环境损失占 EGDP 的比例和环境损失占 EDP 的比例将会接近不可持续的边缘。

2　结语

本文通过讨论修改了生产、资产和防护性开支等概念，对重庆市生态环境进行了环境经济分析，分析包括实物和价值核算两部分。针对重庆市的自然环境特征，核算选择了林地、耕地、草地、森林立木和表土资源等生态环境因子作为考察对象。核算结果表明 1998—2000 年重庆市宏观经济运行中尽管其生态环境是可持续的，但付出的环境代价也十分昂贵。对于环境核算方法特别是估价技术，如何把握环境质量、功能和结构等问题更有待于深入的研究。

参考文献

[1]　雷明. 资源—经济一体化核算——联合国 93' SNA 与 SEEA[J]. 自然资源学报，1998，13（2）：145-150.

[2] L EI M. Study on integrated accounting for natural resource and economy[J]. Jour Sys Sci Sys Eng，1997，6（3）：257-266.

[3] SERAFY S. Pricing the invaluable：The value of the world ecosystem services and natural capital [J]. Ecological Economics，1998，48（25）：25-37.

[4] SERAFY S E. Green accounting and economic policy [J]. Ecological Economics，1997，47（21）：217-231.

[5] NESTOR DV. Environment-economic accounting and indicators of economic importance of environmental protection activities [J].Review of Income and Wealth，1995，41（2）：265-272.

[6] 刘颖，张帆，吴文娟. 现行环境经济核算的局限及建议[J]. 四川环境，2004，23（5）：89-92.

[7] 王德发. 综合环境与经济核算体系[J]. 财经研究，2004，30（5）：104-108.

[8] 赵红. GDP 核算中的价格指数及存在问题研究[J]. 统计研究，2005（5）：63-67.

[9] 王德发，阮大成，王海霞. 工业部门绿色 GDP 核算研究——2000 年上海市能源—环境—经济投入产出分析[J]. 财经研究，2005，32（2）：66-69.

绿色 GDP 核算

——以海南省 2004 年度为例[①]

邹　栋[1]　郭高丽[1]　曾小波[1]　符致钦[2]

（1 武汉理工大学　武昌　430070;

2 海南省环境科学研究院　海口　570000）

摘　要: 绿色 GDP 核算体系的一个重要组成部分就是环境经济核算，主要核算国民经济活动对环境的影响，包括环境污染和生态破坏两个方面。从实物量与价值量两个层面对海南省环境污染进行核算，从而得到 2004 年海南省经环境污染调整的绿色 GDP 值为 760.88 亿元，绿色 GDP 指数为 98.9%。

关键词: 绿色 GDP　经环境污染调整　实物量核算　价值量核算

　　传统 GDP 未将资源、环境要素纳入国民经济核算体系，不能准确地表现经济发展与资源、环境之间的相互关系。因此用传统 GDP 衡量一个国家或地区经济发展程度，存在明显不足。绿色 GDP 是指国家或地区在扣除自然资源及环境污染损耗后新创造的真实国民财富的总量，它能较准确地反映一个国家或地区国民收入水平的状况。

　　绿色 GDP 核算体系框架的一个重要组成部分就是环境经济核算，主要核算国民经济活动对环境的影响，包括环境污染和生态破坏两个方面，同时分为实物量与价值量核算两个层面。通过价值量核算，用环境成本对部门和地区的国内生产总值等指标进行调整，得出经环境污染调整的绿色 GDP，即 EDP（Environmentally Adjusted Domestic Product）。通过环境经济核算这一过程的分析，引导建立正确的政绩观和领导考核制度，实现环境成本内部化，最终建立国家绿色 GDP 核算体系。

---

① 摘自《新疆环境保护》，2006 年第 28 卷第 1 期。

由于数据来源的限制，本次研究不考虑自然资源核算和生态破坏核算，只考虑环境污染核算。并且从实物量和价值量两个方向对海南省进行环境污染核算，最终得到海南省 2004 年经环境污染调整的绿色 GDP 值。

1 环境污染的实物量核算

1.1 水污染实物量核算

本次研究确定水污染核算范围为种植业废水、城镇生活废水、畜禽养殖废水和工业企业废水。核算对象为废水和废水中的污染物，根据海南省水污染中污染物质的成分，确定污染物核算的对象为 COD 和 NH_3-N。

根据海南省环境统计数据，可以得到海南省 2004 年水污染实物量核算结果（表 1）。

表 1　2004 年海南省废水实物量核算

行　业	COD/t		NH_3-N/t		废水/10^4 t	
	产生量	排放量	产生量	排放量	排放量	排放未达标量
工业废水	89 143.9	11 800.9	660.2	406.2	6 849	430
种植业废水	—	21 148	—	4 230	20 760	20 760
城镇生活废水	99 569	80 898	6 620	6 425	26 161	26 161
畜禽养殖废水	16 234	1 932	1 537	185	56	40.27
合计	—	115 778.9	—	11 246.2	53 826	47 391.27

注：由于种植业废水不存在治理的问题，因此，一般就直接核算其废水和污染物的排放量即可。

1.2 大气污染实物量核算

由于数据资料来源的限制和海南省的实际情况，本次研究核算的范围为工业污染的燃料燃烧和生产工艺排放两个部分，对于农业和生活的废气排放暂不考虑在内。本次研究核算的对象为大气污染物中的 SO_2、烟尘、粉尘和 NO_x（表 2）。

表2 2004 年海南省大气污染实物量核算结果 单位：10^4 t

来 源	SO$_2$		烟尘		粉尘		NO$_x$	
	产生量	排放量	产生量	排放量	产生量	排放量	产生量	排放量
燃料燃烧	1.7	1.7	56.2	0.7	0	0	4.7	4.7
生产工艺	0.8	0.4	0	0	19.0	1.1	0.09	0.09
合 计	2.5	2.1	56.2	0.7	19.0	1.1	4.8	4.8

1.3 固体废物污染实物量核算

本次固体废物污染源核算对象为工业生产和日常生活产生的固体废物。对于农业固体废物，由于其产生量和处理情况目前没有开展统计，而且其对于环境造成的损失相对较小，因此不予考虑。核算的污染物包括一般工业固体废物、工业危险废物和生活垃圾。由于海南省没有工业危险废物，故本次研究的核算范围为工业固体废物和生活垃圾。

通过海南省的统计数据，可以得到 2004 年海南省固体废物实物量核算结果（表3、表4）。

表3 2004 年海南省工业固体废物实物量核算结果 单位：10^4 t

来 源	产生量	综合利用量	处置量	贮存量	排放量	处置利用率/%
工业固体废物	105	67	2	36	0	65.7

表4 2004 年海南省生活垃圾实物量核算结果 单位：10^4 t

来 源	产生量	无害化处理量				简易处理量	堆放量	无害化处理率/%	处理率/%
		卫生填埋	堆肥量	无害化焚烧	小计				
生活垃圾	82.2	51.9	3.5	0.35	55.75	26.3	0.2	67.8	99.8

2 环境污染价值量核算

2.1 水污染价值量核算

2.1.1 畜禽养殖废水污染价值量核算方法

（1）实际治理成本核算。畜禽废水的实际治理成本由干法治理成本和湿法治理成本两部分构成，计算模型如下：

实际治理成本= $\sum\limits_{i=1}^{6}$[（干法污染物去除量×干法污染物治理成本+

湿法污染物去除量×湿法污染物治理成本）/10]

式中：n 表示污染物种类，COD_n =1，$NH_3\text{-}N_n$=2；i 表示畜禽的种类（猪、肉牛、奶牛、肉鸡、蛋鸡）。本次研究根据海南省的统计情况确定各种畜禽的干法单位 COD 治理成本分别为 0.301、0.322、0.322、0.549、0.549；$NH_3\text{-}N$ 治理成本分别为 0.075、0.081、0.081、0.137、0.137。单位为元/kg。

（2）虚拟治理成本核算。畜禽废水的虚拟治理成本由 COD 治理成本和 $NH_3\text{-}N$ 治理成本两部分构成，计算模型如下：如果，理想状态下湿法污染物可去除量＞湿法污染物去除量：

污染物治理成本＝（理想状态下干法污染物可去除量－干法污染物去除量）×干法污染物单位治理成本+（理想状态下湿法污染物可去除量－湿法污染物去除量）×湿法单位污染物治理成本

如果，理想状态下湿法污染物可去除量≤湿法污染物去除量：

污染物治理成本＝（理想状态下干法污染物可去除量－干法污染物去除量）×干法污染物单位治理成本

式中：如果，理想湿法工艺比例>实际湿法工艺比例，理想状态下干法污染物可去除量＝实际干法污染物去除量，理想状态下湿法污染物可去除量＝湿法污染物去除量；如果，理想湿法工艺比例≤实际湿法工艺比例，理想状态下干法污染物可去除量＝污染物产生量×（100－理想湿法工艺比例）。如果，理想湿法工艺比例> 实际湿法工艺比例，理想状态下湿法污染物可去除量＝（100－理想湿法工艺比例）×污染物产生量×干法与湿法的污染物产生比+ 理想湿法工艺比例×污染物产生量×污染物虚拟去除率。

本次研究根据海南省的统计情况确定干法与湿法的废水污染物产生比例为 0.1；COD 和 $NH_3\text{-}N$ 的虚拟去除率分别为 80% 和 50%；各种畜禽的干法单位污染物治理成本 COD 为 0.8 元/kg，$NH_3\text{-}N$ 为 0.2 元/kg。

2.1.2 城镇生活废水污染价值量核算方法

城镇生活废水污染价值量核算分为生活污水的实际治理成本和虚拟治理成本，其计算模型如下：

城镇生活废水污染物实际治理成本＝污染物治理成本系数×生活污水的实际治理成本

城镇生活废水污染物虚拟治理成本＝污染物的排放量×二级处理污染物单位虚拟治理成本×污染物虚拟去除率

式中：生活污水的实际治理成本即是生活污水治理设施的运行成本，本研究根据海南省的统计数据确定为937.1万元；COD和NH_3-N的虚拟去除率分别为 80%和 50%，根据海南省的实际情况确定城镇生活废水的单位污染物治理运行成本为废水为 0.9 元/t，COD 为 0.81 元/t，NH_3-N 为 0.09 元/t。

2.1.3 工业废水污染价值量核算方法

工业废水污染物的价值量核算可以通过以下模型进行计算：

$$污染物的实际治理成本＝\frac{海南省污染物去除量}{全国污染物去除总量}×按行业核算出$$
的污染物实际治理成本

$$污染物的虚拟治理成本＝\frac{最终污染物的排放量}{最终污染物排放总量}×按行业核算出$$
的污染物虚拟治理成本

根据环境统计资料，得到全国 2004 年工业废水中 COD 去除总量为 1 104.44×10^4 t，NH_3-N 的去除总量为 47.93×10^4 t；COD 的最终排放总量为 710.61×10^4 t，NH_3-N 的最终排放总量为 51.89×10^4 t。

由于海南省工业不发达，每种行业的企业较少，数据没有规律性，对于按行业核算出的污染物的实际治理和虚拟治理成本参考全国的统计数据，本次研究取 COD 的实际和虚拟治理成本分别取值为 1 210 176 万元和 6 450 777 万元；NH_3-N 的实际和虚拟治理成本分别取值为 251 940 万元和 156 367 万元。以 2004 年海南省水污染价值量核算结果为例（表5）。

表5 海南省水污染价值量核算结果 单位：10^4 t

行 业	COD		NH_3-N		合计	
	实际治理成本	虚拟治理成本	实际治理成本	虚拟治理成本	实际治理成本	虚拟治理成本
工业废水	8 588	15 272	139	151	8 727	15 423
畜禽养殖废水	602	33	598	1	1 200	34
城镇生活废水	843	52 422	97	294	940	52 716
合计	10 033	67 727	834	446	10 867	68 173

2.2 大气污染价值量核算

对于大气污染价值量核算，本次研究采用以下模型进行计算：

污染物的实际治理成本=

$$\frac{污染物去除量×单位污染物治理成本}{\sum 污染物去除量×单位污染物治理成本}×废气实际总治理成本$$

污染物的虚拟治理成本=污染物的单位治理成本×污染物的排放量×污染物的虚拟去除率

式中：废气的实际总治理成本也可以理解为废气治理设施运行费用，这里根据海南省的实际情况取值为 3 081.8 万元；污染物虚拟去除率为在当前的技术条件下，工业废气污染物可能达到的平均处理水平，SO_2 和 NO_x 为 90%，烟尘和粉尘为 97%；对于单位污染物治理成本可以综合海南省的实际情况和国家标准来考虑，本次研究取值为烟尘 118 元/t；粉尘 100 元/t；NO_x 为 3 030 元/t；SO_2 燃烧为 1 000 元/t，生产工艺为 1 500 元/t。

2004 年海南省大气污染价值量核算结果见表 6。

表 6　海南省大气污染价值量核算　　　　　　　　单位：10^4 元

区　域	SO_2		烟尘		粉尘		NO_x		合计	
	实际治理成本	虚拟治理成本	实际治理成本	虚拟治理成本	实际治理成本	虚拟治理成本	实际治理成本	虚拟治理成本	实际治理成本	虚拟治理成本
海南省	206	2 070	2 258	81	618	107	0	13 090	3 082	15 348

2.3 固体废弃物污染价值量核算

固体废物的虚拟治理成本是指对未达到无害化处理的固体废物在已经处理的基础上虚拟达到无害化处理所需要花费的治理费用。这里，固体废物治理运行费用是指维持固体废物处置设施运行所发生的费用，包括能源消耗、设备折旧、人员工资、管理费、运输费及与设施运行有关的其他费用等。

2.3.1 工业固体废物价值量核算

工业固体废物的实际治理成本由处置废物和贮存废物两部分实际治理成本构成，其核算模型如下：

工业固体废物实际治理成本＝处置废物实际治理成本＋贮存废物
实际治理成本

处置废物实际治理成本＝处置量×处置单位治理成本

贮存废物实际治理成本＝贮存量×贮存单位治理成本

固体废物的虚拟治理成本是指对未达到无害化处理的固体废物在已经处理的基础上虚拟达到无害化处理所需要花费的治理费用其计算模型如下：

工业固体废物虚拟治理成本＝贮存废物虚拟治理成本＋排放废物
虚拟治理成本

贮存废物虚拟治理成本＝贮存量×贮存废物单位虚拟治理系数
＝贮存量×（单位废物无害化处置平均
运行费用－单位废物贮存运行废物）

排放废物虚拟治理成本＝排放量×排放废物单位虚拟治理系数
＝排放量×单位废物无害化处置平均运
行费用

对于工业固体废物的单位治理成本，综合海南省的统计情况，取值为：一般工业废物处置单位治理成本为 20 元/t；贮存单位治理成本为 6 元/t（海南省没有危险废物）。

2.3.2 生活垃圾价值量核算

生活垃圾的实际治理成本计算模型如下：

生活垃圾的实际治理成本＝清运实际治理成本＋卫生填埋实际治
理成本＋无害化焚烧实际治理成本＋
堆肥实际治理成本＋简易处理实际处
理成本

清运实际治理成本＝清运量×清运单位治理成本

卫生填埋实际治理成本＝卫生填埋量×卫生填埋单位治理成本

无害化焚烧实际治理成本＝无害化焚烧量×无害化焚烧单位治
理成本

堆肥实际治理成本＝堆肥量×堆肥单位治理成本

简易处理实际治理成本＝简易处理量×简易处理单位治理成本

生活垃圾虚拟治理成本计算模型如下：

生活垃圾虚拟治理成本＝简易填埋垃圾虚拟治理成本＋简易焚烧
垃圾虚拟治理成本＋堆放垃圾虚拟治理
成本

简易填埋垃圾虚拟治理成本＝简易填埋量×简易填埋垃圾单位

虚拟治理系数＝简易填埋量×（单

位垃圾卫生填埋平均运行费用－

单位垃圾简易填埋运行费用）

简易焚烧垃圾虚拟治理成本＝简易焚烧量×简易焚烧垃圾单位

虚拟治理成本＝简易焚烧量×（单

位垃圾无害化焚烧平均运行费用

－单位垃圾简易焚烧运行费用）

堆放垃圾虚拟治理成本＝垃圾堆放量×单位垃圾卫生填埋平均

运行费用

对于生活垃圾的单位治理成本，综合海南省的实际情况[1]和国家统计数据取值为清运 5 元/t；卫生填埋 40 元/t；无害化焚烧 150 元/t；堆肥 50 元/t；简易处理 12 元/t。

根据海南省统计数据和以上计算方法，可以得到 2004 年海南省固体废物价值量核算结果见表 7、表 8。

表 7　海南省工业、企业固体废物价值量核算

区　域	实际治理成本/10^4 元	贮存废物虚拟治理成本/10^4 元	排放废物虚拟治理成本/10^4 元	总实际治理成本/10^4 元	总虚拟治理成本/10^4 元
海南省	256	504	0	256	504

表 8　海南省生活垃圾价值量核算

区　域	实际治理成本/10^4 元					虚拟治理成本/10^4 元			总实际治理成本/10^4 元	总虚拟治理成本/10^4 元
	清洁费用	无害化处理费用				简易处理费用	简易处理垃圾	堆放垃圾		
		卫生填埋	堆肥	无害化焚烧	小计					
海南省	411	2 076	175	53	2 304	316	736	6	3 031	742

3　经环境污染调整的绿色 GDP 的核算

3.1　环境价值量汇总核算

将前面的水污染价值核算、大气污染价值核算、固体废物价值核算等汇总（表 9），从而为计算海南省经环境污染调整的绿色 GDP

总量核算奠定基础。

表 9　2004 年海南省污染价值量核算

区域	水污染/10⁴元		大气污染/10⁴元		固体废物污染/10⁴元		合计/10⁴元	
	实际	虚拟	实际	虚拟	实际	虚拟	实际	虚拟
海南省	10 867	68 173	3 082	15 348	3 287	1 246	17 236	84 767

3.2 经环境污染调整的绿色 GDP 核算

与计算 GDP 一样，经环境因素调整的绿色国内生产总值（EDP）也可以使用如下 3 种方法进行计算：

（1）生产法：EDP＝总产出－中间投入－环境成本。

（2）收入法：EDP＝劳动报酬+生产税净额+固体资本的消耗+经环境成本扣减的营业盈余。

（3）支出法：EDP＝最终消费+经环境成本扣减的资本形成+净出口。

在本次研究中，由于相关数据的匮乏，只采用了支出法来计算海南省经环境污染调整的绿色 GDP 核算表 10。

表 10　2004 年海南省经环境污染调整的绿色 GDP 核算表（支出法）

地区	最终消费/10⁴元	资本形成总额/10⁴元	虚拟治理成本/10⁴元	经虚拟治理成本调整的资本形成总额/10⁴元	净出口/10⁴元	经虚拟治理成本调整的国内生产总值/10⁴元	调整前的国内生产总值/10⁴元	绿色 GDP 指数/%
	①	②	③	④=②－③	⑤	⑥=①+④+⑤	⑦=①+②+⑤	⑥/⑦
海南省	401.85	366.16	8.48	357.68	1.35	760.88	769.36	98.9

4　小结

（1）2004 年海南省水污染、大气污染、固体废物污染总价值量为 102 093 万元，其中虚拟治理成本高达 84 767 万元，占污染总价值量的 83%。各级政府和环保单位应该对重点污染企业进行排放达标监督，以确保海南省经济的可持续发展。

（2）本次研究由于各方面的限制，并没有将海南省自然资源和生态系统的服务功能计算在内，海南省生态环境在国内属较好的省市，计算这一项会使海南省的绿色 GDP 指数有一定的提高。希望在不久的将来，在经环境污染调整的绿色 GDP 核算体系的基础上，纳入自然资源和生态系统服务功能核算这两项，从而得到一个适合海南省的完整的绿色GDP核算体系。

参考文献

[1]　欧阳志云，王如松. 海南生态省建设的理论与实践[M]. 北京：化学工业出版社，2004，8（1）：40-58.

[2]　以 EDP 为核心指标的国民经济新核算体系研究课题组. 建立首都绿色国民经济核算体系[J]. 北京行政学院学报，2003（3）：49-54.

初探绿色 GDP 核算方法及实证分析

——以山西省大同市为例[①]

王丽霞　任志远

（陕西师范大学旅游与环境学院　西安　710062）

摘　要: 传统 GDP 未将资源、环境要素纳入国民经济核算体系，不能准确地表现经济发展与资源、环境之间的相互关系。因此用传统 GDP 衡量一个国家经济发展程度，存在明显不足。绿色 GDP 是指国家或地区在扣除自然资源及环境污染损耗后新创造的真实国民财富的总量，它能较准确地反映一个国家或地区国民收入水平的状况。文章依据狭义绿色 GDP 含义，以山西省大同市为例，结合当地生态资源环境现状，构建资源环境账户虚数指标体系，探讨了绿色 GDP 的核算方法，并估算了该市 2002 年的绿色 GDP。结果表明: 2002 年大同市的自然资源损耗为 63.86 亿元，占 GDP 的 29.29%; 环境污染损耗 22.18 亿元，占 GDP 的 10.18%; 绿色 GDP 为 131.33 亿元，仅占当年 GDP 的 60.24%，说明该地区经济发展中资源与环境问题十分突出，亟待解决。建议科学、适度、合理地开发利用各类资源，树立市场经济的资源价值观; 严格控制污染物排放，加强环境保护治理。

关键词: 绿色 GDP　资源账户　环境账户　可持续发展

1 绿色 GDP 研究背景及内涵

　　国内生产总值（GDP）是政府对国家经济运行实施宏观计量与诊断的一项重要指标，也是衡量一个国家经济发展程度的统一标准。然而，传统 GDP 只反映了经济产出或经济总收入情况，对人类生产

[①] 摘自《地理科学进展》，2005 年第 2 期。

活动中所耗减的自然资源及造成的环境污染，未以现实成本或自然财富折旧的形式计入现行的国民经济账户中。这样，既没有反映自然资源对经济发展的贡献，也没有反映人类经济活动造成的自然资源及环境污染损耗，不能准确地表现经济发展与资源、环境之间的相互关系。因此，使用传统 GDP 来表达一个国家或地区经济与社会的可持续发展具有明显不足。特别是 1960 年代以来，全球共同面临着资源短缺、生态环境恶化的不安全现状，资源、环境、经济之间的协调发展被提到议事日程上。为此，国内外学者尝试将资源、环境要素纳入国民经济核算体系，从传统意义上的 GDP 中扣除不属于真正财富积累的虚假部分，从而构建真实、可行、科学的指标，即绿色 GDP。1993 年，联合国统计处发布了修订后的国民经济核算体系，提出了环境经济综合核算（SEEA）的基本框架，绿色 GDP 成为新框架中的核心指标。

广义的理解绿色 GDP＝（传统 GDP）－（自然账户虚数）－（人文账户虚数）。其中自然账户虚数包括环境污染造成的环境质量下降；自然资源的退化与配比的不均衡；长期生态质量退化所造成的损失；自然灾害所引起的经济损失；资源稀缺性引发的成本；物质和能量的不合理利用所导致的损失等。人文账户的虚数包括由于疾病和公共卫生条件所导致的支出；由于失业所造成的损失；由于犯罪所造成的损失；由于教育水平低下和文盲状况导致的损失；由于人口数量失控所导致的损失；由于管理不善（包括决策失误）所造成的损失。

狭义的理解指扣除自然资产（包括资源环境）损失之后新创造的真实国民财富的总量。即绿色 GDP＝（传统 GDP）－（自然资源耗减价值）－（环境污染所造成的损失）。绿色 GDP 可以理解为"真实 GDP"，不但反映了经济增长的数量，更反映了质量，是落实可持续发展观的必然选择。

2 研究区概况及虚数指标体系

本文选择山西省大同市为研究区域，其位于黄土高原东缘，毛乌素沙漠东部，永定河上游，是屏障京津风沙的前哨，具有重要的生态地理意义。更为关键的是大同市是我国最重要的煤炭城市和老工业基地之一，作为资源型城市，大同市的环境污染属于结构型污染，以煤炭采掘和依托煤炭的高耗能为主的产业结构，导致区域环境污染十分严重。由于煤炭资源的高强度开采，地下水系遭到严重破坏，导致水资源短缺，水质恶化；同时煤炭运输扬尘、煤堆自燃以及燃煤锅炉烟尘造成的大气污染也十分严重。因此，核算该地区的绿色 GDP 对于科学衡量其真实发展和进步水平以及从政策导向上制订区域可持续发展计划都具有重要意义。

本项研究选用狭义绿色 GDP 概念。依据绿色 GDP 账户虚数内涵，并结合大同市生态环境特点，文章采用德尔斐法选取了资源和环境账户的典型重要因子，在此基础上构建大同市绿色 GDP 虚数指标体系（图 1）。

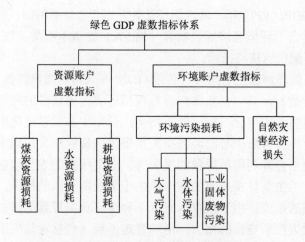

图 1　山西省大同市绿色 GDP 虚数指标体系

3　资源及环境账户虚数指标值计算

3.1　资源账户虚数指标值计算

对于煤炭资源及水资源耗减引发的服务价值折损费采用市场估值法。由于部分生态资源的服务价值已进入了市场，对市场的价格进行调查和估算，从而得出因资源退化或稀缺引发的经济损失额。其中煤炭资源的计算公式为

$$V = q \times (p - Cv) \times (\Delta Q) - C$$

式中：V——生态环境价值；

q——产量 Q 的每一单位，通常取值为 1；

p——产品的价格；

Cv——单位产品的可变成本；

ΔQ——产量的增加量；

C——成本。

水资源消耗包括用水量及耗水量两项内容，并且耗水量占用水量的比重相对稳定。由于在计算国内生产总值（增加值）时已将用水量的费用作为中间消耗值扣除掉了，建议考虑将耗水量的费用从增加值中剥离出来。计算公式为

$$V = Qc / Qu \times Pu$$

式中：V——水资源损耗价值；

Qc——耗水量；

Qu——用水量；

Pu——用水的收费额。

耕地资源耗减考虑了耕地本身的价值及耕地生态环境降级损失。其中耕地本身的价值用农作物减产损失费来衡量。计算公式为

$$V_1 = (M - M_1) \times (A - C) \times S_1$$

式中：V_1——耕地价值；

M——每公顷未受侵蚀土地的农作物年平均产量；

M_1——每公顷受侵蚀土地的农作物年平均产量；

A——该地区每 100 kg 农作物的价格；

C——每 100 kg 农作物的成本费；

S_1——耕地损失量。

耕地生态经济估价采用恢复费用法计算。由于耕地退化直接导致土地沙化、水土流失；损失了土壤中的养分。为恢复流失掉的土壤养分，可以通过施用化肥进行补偿，即用购买氮、磷、钾肥料的价格来体现耕地的生态价值。耕地本身价值与生态价值之和即为耕地资源的损耗（表 1）。

表 1　2002 年大同市耕地资源损失经济价值

年内耕地损失量/hm²	耕地本身价值/（万元/a）	氮肥损失量/（元/a）	磷肥损失量/（元/a）	钾肥损失量/（元/a）	合计/（万元/a）
89 800	53 655.65	400 508	3 592	39 512	53 700

3.2 环境账户虚数指标值计算

环境污染引起的损失可分为生产损失、固定资产损失、人体健康损失和环境质量损失 4 个方面。这些损失的货币化价值即为环境污染的损害费用。由于文章只考虑狭义绿色 GDP，因此将生产损失和固定资产损失作为核算对象。环境污染损失是个流量指标，因而它具有累积效应。核算环境污染损失价值的时间长度，应当与 GDP核算的时间长度相一致，因此文章采用一个报告年度的环境污染所带来的经济损失评价环境污染账户的虚数，而不是累积价值。评价方法为分解法，即在估算之前，首先识别受到环境污染危害的产业部门有哪些；明确其产品的产量、质量、成本是否都受到了影响。文章对农业生产损失和工业生产损失进行核算。

农业生产损失的价值是用农业产品的减产量与该产品的市场价格之积来量度的。计算公式为

$$A = \sum_{i=1}^{n} L_i \times P_i$$

式中：A——环境污染引起的农业生产损失；

L_i——某种农产品 i 因环境污染而导致的减产量；

P_i——农产品 i 的市场价格；

n——受环境污染危害的农产品种类数。

工业生产损失的价值包括工业产品产量降低及工业成本升高所造成的损失费用，分别用市场估值法和恢复费用法来核算。计算公式为

$$I = \sum_{j=1}^{m} L_j \times P_j + \sum_{j=1}^{m} \Delta C_j$$

式中：I——环境污染引起的工业生产损失；

L_j——某种工业品 j 因环境污染而发生的减产量；

P_j——该工业品 j 的市场价格；

m——受环境污染影响的工业品种类数；

ΔC_j——生产工业品 j 的增加的成本。

笔者建议在数据资料较完备的情况下，还可考虑建设防止污染设施的机会成本，即选择将资金投入防止污染设施的建设，而放弃投入其他行业所损失的利益，可用投入防止污染设施建设的费用，乘以改投其他行业每年带来的资本报酬率来计算。文章并未将其列

入核算内容。

自然灾害损失表现为农田、道路等基础设施的破坏以及人员伤亡。笔者认为修复基础设施和救助伤亡人员的费用不仅包括政府抚恤救济的金额，同时还应包括建设防灾工程的项目经费，即用修建各类防灾工程（也称影子工程）的费用来衡量自然灾害的隐性损失。计算公式为

$$V = G(X_1, X_2, \cdots, X_i, \cdots, X_n)$$

式中：V——自然灾害隐性的经济损失；

      G——替代工程的价值；

      X_i——替代工程中项目的建设费用。

也可表述为 $V = G = \sum_{i=1}^{n} X_i$，文章结合大同市的自然地理状况，主要考虑了提高建筑物抗震强度，以防止因开采煤矿所引发的地面沉降和地裂缝等一系列环境地质灾害的费用；修建水利工程以防御洪涝灾害的费用；建设防护林、绿化恢复地表植被以治理水土流失，减小风沙及旱灾发生率和发生强度的费用。

4 绿色 GDP 统计值及分析

此项研究数据主要来源于各环境资源主管部门的业务核算汇总资料，同时辅以必要的专项调查。经统计山西省大同市 2002 年的 GDP 为 218 亿元。综合运用市场估值法、恢复费用法、源头法、机会成本法及人力资本法等，计算出当年自然资源损耗为 63.86 亿元，占 GDP 的 29.29%，其中煤炭资源损耗 56.11 亿元，土地资源损耗 5.37 亿元，水资源损耗 2.38 亿元，环境污染损耗 22.18 亿元，占 GDP 的 10.18%，其中大气污染损耗 8.59 亿元，水污染损耗 3.92 亿元，工业固体废弃物损耗 9.67 亿元。总的损耗为 86.67 亿元，占 GDP 的 39.76%。因此，大同市的绿色 GDP 为 131.33 亿元，占当年 GDP 的 60.24%（表 2）。

分析统计数据：山西省大同市资源代价沉重，其中煤炭资源损耗费用占传统 GDP 的比例最大。依托煤炭的高耗能为主的产业结构势必导致区域大气污染、水体污染、固体废物污染更加严重。因此，由环境污染带来的损耗费用占 GDP 的百分比也相当高，同时，耕地资源退化造成土壤肥力下降，自然灾害频发，生态失衡。由此带来

的经济损失占总 GDP 的百分比也比较高，为 2.46%（图 2）。世界银行曾测算过 1993 年中国绿色 GDP 为 31 270 亿元，约为同期 GDP 的 88.4%。比较而言，大同市 2002 年的绿色 GDP 仅占当年 GDP 的 60.24%，说明该地区经济发展中资源与环境问题十分突出，亟待解决。

表 2　山西省大同市资源环境账户汇总

虚数账户	指标		耗损费用/亿元	占 GDP 百分比/%
资源账户	煤炭资源		56.11	25.74
	耕地资源		5.37	2.46
	水资源		2.38	1.09
环境账户	环境污染损耗	大气污染	8.59	3.94
		水体污染	3.92	1.80
		固体废物污染	9.67	4.44
	自然灾害损失		0.63	0.29
合计			86.67	39.76

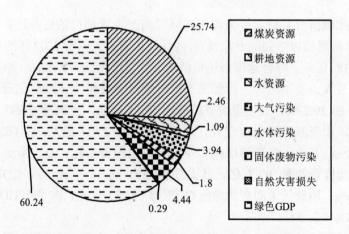

图 2　山西省大同市 2002 年资源环境账户统计结果

5 发展建议

绿色 GDP 在考察区域自然资源及环境污染损耗的基础上，将自然财富折旧计入现行国民经济账户中，较为真实准确地反映了区域经济发展状况。但针对资源、环境账户体系的构建及指标值的确定仍有待完善。主要体现为：如何在颇具波动性的市场价格中选择逼真值，正确评估自然资源价值；如何运用机会成本法，定量分析环境污染损耗；如何利用影子工程法，结合区域差异，考虑工程项目的完备度。真实量度某区域的绿色 GDP，目的旨在对区域经济发展提出可行性建议。针对本项研究中，山西省大同市绿色 GDP 统计值表征的区域资源环境问题现状，提出相应发展对策。

（1）搞好煤炭综合利用，加强矿区资源整合。利用生态工程的原理，科学规划和组织不同生产部门交叉利用再生资源和能源。通过资源的综合利用以及短缺资源的替代，降低整个工业活动对人类和环境的风险。

（2）科学、适度、合理地开发利用耕地资源，对不同自然类型区的水土流失特点提出针对性的防治措施。黄土丘陵沟壑区以小流域为单元，坡修梯田沟筑坝，黄土丘陵风沙区种植防风固沙林，黄土丘陵阶地区建设高标准基本农田。同时，应加大执法力度，严格禁止滥垦、滥用耕地，有效地保障耕地资源安全。

（3）全面、有计划地调整地下水开采，逐步扭转地下水长期超采的局面，并采取适当的措施利用汛期雨水定点补充地下水，建立地表水、地下水并存、并重的供水水源结构。

（4）对重点污染企业，各级政府和环保部门应严格控制污染排放量，限其达到排放标准。同时，采用先进工艺、技术、设备，推进"三废"处理的产业化，减缓污染程度。

（5）坚持转换思想观念，改变单纯追求产量优势，而过度消耗资源、污染环境的粗放型经济增长模式。增加向节能和降低资源消耗的技术开发投入，尽快建立起适应市场经济的资源价值观。

参考文献

[1] 张文忠. 区位政策与区域经济发展. 地理科学进展，1998，17（1）：29-35.

[2] 李红继. 可持续环境与自然资源发展核算. 城市环境与城市生态, 2003, 16（2）: 25-27.

[3] United Nations. Integrated Environmental and Economic Accounting, Studies In Methods: Handbook of National Accounting.Series F, No.1992, New York.

[4] Guy Garrod, Kenneth G. Willis. Economic Valuation of the Environment. UK: Edward Elgar, 1998.

[5] Peter Bartelmus. The Value of Nature: Valuation and Evaluation in Environmental Accounting. United Nations, New York, 1997.

[6] 周石泉. 绿色 GDP——对环境与经济综合核算体系的认识. 中国环境管理, 2003, 22（4）: 23-24.

[7] 杨京平. 生态安全的系统分析. 北京: 化学工业出版社, 2002.

[8] 胡鞍钢. 我国真实国民储蓄与自然资产损失（1970—1998）. 北京大学学报: 哲学社会科学版, 2001, 38（4）: 495-556.

[9] 任志远, 宋保平, 岳大鹏. 中国西部城市土地定级估价——探索与实践. 北京: 科学出版社, 2000.

[10] 王礼茂, 郎一环.中国资源安全研究的进展及问题. 地理科学进展, 2002, 21（4）: 333-340.

[11] 高敏雪. 环境统计与环境经济核算. 北京: 中国统计出版社, 2000.

[12] 赵跃龙, 张玲娟. 脆弱生态环境定量评价方法的研究. 地理科学进展, 1998, 17（1）: 67-72.

[13] 徐衡, 李红继. 绿色 GDP 统计中几个问题的再探讨. 现代财经, 2002, 22（10）: 3-7.

[14] 吕昌河. 黄河流域灾害环境的评估指标与区域划分. 地理科学进展, 1998, 17（1）: 58-66.

[15] 王国长, 黄湘穗, 李天威, 等. 工业综合开发区环境影响后评估探讨. 环境科学研究, 1999, 12（1）: 30-34.

[16] 李金昌. 生态价值论. 重庆: 重庆大学出版社, 1996.

[17] 邓坤枚, 石培礼, 谢高地. 长江上游森林生态系统水源涵养量与价值的研究. 资源科学, 2002, 24（6）: 68-73.

[18] 中国科学院可持续发展研究组. 中国可持续发展战略报告. 北京: 科学出版社, 2002.

附录

绿色国民经济核算研究与试点项目主要活动

2004 年 6 月 24 —25 日，在杭州召开"建立中国绿色国民经济核算
体系国际研讨会"

2004 年 6 月 25 日，在杭州召开"全国环境污染经济损失评估调查工作座谈会"

2004 年 7 月 3 日，召开中国绿色国民经济核算体系研究内部讨论会

2004 年 9 月 1 日，专家论证通过《中国绿色国民经济核算体系框架》

2004 年 9 月 20 — 22 日，中国代表参加在哥本哈根召开的联合国环境经济核算委员会以及专家小组（伦敦小组）第十次会议

2004年9月20日，王金南研究员在联合国环境经济核算委员会
专家小组（伦敦小组）第十次会议上发言

2005年3月16—20日，在马鞍山举办试点省市绿色国民经济核算与
环境污染损失调查项目第一次培训

2005 年 6 月 20 — 21 日，在沈阳举办试点省市绿色国民经济核算与环境污染损失调查项目第二次培训

2005 年 7 月 14 日，启动世界银行意大利信托资金《建立中国绿色国民经济核算体系》项目

2005 年 9 月 14 — 15 日，在重庆举办试点省市绿色国民经济核算与
环境污染损失调查项目第三次培训活动

2006 年 1 月 15 日，科技部"十五"科技攻关课题
《中国绿色国民经济核算框架体系研究》通过专家验收

2006 年 2 月 20 — 21 日，国家统计局举办中加合作
"绿色国民经济核算国际研讨会"

2006 年 2 月 27 日在北京召开试点省市绿色国民经济核算与
环境污染损失调查项目阶段总结会

2006 年 6 月 2—3 日在成都举办试点省市绿色国民经济核算与
环境污染损失调查项目第四次培训

2006 年 7 月 10 日,《中国绿色国民经济核算研究项目》通过专家评审

2006 年 9 月 7 日，《中国绿色国民经济核算研究报告 2004》发布

2006 年 9 月 19 日，全国人大环境与资源保护委员会听取中国绿色国民经济核算体系研究成果工作汇报

2006 年 11 月 17 日，召开世界银行意大利信托资金《建立中国绿色国民经济核算体系》项目中期研讨会

2006 年 11 月 18 日，北京市绿色国民经济核算与环境污染损失调查项目通过专家验收评审

2006 年 12 月 9 日，重庆市绿色国民经济核算与
环境污染损失调查项目通过专家验收评审

2006 年 12 月 20 日，辽宁省绿色国民经济核算与
环境污染损失调查项目通过专家评审验收

2006 年 12 月 20 日，广东省绿色国民经济核算与
环境污染损失调查项目通过专家评审验收

2006 年 12 月 20 日，安徽省绿色国民经济核算与
环境污染损失调查项目通过专家评审验收

2006 年 12 月 20 日，神农架林区绿色国民财富核算
项目通过专家评审验收

2006 年 12 月 21 日，召开世界银行意大利信托资金《建立中国绿色国民经济
核算体系》项目国际研讨会

2006 年 12 月 29 日，海南省绿色国民经济核算与
环境污染损失调查项目通过专家评审验收

2006 年 12 月 29 日，河北省绿色国民经济核算与
环境污染损失调查项目通过专家评审验收

2006 年 12 月 29 日，天津市绿色国民经济核算与
环境污染损失调查项目通过专家评审验收

2006 年 12 月 29 日，四川省绿色国民经济核算与
环境污染损失调查项目通过专家评审验收

2006 年 12 月 29 日，浙江省绿色国民经济核算与
环境污染损失调查项目通过专家评审验收

2007 年 3 月 26 — 30 日，中国代表参加在南非约翰内斯堡召开的联合国
环境经济核算委员会及其专家小组（伦敦小组）第十一次会议